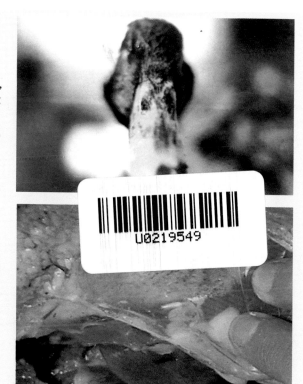

彩图 1　鸭瘟：头部肿胀，给人以很胖的感觉，俗称"大头瘟"
（程安春，汪铭书　摄）

彩图 2　鸭瘟：剖开头颈肿胀的病死鸭，颈侧皮下有黄色胶冻样渗出物
（程安春，汪铭书　摄）

彩图 3　鸭瘟：咽喉部、食道黏膜出血、坏死，形成假膜覆盖，突出于黏膜表面
（程安春，汪铭书　摄）

1

彩图 4　鸭瘟：食道黏膜弥漫性出血。食道与腺胃交界处有一条出血带。黏膜坏死，形成突出于黏膜表面、呈纵行排列的黄色假膜，容易剥离
（程安春，汪铭书　摄）

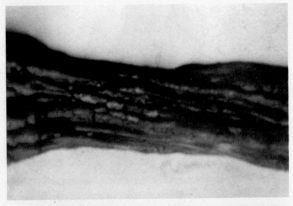

彩图 5　鸭瘟：幼龄鸭（通常是 1 月龄以内鸭）患鸭瘟死亡后，于小肠外的浆膜面形成 4 个环状出血带，具有诊断意义
（程安春，汪铭书　摄）

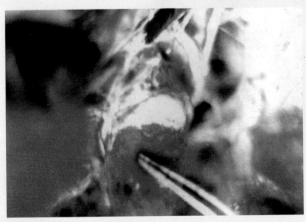

彩图 6　鸭瘟：心肌布满弥漫性出血点（血红色）和出血斑
（程安春，汪铭书　摄）

彩图7 雏鸭病毒性肝炎：死亡雏鸭呈角弓反张状态
（程安春，汪铭书 摄）

彩图8 雏鸭病毒性肝炎：肝脏严重肿大，布满出血斑点
（程安春，汪铭书 摄）

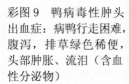

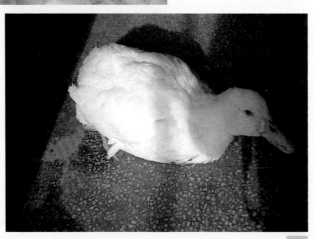

彩图9 鸭病毒性肿头出血症：病鸭行走困难，腹泻，排草绿色稀便，头部肿胀、流泪（含血性分泌物）
（程安春，汪铭书 摄）

彩图 10 鸭病毒性肿头出
血症：病鸭头部严重肿胀
（程安春，汪铭书 摄）

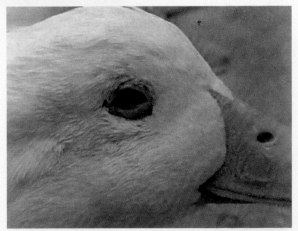

彩图 11 鸭病毒性肿头出
血症：病鸭眼睑肿胀、充
血、出血，浆液性血性分
泌物沾污眼眶下羽毛
（程安春，汪铭书 摄）

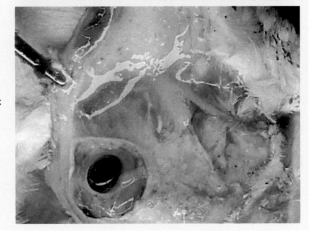

彩图 12 鸭病毒性肿头
出血症：病鸭头部肿胀
部位皮下充满大量淡黄
色透明浆液性渗出物
（程安春，汪铭书 摄）

彩图 13　鸭病毒性肿头出血症：病鸭皮肤广泛性出血

（程安春，汪铭书　摄）

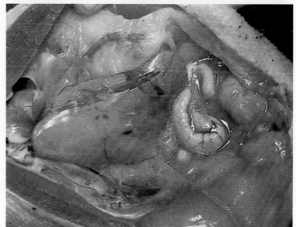

彩图 14　鸭病毒性肿头出血症：病鸭肝脏肿胀，质脆，呈土黄色并伴有出血斑点

（程安春，汪铭书　摄）

彩图 15　鸭病毒性肿头出血症：心外膜和心冠脂有少量出血斑点

（程安春，汪铭书　摄）

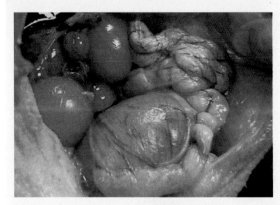

彩图 16　鸭病毒性肿头出血症：产蛋鸭卵巢、输卵管严重充血、出血

（程安春，汪铭书 摄）

彩图 17　鸭霍乱：肝肿大，肝表面有针尖大到粟粒大的灰白色坏死点，心肌出血

（程安春，汪铭书 摄）

彩图 18　鸭霍乱：腹腔浆膜上有大量出血斑点

（程安春，汪铭书 摄）

彩图 19　鸭传染性浆膜
炎：患鸭出现神经症状
（程安春，汪铭书 摄）

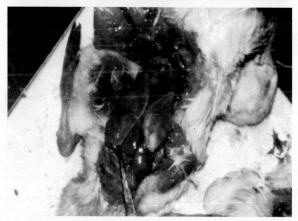

彩图 20　鸭传染性浆膜
炎。纤维素性肝周炎：
纤维素性渗出物在肝脏
表面形成一层灰白色、
混浊不透明的膜，覆盖
于肝脏表面，极容易剥
离。纤维素性心包炎：
由于纤维素性渗出物沉
着，致使心外膜变厚，
与心肌粘连
（程安春，汪铭书 摄）

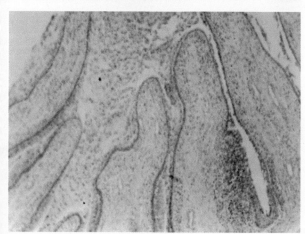

彩图 21　鸭腺病毒感染：
输卵管上皮细胞大量坏
死脱落，上皮基层下大
量淋巴细胞浸润
（程安春，汪铭书 摄）

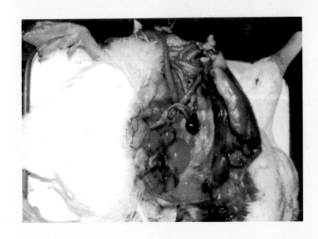

彩图 22　种鸭大肠杆菌性生殖器官病：患病母鸭生殖器官充血、出血

（程安春，汪铭书　摄）

彩图 23　鸭副伤寒：肝脏肿大呈深暗的古铜色。纤维性心包炎使心外膜与心肌粘连

（程安春，汪铭书　摄）

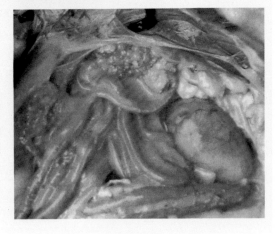

彩图 24　产蛋鸭沙门氏菌腹膜炎：输卵管中有尚未产出的蛋；腹腔中散满破裂的卵黄，并散发出恶臭；卵巢遭到破坏，小卵泡脱落

（程安春，汪铭书　摄）

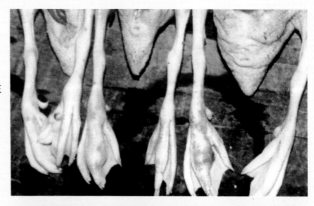

彩图 25　鸭葡萄球菌性
关节炎：由于鸭葡萄球
菌感染，使鸭脚掌、趾
关节等部位肿大、化脓
（程安春，汪铭书 摄）

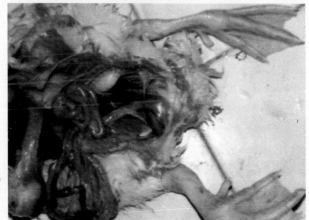

彩图 26　雏鸭葡萄球菌
病：跖趾关节肿胀，腹
腔中有葡萄球菌感染形
成的脓肿
（程安春，汪铭书 摄）

彩图 27　鸭曲霉菌病：
在气囊上和肺脏上长满
了大量的霉菌斑块
（程安春，汪铭书 摄）

彩图 28　鸭光过敏症：鸭吃了含致敏物质的饲料或食物后，受到阳光的照射在嘴壳、鸭蹼等无毛部位形成水疱，随着时间推移，致上嘴壳缩短、外翻

（程安春，汪铭书　摄）

彩图 29　种公鸭阴茎脱出，俗称"掉鞭"，致种公鸭失去种用能力

（程安春，汪铭书　摄）

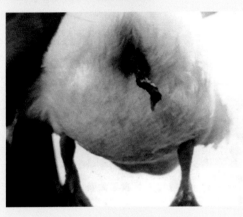

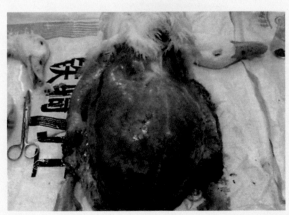

彩图 30　鸭腹水综合征：腹腔因充满液体而极度鼓胀

（程安春，汪铭书　摄）

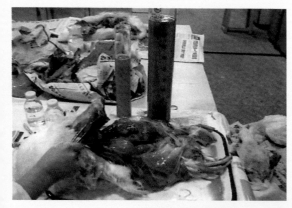

彩图 31　鸭腹水综合征：腹腔渗出液达 2 600 多 mL

（程安春，汪铭书　摄）

彩图 32　鸭腹水综合征：肝脏肿大，质脆（即"淀粉样变"）。腹腔中还有几个充满液体的囊泡

（程安春，汪铭书　摄）

彩图 33　种蛋沙门氏菌和大肠杆菌污染，致雏鸭破壳出孵困难，出孵雏鸭迅速死亡，肚脐与蛋壳分离不好

（程安春，汪铭书　摄）

彩图 34　种蛋沙门氏菌和大肠杆菌污染，致使孵化后期胚体死亡，不能正常孵出

　　（程安春，汪铭书 摄）

彩图 35　鸭锰缺乏，又名"滑腱症"，鸭呈犬坐式

　　（程安春，汪铭书 摄）

彩图 36　鸭黄曲霉毒素中毒：肝肿大，质脆，呈土黄色

　　（程安春，汪铭书 摄）

彩图 37　苏病毒感染—卵
巢炎症出血
　　　　（程安春　摄）

彩图 38　量分泌物黏附
　　（朱德康、程安春　摄）

彩图 39　心肌刷状坏死
　　（朱德康、程安春　摄）

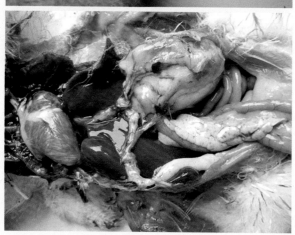

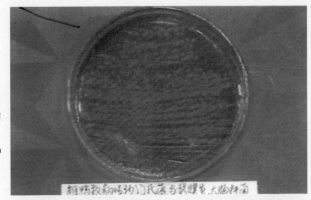

彩图 40　鸭致病性沙门
氏菌：在 SS 培养基上的
生长形态
　（程安春，汪铭书　摄）

彩图 41　鸭致病性大肠
杆菌：在 SS 培养基上的
生长形态
　（程安春，汪铭书　摄）

彩图 42　鸭疫里默氏杆
菌：在血平板上 37℃培
养 72 h 的菌落形态
　（程安春，汪铭书　摄）

中央宣传部　新闻出版总署　农业部
推荐"三农"优秀图书

新编 21 世纪农民致富金钥匙丛书

养鸭与鸭病防治

（第 3 版）

程安春　主编

中国农业大学出版社
·北　京·

图书在版编目(CIP)数据

养鸭与鸭病防治/程安春主编. —3 版. —北京:中国农业大学出版社,2012.9

ISBN 978-7-5655-0571-3

Ⅰ.①养… Ⅱ.①程… Ⅲ.①鸭-饲养管理 ②鸭病-防治
Ⅳ.①S834.4 ②S858.32

中国版本图书馆 CIP 数据核字(2012)第 166835 号

书　　名	养鸭与鸭病防治(第 3 版)		
作　　者	程安春　主编		

责任编辑	高　欣　张　蕊	责任校对	陈　莹　王晓凤
封面设计	郑　川		
出版发行	中国农业大学出版社		
社　　址	北京市海淀区圆明园西路 2 号	邮政编码	100193
电　　话	发行部 010-62818525,8625	读者服务部	010-62732336
	编辑部 010-62732617,2618	出 版 部	010-62733440
网　　址	http://www.cau.edu.cn/caup	e-mail	cbsszs@cau.edu.cn
经　　销	新华书店		
印　　刷	河北涿州星河印刷有限公司		
版　　次	2012 年 9 月第 3 版　　2012 年 9 月第 1 次印刷		
规　　格	850×1 168　　32 开本　　10 印张　　250 千字　　彩插 7		
印　　数	1～4 000		
定　　价	22.00 元		

图书如有质量问题本社发行部负责调换

主　　编　程安春

副 主 编　王继文　汪铭书

编　　者　（按拼音顺序）

程安春　陈方斌　崔恒敏　邓先建

胡明辉　贾仁勇　江朝元　汪铭书

王继文　向丕元　许易成　徐光智

杨光友　朱德康

前　言

　　养鸭业在中国有着悠久的历史,长期以来,鸭的饲养量与消费量一直稳居世界首位,鸭饲养量占世界总量的 70% 左右。行业统计数据表明,2009 年我国鸭存栏约在 10.96 亿只,全年鸭出栏约 35.2 亿只,鸭蛋产量约为 417.68 万 t,是农民增收致富的支柱产业之一。

　　随着我国养鸭规模的快速发展,近年来鸭病的发生和流行出现新的态势,主要表现为:①鸭病种类增多,新病不断出现,传统疾病如鸭瘟等仍在流行,新的传染病如鸭坦布苏病不断出现;②病原出现变异,挑战现有疫苗体系,如鸭病毒性肝炎出现了新的血清型等;③混合感染、继发感染严重,疾病控制难度加大。

　　近年我国在鸭的饲养方式、饲养技术、疾病防治等方面的新技术不断出现,有必要将最新技术及时转化为生产力。这次再版仍然保持了“饲养管理”和“疾病防治”两部分内容,力争将成熟的新技术介绍给读者和养殖户,提高养殖效益。本书还引用了有关养鸭和鸭病的相关论文,包括刊载于《中国兽医》《中国兽医科学》《中国畜禽传染病(中国预防兽医学报)》《中国农业科学》《养禽与禽病防治》《畜牧与兽医》《畜牧兽医学报》等有关专业杂志的相关发表的论文,在此对编者表示感谢!

　　由于养鸭技术发展迅速,加之编者的知识水平所限,难免挂一漏万,期待在今后的工作中得到不断地补充和完善。

目　　录

第一部分

饲养管理

第1章 鸭的品种

❶ 鸭的品种类型及分布

○ 鸭的品种类型

根据鸭的经济用途,可把鸭的品种划分为 3 种类型,即肉用型、蛋用型和兼用型。

1.肉用型品种

肉用型品种体形大而丰满,颈粗,腿短,体躯呈长方体形。其生产性能以产肉为主。早期生长特别迅速。一般成年鸭体重在 3.5 kg 左右,配套系商品肉鸭 7 周龄体重达 3 kg,肉料比 1：(2.7～2.8)。

2.蛋用型品种

头清秀颈粗,腿稍长,体形较小,体躯长,呈船形。一般成年鸭体重 1.5 kg 左右,不超过 2 kg。高产鸭群 500 日龄产蛋量可达 300 枚以上,总蛋重可达 21～22 kg,蛋料比 1：2.9 左右。

3.兼用型品种

兼用型品种体形浑圆而较硕大,颈、腿粗短。一般年产蛋量 150～200 枚,蛋重 70～75 g。成年鸭体重 2.2～2.5 kg。

○ 鸭的分布

我国鸭品种大多集中分布于原产地及邻近地区,只有少数品种分布面较广。肉用型品种北京鸭除在北京地区集中饲养外,现已在全国许多大中城市饲养。四川农业大学育成的天府肉鸭广泛分布于四川、重庆、云南、广西、浙江、湖北、江西、贵州等地。瘤头鸭(俗称番鸭)是我国东南沿海各省饲养较多的肉用型品种,其中以福建、中国台湾和广东最多。蛋用型和兼用型鸭多为麻鸭,以长江中下游、珠江流域和淮河中下游地区最为集中。蛋用型鸭以产于浙江的绍鸭和福建的金定鸭为主。兼用型鸭以江苏的高邮鸭分布较广。四川、云南和贵州省饲养当地麻鸭,以稻田放牧饲养肉用仔鸭为主。我国地方鸭品种中有黑、白 2 个纯色品种,即连城白鸭和莆田黑鸭都原产于福建省。

❷ 鸭的优良品种

○ 肉用型品种

1. 北京鸭

(1)产地与分布。北京鸭是世界上最优良的肉鸭品种。北京鸭原产于我国北京近郊,其饲养基地在京东大运河及潮白河一带。后来其饲养中心逐渐迁至北京西郊玉泉山下一带。北京鸭在我国除北京、天津、上海、广州饲养较多外,全国各地均有分布。北京鸭 1873 年输入美国,1874 年自美国转输入英国后,很快传入欧洲各国;1888 年输入日本,1925 年输入苏联,现在已遍及世界各地。

(2)外貌特征。北京鸭体形硕大丰满,挺拔强健。头较大,颈粗,中等长度;体躯呈长方体形,前胸突出,背宽平,胸骨长而直;两翅较小,紧附于体躯两侧;尾羽短而上翘,公鸭尾部有 2～4 根向背部卷曲的性指羽。母鸭腹部丰满,腿粗短,蹼宽厚。喙、胫、蹼呈橙黄色或橘红色,眼的虹彩蓝灰色。雏鸭绒毛金黄色,称为"鸭黄",随着日龄增加颜色逐渐变浅,至 4 周龄前后变为白色羽毛。

（3）繁殖性能。

①产蛋量:产蛋量较高。选育的鸭群年产蛋量为 200～240 枚,蛋重 90～95 g。蛋壳白色。

②繁殖力:性成熟期为 150～180 日龄。公母配种比例 1：(4～6),受精率 90% 以上。受精蛋孵化率为 80% 左右。一般生产场 1 只母鸭可年产 80 只左右的肉鸭苗。

（4）产肉性能。雏鸭体重为 58～62 g,3 周龄体重 1.75～2.0 kg,9 周龄体重 2.50～2.75 kg。商品肉鸭 7 周龄体重可达到 3.0 kg 以上。料肉比为(2.8～3.0)：1。成年公鸭体重 3.5 kg,母鸭 3.4 kg。

北京鸭填鸭的半净膛屠宰率,公鸭为 80.6%,母鸭 81.0%;全净膛屠宰率,公鸭为 73.8%,母鸭 74.1%;胸腿肌占胴体的比例,公鸭为 18%,母鸭 18.5%。北京鸭有较好的肥肝性能,填肥 2～3 周,肥肝重可达 300～400 g。

2. 天府肉鸭

（1）产地与分布。天府肉鸭系四川农业大学家禽研究室于 1986 年底以引进肉鸭父母代和地方良种为育种材料,经过 10 年选育而成的大型肉鸭商用配套系。该鸭广泛分布于四川、重庆、云南、广西、浙江、湖北、江西、贵州、海南等 9 省(市),表现出良好的适应性和优良的生产性能。四川农业大学家禽育种试验场已形成年产父母代 1 500 组(每组 148 只,其中公鸭 32、母鸭 116 只)以上。

（2）外貌特征。体形硕大丰满,挺拔美观。头较大,颈粗,中等长,体躯似长方形,前躯昂起与地面呈 30°角,背宽平,胸部丰满,尾短而上翘。母鸭腹部丰满,腿短粗,蹼宽厚。公鸭有 2～4 根向背部卷曲的性指羽。羽毛丰满而洁白。喙、胫、蹼呈橘黄色。初生雏鸭绒毛黄色,至 4 周龄时变为白色羽毛。

(3)生产性能。

①生长速度与料肉比:见表 1-1。

表 1-1 天府肉鸭商品代生长速度和料肉比

周龄	4	5	6	7	8
活重/kg	1.6～1.86	2.2～2.37	2.6～2.88	3.0～3.2	3.2～3.3
料肉比	(1.8～ 2.2)∶1	(2.2～ 2.5)∶1	(2.4～ 2.7)∶1	(2.5～ 3.0)∶1	(3.1～ 3.15)∶1

②繁殖性能:父母代种鸭 26 周龄开产(产蛋率达 5%),年产合格种蛋 240～250 枚,蛋重 85～90 g,受精率 90% 以上;每只种母鸭年产雏鸭 170～180 只,达到肉用型鸭种的国际领先水平。

③产肉性能:见表 1-2。

表 1-2 天府肉鸭肉用性能指标

周龄	全净膛		胸肌		腿肌		皮脂	
	重/kg	%	重/kg	%	重/kg	%	重/kg	%
7	2.27～ 2.46	71.9～ 73	234～ 303	10.3～ 12.3	244～ 281	10.7～ 11.7	650～ 710	27.5～ 31.2
8	2.32～ 2.45	73.5～ 76	293～ 327	12.6～ 13.4	220～ 231	9.4～ 9.5	754～ 761	30.8～ 32.8

注:全净膛重是指半净膛去心、肝、腺胃、肌胃、腹脂的重量,保留头和脚。

3.狄高鸭

(1)产地。狄高鸭是澳大利亚狄高公司引入北京鸭,选育而成的大型肉鸭配套系。20 世纪 80 年代引入我国。1987 年广东省南海市种鸭场引进狄高鸭父母代,生产的商品代肉鸭反应良好。

(2)外貌特征。狄高鸭的外形与北京鸭相似。全身羽毛白色,头大,颈粗,背长宽,胸宽,尾稍翘起,性指羽 2～4 根。

(3)生产性能。

①产蛋量:年产蛋量 200~230 枚,平均蛋重 88 g;蛋壳白色。

②繁殖力:该鸭 33 周龄进入产蛋高峰期,产蛋率达 90% 以上。公母配种比例 1:(5~6),受精率 90% 以上,受精蛋孵化率 85% 左右。父母代每只母鸭可提供商品代雏鸭 160 只左右。

③产肉性能:初生雏鸭体重 55 g 左右。商品肉鸭 7 周龄体重 3.0 kg,肉料比 1:(2.9~3.0);半净膛屠宰率 85% 左右,全净膛率(含头脚重)79.7%。

4. 樱桃谷鸭

(1)产地。樱桃谷鸭是英国樱桃谷农场引入我国北京鸭和埃里斯伯里鸭为亲本,杂交选育而成的配套系鸭种。1985 年四川省引进该场培育的超级肉鸭父母代 SM 系。

(2)外貌特征。与北京鸭大致相同。雏鸭羽毛呈淡黄色,成年鸭全身羽毛白色,少数有零星黑色杂羽;喙橙黄色,少数呈肉红色;胫、蹼橘红色。该鸭体形硕大,体躯呈长方体形。公鸭头大,颈粗短,有 2~4 根白色性指羽。

(3)生产性能。

①产蛋量:据樱桃谷种鸭场 1985 年在北京举办的国际展览会展出的材料介绍,父母代母鸭 66 周龄产蛋 220 枚,蛋重 85~90 g,蛋壳白色。

②繁殖力:父母代种鸭公母配种比例为 1:(5~6),受精率 90% 以上,受精蛋孵化率 85%,产蛋期 40 周龄。每只母鸭可提供商品代雏鸭苗 150~160 只。

③产肉性能:商品代 47 日龄活重 3.09 kg,肉料比为 1:2.81。经我国一些单位测定,该鸭 L_2 型商品代 7 周龄体重达到 3.12 kg,肉料比 1:2.89,半净膛屠宰率 85.55%,全净膛率(带头、脚)79.11%,去头脚的全净膛率为 71.81%。

樱桃谷种鸭场新推出的超级瘦肉型肉鸭,商品代肉鸭 53 d,活重达 3.3 kg,肉料比为 1∶2.6。

5. 瘤头鸭

(1)产地。瘤头鸭又称疣鼻鸭、麝香鸭,中国俗称番鸭,原产于南美洲和中美洲的热带地区。瘤头鸭由海外洋舶引入我国,在福建至少已有 250 年以上的饲养历史。除福建省外,我国的广东、广西、江西、江苏、湖南、安徽、浙江等省均有饲养。国外以法国饲养最多,占其养鸭总数的 80% 左右。此外,美国、前苏联、德国、丹麦和加拿大等国均有饲养。瘤头鸭以其产肉多而愈益受到现代家禽业的重视。

(2)外貌特征。瘤头鸭体形前宽后窄呈纺锤状,体躯与地面呈水平状态。喙基部和眼周围有红色或黑色皮瘤,公鸭比母鸭发达。喙较短而窄,呈"雁形喙"。头顶有一排纵向长羽,受刺激时竖起呈刷状。头大,颈粗短,胸部宽而平,腹部不发达,尾部较长;翅膀长达尾部,有一定的飞翔能力;腿短而粗壮,步态平稳,行走时体躯不摇摆。公鸭叫声低哑,呈"咝咝"声。公鸭在繁殖季节可散发出麝香味,故称为麝香鸭。瘤头鸭的羽毛分黑、白两种基本色调,还有黑白花和少数银灰色羽色。

黑色瘤头鸭的羽毛具有墨绿色光泽,喙肉红色有黑斑,皮瘤黑红色,眼的虹彩浅黄色,胫、蹼多为黑色。白羽瘤头鸭的喙呈粉红色,皮瘤鲜红色,眼的虹彩浅灰色,胫、蹼黄色。黑白花瘤头鸭的喙为肉红色带有黑斑,皮瘤红色,胫、蹼黄色。

(3)生产性能。

①产蛋量:年产蛋量一般为 80~120 枚,高产的达 150~160 枚。蛋重 70~80 g,蛋壳玉白色。

②繁殖力:母鸭 180~210 日龄开产。公母配种比例 1∶(6~8),受精率 85%~94%。孵化期比普通家鸭长,为 35 d 左右。受精蛋孵化率 80%~85%。母鸭有就巢性。种公鸭利用期为 1~1.5 年。

③产肉性能:初生雏鸭体重 40 g;8 周龄公鸭体重 1.31 kg,母鸭 1.05 kg;12 周龄公鸭 2.68 kg,母鸭 1.73 kg。瘤头鸭的生长旺盛期在 10 周龄前后。成年公鸭体重 3.40 kg,母鸭 2.0 kg。据福建农学院测定:福建 F_A 系 10 周龄公鸭体重达到 2.78 kg,母鸭体重 1.84 kg,肉料比 1:3.1。

采用瘤头鸭公鸭与家鸭的母鸭杂交,生产属间的远缘杂交鸭,称为半番鸭或骡鸭。半番鸭生长迅速,饲料报酬高,肉质好,抗逆性强。用瘤头鸭公鸭与北京鸭母鸭杂交生产的半番鸭,8 周龄平均体重 2.16 kg。

瘤头鸭成年公鸭的半净膛屠宰率 81.4%,全净膛屠宰率为 74%;母鸭的半净膛屠宰率为 84.9%,全净膛屠宰率 75%。瘤头鸭胸腿肌发达,公鸭胸腿重占全净膛的 29.63%,母鸭为 29.74%。据测定,瘤头鸭肉的蛋白质含量高达 33%~34%,福建和中国台湾当地人视此鸭肉为上等滋补品。

10~12 周龄的瘤头鸭经填饲 2~3 周,肥肝可达 300~353 g,肝料比 1:(30~32)。

○ 蛋鸭品种

1. 绍鸭

(1)产地。原产于浙江省旧绍兴府所属的绍兴、萧山、诸暨等地。该鸭具有产蛋多、成熟早、体形小、耗料少等突出优点,是我国麻鸭类型中的优良蛋鸭品种。经浙江省农业科学院畜牧所等单位多年选育出江南Ⅰ号和江南Ⅱ号新绍(兴)鸭品系,产蛋性能有大幅度提高。

(2)外貌特征。绍兴鸭体躯狭长,结构匀称、紧凑、结实,具有理想的蛋用体形。喙长颈细,臀部丰满,姿态挺拔。全身羽毛以褐麻雀色为基色,有带圈白翼梢和红毛绿翼梢 2 个品系。

红毛绿翼梢的母鸭,全身为深褐色羽,颈中部无白羽颈环,镜羽墨绿色且有光泽,腹部褐麻色,喙灰黄色,喙豆黑色,胫、蹼橘红色,爪黑色,眼的虹彩褐色,皮肤黄色。公鸭全身羽毛深褐色;从头至颈部均为墨绿色且有光泽;镜羽墨绿色,性指羽墨绿色,喙橘黄色,胫、蹼橘红色。

带圈白翼梢的母鸭全身为浅褐色麻雀色羽,颈中部有 2～4 cm 宽的白色羽环,主翼羽全白色,腹部中下部羽毛纯白色,喙橘黄色,颈、蹼橘红色,喙豆黑色,爪白色,眼的虹彩灰蓝色,皮肤黄色。公鸭全身羽毛深褐色,头、颈上部羽毛墨绿色且有光泽,性指羽墨绿色,颈中部有白羽颈环,主翼羽、腹中下部为白色羽毛,喙、胫、蹼颜色均与母鸭相同。

(3)生产性能。

①产蛋量:生产群年产蛋量 250 枚。经过 5 个世代的选育,WH 系(原称带圈白翼梢)500 日龄入舍母鸭产蛋量达到 309.4枚,RE 系(原称红毛绿翼梢)为 311.5 枚。在大群生产情况下,入舍母鸭 500 日龄平均产蛋 310.2 枚。总产蛋重平均超过 20 kg。蛋料比 1∶2.7。蛋壳多为白色。

②繁殖力:性成熟早,16 周龄时陆续开始产蛋,20～22 周龄时产蛋率可达 50%。公母配种比例,早春季节为 1∶20,夏秋季节1∶30;受精率 90% 以上。

③产肉性能:

表 1-3　绍(兴)鸭生长速度　　　　　　　　　g

系别	初生重	日龄				
		30	60	90	300	500
WH 系	39.9	425.7 ±6.3	843.7 ±12.3	1 128 ±43.2	1 426 ±60.6	1 466 ±28.4
RE 系	39.2	443.8 ±16.9	873.4 ±37.2	1 116 ±63.1	1 481 ±42.6	1 477 ±30.2

绍鸭成年公鸭半净膛屠宰率 82.5%,全净膛率 74.5%;成年

母鸭半净膛率 84.8%,全净膛率 74.0%。

2. 金定鸭

(1)产地。原产于福建省龙海、同安、菊安、晋江、惠安、漳州、漳浦、云霄和绍安等县。金定鸭是适应海滩放牧的优良蛋鸭品种。

(2)外貌特征。公鸭胸宽背阔,体躯较长。喙黄绿色,虹彩褐色,胫、蹼橘红色,爪黑色。头部和颈上部羽毛具有翠绿色光泽,无明显白羽颈环。前胸红褐色,背部灰褐色,腹部为细芦花斑纹。翼羽深褐色,有镜羽,尾羽黑色。

母鸭身体细长,匀称紧凑,头较小,胸稍窄而深。喙古铜色,眼的虹彩褐色,胫、蹼橘红色。全身赤褐色麻雀羽;背面体羽绿棕黄色,羽片中央为椭圆形褐斑,羽斑由身体前部向后部逐渐增大,颜色加深;腹部的羽色变浅;颈部的羽毛纤细,没有黑褐色斑块。翼羽黑褐色。金定鸭的尾脂腺发达,占体重的 0.20%(北京鸭占 0.16%)。

(3)生产性能。

①产蛋量:年产蛋量 240~260 枚。经选育的高产鸭在舍饲条件下,年平均产蛋量可达 300 枚以上,蛋重 73 g 左右。经选育的品系,青壳蛋占 95% 左右,是我国麻鸭品种中产青壳蛋最多的品种。

②繁殖力:母鸭开产日龄 110~120 d,母鸭性成熟日龄 100 d 左右。公母配种比例 1∶25,受精率 90% 左右,受精蛋孵化率 85%~92%。

③产肉性能:初生雏鸭体重 47 g,1 月龄体重 0.55 kg,2 月龄体重 1.04 kg,3 月龄体重 1.47 kg。成年体重,公鸭 1.78 kg,母鸭 1.70 kg。成年鸭半净膛率 79%,全净膛率为 72.0%。

3. 卡基·康贝尔鸭

(1)产地。该鸭是英国采用浅黄色印度跑鸭与法国芦安鸭公鸭杂交,再与野鸭杂交选育而成的优良蛋鸭品种。1979 年由上海市禽蛋公司从荷兰琼生鸭场引进,并向全国推广。

(2)外貌特征。公鸭头、颈、尾部羽毛为古铜色,其余部位羽毛为卡基色(即茶褐色)。母鸭头、颈部羽毛为深褐色,其余部位羽毛为茶褐色。公鸭的喙墨绿色,胫、蹼为橘红色。母鸭的喙浅褐色或浅绿色,胫、蹼为黄褐色。

(3)生产性能。

①产蛋量:500 日龄产蛋量 270～300 枚,蛋重 70 g 左右,蛋壳白色。

②繁殖力:开产日龄 130～140 d。公母配种比例 1:(15～20),受精率 85% 左右,受精蛋孵化率 80% 以上。

③产肉性能:60 日龄体重 1.58～1.82 kg。成年公鸭体重 2.10～2.30 kg,母鸭 2.0～2.2 kg。

4.连城白鸭

(1)产地。该鸭是我国具有独具特色的小型白羽蛋鸭品种,主产于福建省连城县,分布于长汀、上杭、永安和清流等县。

(2)外貌特征。该鸭体形狭长,头小,颈细长,前胸浅腹平,腹不下垂,行动灵活,觅食能力强,适应山区丘陵饲养。全身羽毛白色紧密。喙、颈、蹼黑色或黑红色。这种白羽鸭又是青喙和黑色胫、蹼的鸭种,在鸭品种中还很少见,我国也仅此一个这样的品种。

(3)生产性能。

①产蛋量:第一个产蛋年产蛋 220～230 枚,第二个产蛋年为 250～280 枚。平均蛋重 58 g。蛋壳多数为白色,少数青色。

②繁殖力:母鸭 120 日龄开产,公母配种比例 1:(20～25),种蛋受精率在 90% 以上。公鸭利用多为 1 年,母鸭可用 3 年。

③产肉性能:成年体重公鸭 1.44 kg,母鸭 1.32 kg。

5.攸县麻鸭

(1)产地。攸县麻鸭属小型蛋鸭品种,主产于湖南攸县境内的攸水和沙河流域一带,以网岭、鸭塘浦、新市等地为其中心产区。

雏鸭远销广东、贵州、湖北和江西等省。

(2)外貌特征。攸县麻鸭体形狭长,呈船形,羽毛紧密。公鸭头和颈的上半部为翠绿色,颈的中下部有白色羽颈环,前胸羽毛赤褐色,尾羽和性指羽墨绿色。母鸭全身为黄褐色麻雀色羽。公鸭的喙呈青绿色,母鸭呈橘黄色。胫、蹼橘红色,爪黑色。鸭群中深麻雀色母鸭居多,约占70%,羽色较浅的占30%左右。

(3)生产性能。

①产蛋量:放牧饲养年产蛋量200～250枚,平均蛋重60 g,蛋壳白色占90%。

②繁殖力:母鸭110日龄左右开产,公鸭性成熟100 d左右。公母配种比例1:25,受精率94.8%,受精蛋孵化率82.7%。

③产肉性能:初生雏鸭体重39 g,1月龄体重485 g,2月龄公鸭体重850 g,母鸭852 g,3月龄公鸭1 120 g,母鸭1 180 g。成年体重公鸭1.50 kg,母鸭1.35 kg。

攸县麻鸭3月龄仔鸭半净膛屠宰率为84.9%,全净膛率为70.6%。

6.莆田黑鸭

(1)产地。莆田黑鸭是中国现今仅有的一个全黑色鸭品种,主要分布于福建的晋江和莆田两地的沿海各县及福州市的亭江、连江县的浦口等地。

(2)外貌特征。莆田黑鸭全身羽毛浅黑色,着生紧密,体格坚实,行走迅速。头、颈部羽毛具有光泽,雄性特别明显。喙为墨绿色,胫、蹼、爪黑色。

(3)生产性能。

①产蛋量:年产蛋量达270枚左右,蛋重70 g,蛋壳白色。

②繁殖力:母鸭开产日龄120 d左右,公母配种比例1:25,受精率可达95%。

③产肉性能:成年鸭体重,公鸭1.68 kg,母鸭1.34 kg。

○ 兼用型品种

1.建昌鸭

(1)产地。建昌鸭主产于四川凉山彝族自治州安宁河谷地带的西昌、德昌、冕宁、米易和会理等县。建昌鸭是我国麻鸭类型中肉用性能、肥肝性能优良的品种。

(2)外貌特征。建昌鸭体躯宽阔,头颈粗短。在自然群体中,建昌鸭主要有3种羽色,即浅麻、褐麻和白胸黑羽羽色,其中以浅麻羽色最多,一般占60%～70%,白胸黑羽约占15%,褐麻羽色占25%～30%。浅麻羽色的公鸭,头顶上部羽毛为墨绿色,有光泽,颈下部1/3处有一白色颈环,尾羽黑色,2～4根黑色性指羽;前胸及鞍羽为红褐色,腹部羽毛银灰色,喙墨绿色。故有"绿头、红胸、银肚、青嘴公"的描述。胫、蹼橘红色,浅麻羽色的母鸭为浅麻雀色,喙为橘黄色,胫、蹼橘红色。白胸黑羽的公母鸭羽色相同,前胸白色羽毛,体羽乌黑色,喙、胫、蹼黑色。

四川农业大学家禽研究室从建昌鸭自然群体中,分离选育出了建昌鸭白羽系。公母鸭全身白色羽,喙橘黄色,胫、蹼橘红色。该鸭白羽为隐性白羽,可与天府肉鸭、北京鸭、樱桃谷鸭等大型白羽肉鸭杂交配套,生产白羽商品肉鸭,放牧或圈养效果均好。

(3)生产性能。

①产蛋量:年产蛋量150枚左右,蛋重73～75 g,青壳蛋占60%左右。

②繁殖力:开产日龄150～180 d,配种比例1∶(7～8),受精率90%左右,受精蛋孵化率85%左右。

③产肉性能:经系统选育的建昌鸭生长速度显著提高,在放牧补饲饲养条件下,4周龄体重约0.4 kg,8周龄体重约1.3 kg;在舍饲条件下,4周龄体重0.5 kg,8周龄体重约1.5 kg。成年公鸭体重2.50 kg,母鸭2.45 kg。以建昌鸭白羽系为母本,与大型肉

鸭组配生产的商品肉鸭,在放牧补饲颗粒饲料的饲养条件下,8周龄体重可达1.5 kg。

建昌鸭6月龄半净膛屠宰率,公鸭78.9%,母鸭81.8%;6月龄全净膛屠宰率,公鸭72.3%,母鸭74.1%。建昌鸭填肥3周,平均肥肝重320 g,最重达545 g。

2.四川麻鸭

(1)产地。四川麻鸭广泛分布于四川省水稻产区,以绵阳、温江、乐山、宜宾、内江、涪陵、万县、达县和永川等地最为集中;属体形较小的兼用型品种;比较早熟;放牧性能特强,适应水稻产区放牧饲养生产肉用仔鸭。

(2)外貌特征。四川麻鸭体形较小,体质强健,羽毛紧密;颈细长,头清秀。公鸭多为绿头,头和颈的上部1/3或1/2的羽毛为翠绿色,腹部为灰白色羽毛,前胸为赤褐色羽毛。母鸭羽色以浅麻雀色为最多,在颈部下2/3处多有一白色颈羽环,性指羽黑色。喙为橘黄色,喙豆黑色,胫、蹼橘红色。

(3)生产性能。

①产蛋性能:在放牧条件下平均年产蛋量在150枚左右,平均蛋重70 g左右。蛋壳以白色居多,少数为青壳蛋。

②繁殖力:母鸭开产日龄120 d左右。四川当地棚鸭户习惯采用的公母配种比例为1:10,受精率在90%左右,受精蛋孵化率采用桶孵法一般为85%左右。公鸭的利用期为1年。春夏的配种比例提高到1:20左右,种蛋的受精率也在90%以上。

③产肉性能:初生雏鸭体重40 g左右,1月龄体重0.44 kg,2月龄体重1.21 kg,3月龄体重1.57 kg。成年公鸭体重1.70 kg,母鸭1.60 kg。3月龄仔鸭全净膛屠宰率为63.21%。

3.大余鸭

(1)产地。大余鸭原产于江西大余县及其周边地区。大余古称南安,制作的板鸭称为南安板鸭,19世纪已知名于我国香港、澳门地区。

(2)外貌特征。公鸭头、颈、背、腹红褐色。母鸭褐羽带大块黑条斑,称为"大粒麻"。喙青色,胫、蹼青黄色。

(3)生产性能。

①产蛋量:放牧补饲条件下 500 日龄可产蛋 190 枚,平均蛋重 70 g,蛋壳白色。

②繁殖力:190～220 d 产蛋率达 50%,公母配种比例为 1:10,种蛋受精率 81%～91%,受精蛋孵化率 92%以上。

③产肉性能:在放牧补饲的条件下,90 日龄体重 1.4～1.5 kg,成年鸭体重 2～2.2 kg。

4.高邮鸭

(1)产地。高邮鸭主产于江苏省下河地区,是我国优良的兼用型麻鸭品种,以产双黄蛋著称。全国许多省市均有引进。

(2)外貌特征。高邮鸭发育匀称,具有典型的兼用型鸭的浑圆体形。公鸭体形较大,背肩宽,胸深。头颈上半部羽毛为深孔雀色,背、腰、胸褐色芦花羽,尾羽黑色,腹部白色,喙青绿色,喙豆黑色,眼的虹彩深褐色,胫、蹼橘红色,爪黑色,有"乌头白档,青嘴雄"之称。母鸭的颈细长,羽毛紧密,胸宽深,后躯发达;全身为麻雀色羽,淡褐色,花纹细小,镜羽鲜艳;喙青色、喙豆黑色,眼的虹彩深褐色,爪黑色。雏鸭羽色为黑头星,黑线背,黑尾巴,青喙,胫、蹼黑色,爪黑色。

(3)生产性能。

①产蛋量:平均年产蛋量 140～160 枚。据高邮鸭种鸭场 1982 年测定,平均蛋重 75.9 g。江苏省高邮鸭研究所采用家系选育法选出的高邮鸭,年产蛋量达 250 枚,蛋重 83 g。蛋壳白色约占 82.9%,青壳蛋占 17.1%左右。

②繁殖力:母鸭开产日龄 110～120 d,公鸭性成熟日龄 100 d

左右。公母配种比例 1∶25。受精率 90%～93%,受精蛋孵化率 85%～92%。公鸭利用年限一般为 1 年,母鸭利用 2～3 年。

③产肉性能:初生雏鸭体重 47.0 g,4 周龄体重 0.5～0.56 kg,2 月龄体重 1.10～1.20 kg,3 月龄体重 1.40～1.50 kg。成年公鸭体重 1.80 kg,母鸭 1.75 kg。半净膛率 80%,全净膛率 70%。

第2章　鸭的繁育技术

❶ 鸭的生殖系统

○ 公鸭的生殖器官

公鸭的生殖器官包括睾丸、附睾、输精管和交媾器。

1. 睾丸

家禽有左右对称的 2 个睾丸,是产生精子的器官。鸭的睾丸呈不规则的圆筒形,由短的睾丸系膜悬吊于腹腔体中线,在最后 2 条椎肋上部并突向后方。睾丸大小、重量、颜色随品种、年龄和性活动的时期不同有很大的变化,通常左侧的睾丸比右侧略大。性活动期,鸭睾丸体积大为增加,最大者可达长 5 cm,宽 3 cm。此时由于睾丸内有大量精子,呈现白色。

睾丸精细管之间分布有成群的间质细胞分泌雄性激素,刺激性器官发育和维持第二性征。由睾丸内精细管的上皮细胞分化成精细胞,从精细管基膜到管腔可依次见到精原细胞、初级精母细胞、次级精母细胞、精子细胞和精子。

2. 附睾

家禽的附睾较哺乳动物小而不明显,由睾丸旁导管系统组成,不仅是精子进入输精管的通道,还具有分泌酸性磷酸酶、糖蛋白和脂类的特性。据试验,从鸡附睾中取得的精子输精,只能得到19%的受精率。

3. 输精管

输精管是一对弯曲的细管,与输尿管平行,向后逐渐变粗,其末端变直,膨大的部分称脉管体,贮存精子,并分泌稀释精子的液体。最后形成输精管乳头,突出于泄殖腔腹外侧壁的输尿管开口的腹内侧。

4. 交媾器(阴茎)

鸭和鹅的交媾器较发达。有螺旋状扭曲的阴茎,由大、小螺旋纤维淋巴体在阴茎上共同组成螺旋形射精沟。性兴奋时,阴茎基部紧缩,整个肛道及阴茎游离部从泄殖腔腹侧前方伸出,其长度达5 cm 左右,充满淋巴液,使阴茎游离部膨大变硬。射精时,精液通过射精乳头进入螺旋状的射精沟。当阴茎勃起时,射精沟闭合成管状,达到阴茎的顶端。射精结束,淋巴液回流而压力下降,整个阴茎游离部陷入阴茎基部,缩入泄殖腔内。公鸭的阴茎见图 2-1。

○　母鸭的生殖器官

母鸭生殖器官由左侧的卵巢和输卵管组成。右侧生殖器官在孵化早期曾有过一段时间的发育,而在出壳时,一般均退化,只保持其痕迹。母鸭的生殖器官见图 2-2。

1. 卵巢

左卵巢位于体左侧,左肾前叶内侧的腹面,以卵巢系膜韧带附于体壁。卵巢由外部的皮质和内部的髓质组成。皮质由含有卵细胞的卵泡组成。卵巢的基础是由结缔组织、间质细胞、血管和神经组成的髓质部。幼鸭的卵巢小,接近性成熟时,卵巢的前后径可达

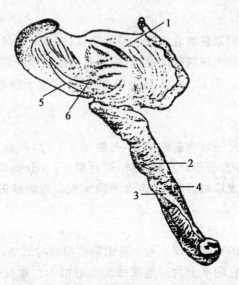

图 2-1　公鸭的阴茎
1.已向外翻转的泄殖腔　2.阴茎　3.精沟
4.沟内隆凸部　5.输精管口　6.输尿管口

3 cm,横径约 2 cm,重 2～6g;进入产蛋期时,其直径可达 5 cm,重量达 40～60 g。禽类卵巢聚集着大量的发育程度不同的含初级卵母细胞的卵泡,肉眼一般可观察到鸡的卵巢上有 1 000～3 000 个卵母细胞;在显微镜下,则可观察到 12 000 个。鸭的卵泡数量远比鸡少,据估计有 1 000 多个卵母细胞。髓质部主要是结缔组织。髓质部的间质细胞多单独分散存在,分泌雄激素;而卵泡外腺细胞常成群存在,分泌雌激素。未成熟的卵泡包括初级卵泡和次级卵泡,内含卵母细胞。随着卵黄物质的不断积贮,卵泡增大,并逐渐向卵巢表面突出,最后形成具有卵泡柄的成熟卵泡,但一般只有少数达到成熟并排卵。母禽的卵巢由于卵泡突出于卵巢表面,故呈结节状。产蛋期结束时,卵巢又恢复到静止期时的形状和大小;下

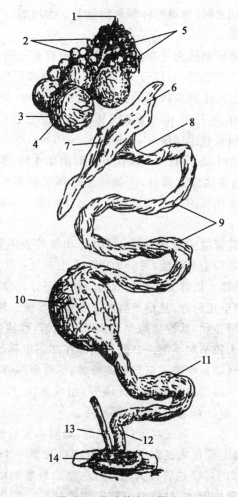

图 2-2　母鸭的生殖器官

1.卵巢基　2.发育中的卵泡　3.成熟的卵泡　4.卵泡缝痕　5.排卵
后的卵泡　6.喇叭部　7.喇叭部入口　8.喇叭部的颈部　9.蛋白
分泌部　10.峡部(内有形成过程中的蛋)　11.子宫部　12.阴部
13.退化的右侧输卵管　14.泄殖腔

一个产蛋期到来时,卵巢的体积和重量又大为增加。

2. 输卵管

禽类左侧输卵管为一弯曲的长管,起自卵巢正后方,借输卵管系膜悬挂于腹腔顶壁,后端开口于泄殖腔。输卵管的长度和形态随着年龄和不同生理阶段而异。未产蛋的仔母鸭,输卵管长度仅为 14～19 cm,宽 1～7 mm,重约 5 g,呈细长形管道。产蛋母鸭的输卵管弯曲引长并迅速增大,可长达 42～86 cm,宽 1～5 cm,重约 76 g。到产蛋时,输卵管的长度比静止时增加 4 倍,重量增加15～20 倍,几乎占据腹腔大部分;产蛋停止后即又萎缩变小。这种长度与宽度的变化范围在不同的品种有较大的差异,通常水禽的变化比鸡大。

输卵管的管壁主要由黏膜、肌肉层和最外表的浆膜层组成。根据输卵管的构造和机能,可分为以下 5 个部分:

(1)漏斗部。该部为管壁很薄的伞状形部分,又称为伞部或喇叭部,位于卵巢正后方,是精子与卵子受精的场所。输卵管漏斗部前端扩大呈漏斗状,其游离缘呈薄而软的褶皱,称输卵管伞,向后逐渐过渡成为狭窄的颈部。伞部和颈部在产蛋母鸭长 4～10 cm。输卵管伞的活动是由卵子引起和调节的;平时伞部静止,排卵时强烈活动。漏斗部的次级褶皱彼此隔开,组成腺沟,即精窝(贮存精子的地方)。输卵管伞部与膨大部相通。

(2)膨大部。该部又叫蛋白分泌部,是输卵管最长且最弯曲的一段,也是输卵管最大的部分。产蛋母鸭,长 20～48 cm,直径约 2 cm。膨大部的特征是管径大、管壁厚,整个管壁的增厚主要是由于存在大量腺体所致,包括单细胞腺和管状腺。管状腺由杯状细胞组成。单细胞腺由无纤毛的非杯状细胞组成。它们分泌蛋白。膨大部后端与峡部相连。

(3)峡部。该部为输卵管较为狭窄的部分。膨大部与峡部的界限是清晰的。峡部褶皱的大小、多少都不及膨大部。产蛋母鸭的峡部长 4～12 cm,直径达 1 cm。此部腺体分泌物中含中性黏多糖和含硫蛋白质(角蛋白),主要形成蛋的内外壳膜,并渗入部分水分。

(4)子宫。子宫又名壳腺部,子宫壁厚且多肌肉,管腔大,黏膜淡红色。子宫黏膜上皮的顶细胞和基底细胞与形成蛋壳有关。卵在子宫内停留的时间达 18～20 h,占整个蛋形成所需时间的 80%。蛋壳的颜色是由子宫上皮细胞卟啉分泌的结果,白壳蛋家禽的子宫上皮细胞无色素颗粒。此外,大量的子宫液渗入蛋内。

(5)阴道。阴道是输卵管的最后一段,呈特有的 S 状弯曲;其长度与峡部、子宫几乎相等;在产蛋母鸭,长约 12 cm,直径 1 cm 左右。阴道肌层发达,尤其是内环肌,比输卵管其他区段厚几倍。

❷ 蛋的形成和产出

○ 卵泡的生长发育

卵细胞的发育过程是卵黄物质积累的过程。由于鸭的卵细胞内积累了大量的卵黄物质,鸭的卵细胞比哺乳动物的卵细胞大得多。卵黄物质是胚胎体外发育的物质基础。

卵巢上每一个卵泡均含有 1 个卵子。由于卵子发育程度不同,卵泡可分为初级卵泡、生长卵泡和成熟卵泡 3 种。卵子在成长过程中,最早积累的为浅色卵黄,因此小的卵泡呈白色。此后深浅交替,呈同心圆的层次沉积,每 24 h 形成 1 层深色和 1 层浅色卵黄,白天沉积深色层,晚间形成浅色层。卵黄中的有色物质是叶黄素,来源于鸭饲料。在性成熟前卵泡虽大小不等,但生长都很缓慢。接近性成熟时,其中较大的卵泡迅速生长,并在排卵前经 9～10 d 达到成熟。这期间卵细胞的重量较前增大 16 倍以上,此时卵泡以一柄同卵巢相连。

卵巢上有上万个卵细胞,但只有少数达到成熟。产蛋期间,卵巢上通常只保持5~6个等级较大的黄色卵泡,其他则为珠白色的小卵泡。卵泡的快速生长和有等级的顺序发育是一个复杂的生理过程。垂体前叶分泌的促性腺激素与排卵诱导素在这一调控过程中起着十分重要的作用,而这两种激素的分泌都与光照有关。

○ 排卵

卵泡成熟后,在垂体前叶分泌排卵诱导素作用下,成熟的卵泡自卵泡缝痕破裂排出卵子的过程称排卵。据研究,排卵系由脑下垂体前叶周期性地分泌排卵诱导素,排卵诱导素在排卵前6~8 h大量分泌到血液中,然后作用到卵泡上,使卵泡缝痕领域内许多微血管逐渐消失,卵泡缝痕明显扩大,再加上卵泡膜长期张力的辅助作用促使卵泡缝痕迅速破裂而将卵子排出。

○ 蛋的形成

卵黄脱离卵巢后,立即被输卵管喇叭部纳入。通过输卵管的各部分形成蛋的蛋白、壳膜、蛋壳和壳胶膜。卵子从排出到纳入喇叭部,约需3 min,到全部纳入喇叭部约需13 min。卵黄纳入后通过喇叭部,需18 min。漏斗部的管状区与膨大部相接处有分支的管状腺,形成"精子窝",公鸭的精子在此处等待与卵子受精。在膨大部,由于输卵管的蠕动,推动卵黄沿输卵管的长轴以每分钟2 cm的速度旋转前进。膨大部具有许多腺体,分泌蛋白,首先分泌包围卵黄的浓蛋白,因机械旋转,引起这层浓蛋白扭转而形成系带,叫做系带层浓蛋白;然后分泌稀蛋白,形成内稀蛋白层;再分泌浓蛋白形成外浓蛋白层;最后再包上稀蛋白,形成外稀蛋白层。这些蛋白,在膨大部时呈浓厚黏稠状,其重量仅为产出蛋的1/2,但其蛋白质含量则为产出蛋相应蛋白重量的2倍。这说明膨大部在卵离开后不再分泌蛋白,而主要是加水于蛋白。由此再加上卵从输卵管旋转运动所引起的物理变化,卵形成明显的蛋白分层。卵通过膨大部约需 3 h。

　　膨大部蛋白的分泌机能除需雌激素的作用外,还需要第二种类固醇物质激素的刺激。这种类固醇物质可能是孕酮或另一种类似孕酮的助孕素。据研究,蛋白中的抗生素朊,没有孕酮或助孕素的存在就不可能形成。孕酮或助孕素来源于成熟卵泡和破裂卵泡。孕酮或助孕素还刺激下丘脑,由下丘脑再刺激垂体前叶,分泌排卵诱导素。由于膨大部蠕动,已包上蛋白的卵黄以每分钟 1.2 cm 的速度前进,促使卵进入峡部,并在此处分泌形成内外蛋壳膜,也可能吸入极少量水分。经过此部约需 70 min。

　　卵进入子宫的最初 8 h,由于通过内外壳膜渗入子宫分泌的子宫液(水分和盐分),使蛋白的重量几乎增加了 1 倍,同时使蛋壳膜鼓胀成蛋形。钙的沉积或蛋壳的形成,最初很缓慢,但随着卵滞留在子宫的时间的延长而逐渐加快,到第五或第六小时,钙的沉积保持相当一致的速度直到蛋离开子宫为止。壳胶膜也是在离开子宫前形成的。有色蛋壳上的色素,则是由于子宫上皮所分泌的色素卵卟啉,均匀分布在蛋壳和胶护膜上。卵在子宫部的时间达到 8~20 h,或更多一些。

　　卵黄通过输卵管到达阴道部时,已形成一个完整的蛋,只等待产出体外,时间约为 30 min。

○ 蛋的产出

　　蛋的整个形成过程在输卵管的子宫部就已结束。阴道部在蛋的形成过程中未起任何作用,蛋仅在此处停留以待产出。蛋自阴道产出,受激素和神经控制。首先,任何引起子宫收缩的因素都会促使蛋的产出。据研究,蛋产出前 12 h,体内血液中所含孕酮达到最高水平,说明孕酮参与蛋的产出。其次,家禽脑下垂体后叶所分泌的催产素和加压素引起子宫部肌肉的收缩,迫使蛋产出体外。母鸭多在晚间产蛋。

○ 产蛋期鸭体的变化

1. 鸭体的一般变化

母鸭从开产到产蛋结束,身体出现一系列的变化。产蛋开始时,由于生殖腺的生长发育,腹部容积和耻骨间距增大,肛门湿润松弛,性情温驯,食欲旺盛。随着产蛋母鸭年龄的增加,性腺活动会逐渐减弱,内分泌激素的分泌量逐渐降低,卵巢上卵子的成熟速度也逐渐减慢,产蛋量则开始减少,生殖腺趋于缩小,到产蛋停止时,输卵管的体积和长度仅为高峰期的1/10。腹部容积和耻骨间距也变小。在生产上可根据腹部和耻骨间距的大小来判断产蛋性能的高低。

2. 喙、胫黄肤的色泽变化

黄色皮肤的品种,其喙、胫、脚趾等表皮层含有黄色素这种黄色素主要来自于青饲料中的叶黄素和黄玉米中的黄色素。母鸭开产后,饲料中的黄色素转移到蛋黄里,上述各部位的皮下黄色素缺少补充,随着皮肤接触空气而逐渐被氧化退色,皮肤变成白色,甚至在喙部出现黑点。产蛋愈多,退色愈严重。

3. 换羽和停产

产蛋与很多生理因素有关,但最显著的变化是换羽。当鸭换羽时,由于营养用于羽毛的生长,母鸭停止产蛋。低产的常常换羽早而且脱羽缓慢,停产时间较长;高产母鸭则换羽迟,换羽快,停产时间也短。因此,鸭的换羽状况可清楚地反映其产蛋性能。

❸ 鸭的配种

○ 配种方法

鸭的配种方法可分为自然配种和人工授精。

1. 自然配种

(1)大群配种。此法是指在一定数量的母鸭群中,考虑公母配种比例及其他因素,确定公鸭只数,将公母鸭混合一起饲养,让其自由交配。种鸭群的大小视鸭舍容量或当地放牧群的大小,从几百只到上千只。大群配种一般受精率高,尤其放牧鸭群受精率更高。这种配种方法多用于繁殖场。

(2)小间配种。此法常被育种场采用。在一个小间内放 1 只公鸭,按不同品种类型要求的配种比例放入适量的母鸭。因此,在鸭的育种中,小间配种主要用于父系家系的建立。

(3)同雌异雄轮配。在育种中,为了获得配种组合或父系家系,以及对公鸭进行后裔鉴定,消除母鸭对后代生产性能的影响,常采用同雌异雄轮配。采用这种方法可在 1.5 个月内,在同一配种间获得 2 只公禽的后代。如采用 2 次轮配就可得 3 只种公禽的后代。

2. 人工授精

人工授精是养鸭生产中一项先进的繁殖技术,广泛用于半番鸭或骡鸭的生产。家禽人工授精能提高优良种公鸭的配种量,扩大了种禽的利用率。对公母鸭体形大小相差悬殊,自然交配困难的,采用人工授精可提高种蛋的受精率,增加养鸭场的经济效益。

○ 配种年龄及配种比例

公母配种年龄在不同品种、类型中有差异。据研究,鸭的睾丸发育和精子发生与鸡类似。公鸭配种年龄过早,公鸭的生长发育受到影响,使其提前失去配种价值,而且受精率低,某些非常早熟的鸭品种,可在 8～9 周龄时出现精子,并在 10～12 周龄时即可采到精液。但在自然交配时,要得到满意的精液量和受精力一般都要到 20～24 周龄。通常早熟品种的公鸭应不早于 120 日龄,蛋用型公鸭配种适宜年龄为 120～130 日龄。樱桃谷蛋鸭为 140 日龄。

晚熟品种公鸭的适宜配种年龄,因品种来源不同而异,北京鸭165～200日龄,樱桃谷超级肉鸭、狄高鸭182～200日龄,瘤头公鸭165～210日龄,引进的法国瘤头鸭性成熟期210日龄,比本地番鸭迟20～30 d。

配种比例随品种类型不同差异较大,可参照下列组群,同时可根据受精率高低进行适当调整。

蛋用型鸭　　　　　　1∶(10～25)

大型肉用型鸭　　　　1∶(5～6)

瘤头鸭　　　　　　　1∶(5～8)

兼用型鸭　　　　　　1∶(8～15)

○ 利用年限

种公鸭只利用一年即淘汰,一般不用第二年的老公鸭配种。体质健壮、精力旺盛、受精率高的公鸭可适当延长使用时间。

母鸭第一个产蛋年产蛋量最高,第二年比第一年产蛋量下降30％以上,因此,种母鸭的利用年限以一年最为经济。母鸭年龄越大,畸形蛋、沙壳蛋及破壳蛋越多,并且种蛋的孵化率也较低。除非种蛋或鸭苗价格高,利用第二个产蛋年才划算。

❹ 生产性能测定方法

○ 蛋用性能测定方法

全国家禽育种委员会1982年公布了《家禽生产性能指标名称和计算方法(试行标准)》,现将其中与鸭有关的部分摘录如下,供试用。

1.孵化指标

(1)种蛋合格率。种蛋合格率是指种母禽在规定的产蛋期内

(蛋用型鸭在 72 周龄、肉用型鸭在 66 周龄内)所产符合本品种、品系要求的种蛋数占产蛋总数的百分比。

$$种蛋合格率 = \frac{合格种蛋数}{产蛋总数} \times 100\%$$

(2)受精率。受精率是指受精蛋占入孵蛋的百分比。血圈、血线蛋按受精蛋计算;散黄蛋按无精蛋计算。

$$受精率 = \frac{受精蛋数}{入孵蛋数} \times 100\%$$

(3)受精蛋孵化率。

$$受精蛋孵化率 = \frac{出雏数}{受精蛋数} \times 100\%$$

(4)入孵蛋孵化率。

$$入孵蛋孵化率 = \frac{出雏数}{入孵蛋数} \times 100\%$$

(5)种母鸭提供健雏数。每只种母鸭在规定的产蛋期内提供的健康雏鸭数。

2. 成活率

(1)雏鸭成活率。雏鸭成活率是指育雏期末成活雏鸭数占入舍雏鸭的百分比。其中蛋用雏鸭的育雏期为 0～4 周龄,肉用雏鸭 0～3 周龄。

$$雏鸭成活率 = \frac{育雏期末成活雏鸭数}{入舍雏鸭数} \times 100\%$$

(2)育成期成活率。育成期成活率是指育成期末成活育成鸭数占育雏期末雏鸭数的百分比。

$$育成期成活率 = \frac{育成期末的育成鸭数}{育雏期末雏鸭数} \times 100\%$$

3.产蛋性能指标

(1)开产日龄。个体记录群体以产第一个蛋的平均日龄计算。群体记录中,蛋鸭按日产蛋率50%,肉鸭按日产蛋率5%的日龄计算。

(2)产蛋量。

①按入舍母鸭数统计:

$$入舍母鸭产蛋量(枚)=\frac{统计期内总产蛋数}{入舍母鸭数}$$

②按母鸭饲养日数统计:

$$母鸭饲养日产蛋量(枚)=\frac{统计期内总产蛋数}{平均的饲养母鸭数}$$

$$或\ =\frac{统计期内总产蛋数}{\dfrac{统计期内累加饲养只数}{统计期天数}}$$

(3)产蛋率。产蛋率是指母鸭在统计期内的产蛋百分比。

①按饲养日计算:

$$饲养日产蛋率=\frac{统计期内总产蛋量}{实际饲养日母鸭只数的累加数}\times100\%$$

注:统计期内总产蛋量指周、年或规定期内的产蛋量。

②按入舍母鸭计算:

$$入舍母鸭数产蛋率=\frac{统计期内总产蛋量}{入舍母鸭数\times统计日数}\times100\%$$

(4)蛋重。

①平均蛋重:从300日龄开始计算,以克为单位。个体记录需连续称取3枚以上的蛋,求平均值。群体记录,则连续称取3 d总产蛋量求平均值。大型鸭场按日产蛋量的5%称测蛋重,求平均值。

②总蛋重:总蛋重是指每只种母鸭在一个产蛋期内的产蛋总重。

$$总蛋重(kg)=[平均蛋重(g)\times平均产蛋量]\div1\ 000$$

（5）料蛋比。

$$料蛋比=\frac{产蛋期耗料量(kg)}{总蛋重(kg)}$$

（6）蛋的品质。测定蛋数不少于 50 枚,每批种蛋应在蛋产出后 24 h 内进行测定。

①蛋形指数:用蛋形指数测定仪或游标卡尺测量蛋的纵径与最大横径,求其商,即为蛋形指数。以毫米为单位,精确度为 0.5 mm。

②蛋壳强度:用蛋壳强度测定仪测定,单位为 kg/cm^2。

③蛋壳厚度:用蛋壳厚度测定仪测定,分别测定蛋壳的钝端、中部、锐端 3 个厚度,求其平均值。计算蛋壳厚度应剔除内壳膜。以毫米为单位,精确到 0.01 mm。

④蛋的比重:蛋重级别以溶液对蛋的浮力的比重来表示。蛋的比重级别高,则蛋壳较厚,质地较好。蛋的比重用盐水漂浮法测定,其盐溶液各级比重如表 2-1 所示。

表 2-1　盐溶液各级比重

级别	0	1	2	3	4	5	6	7	8
比重	1.068	1.072	1.076	1.080	1.084	1.088	1.092	1.096	1.100

⑤蛋黄色泽:按罗氏(Roche)比色扇的 15 个蛋黄色泽等级比色,统计每批蛋各级的数量与百分比。

⑥蛋壳色泽:主要有白色和青色。

⑦哈氏单位(Haugh unit):用蛋白高度测定仪测量蛋黄边缘与浓蛋白边缘的中点,避开系带,测 3 个等距离中点的平均值为蛋白高度。

$$哈氏单位=1\ 001(H-1.7W^{0.37}+7.57)$$

式中:H 为浓蛋白高度(mm);

　　W 为蛋重(g)。

已知蛋重和浓蛋白的高度后可查哈氏单位表,或用哈氏单位计算尺计算。

⑧血斑率和肉斑率:统计测定总蛋数中含有血斑蛋和肉斑蛋的百分比。

$$血斑和肉斑率 = \frac{血斑和肉斑数}{测定总蛋数} \times 100\%$$

○ 肉用性能测定方法

1.肉用指标

(1)活重。活重是指在屠宰前禁食 12 h 后的重量。

(2)屠体重。屠体重是指放血去羽毛后的重量(湿拔法需沥干)。

(3)半净膛重。屠体去气管、食道、嗉囊、肠、脾、胰和生殖器官,留心、肝(去胆)、肺、肾、腺胃、肌胃(除去内容物及角质膜)和腹脂(包括腹部脂肪及肌胃周围的脂肪)的重量为半净膛重。

(4)全净膛重。半净膛去心、肝、腺胃、肌胃、腹脂但保留头、脚的重量为全净膛重。

(5)常用的几项屠宰率的计算方法。

$$屠宰率 = \frac{屠体重}{活重} \times 100\%$$

$$半净膛率 = \frac{半净膛重}{活重} \times 100\%$$

$$全净膛率 = \frac{全净膛重}{活重} \times 100\%$$

$$胸肌率 = \frac{胸肌重}{全净膛重} \times 100\%$$

$$腿肌率 = \frac{大小腿肌重}{全净膛重} \times 100\%$$

$$皮脂率 = \frac{皮脂重}{全净膛重} \times 100\%$$

2.料肉比

$$肉用仔鸭料肉比 = \frac{肉用仔鸭全程耗料量（kg）}{总活重（kg）}$$

❺ 现代鸭的繁育体系

为了保证现代养鸭业具有高产、稳产、整齐、规格一致的优质鸭种,必须建立鸭种的繁育体系。这对推动我国养鸭业向集约化规模化发展起了很好的促进和质量保证作用。

○ 品系杂交配套模式

1.二系配套

2 个品系的公母鸭杂交,子一代用于商品生产。如果两个品系的异质性强,每个品系的基因型纯合度又很好,那么这样的配套杂交优势最高。二系配套简便,成本低。其配套制种模式如图 2-3 所示。

祖　代　　A♂×A♀♀　　　　　B♂×B♀♀
　　　　　　　↓　　　　　　　　　　　↓
父母代　　　A♂　　　×　　　B♀♀

　　　　　　　　　　　　↓
商品代　　　　　　　AB

图 2-3　二系配套模式（↓ 表示纯繁制种,↓ 表示杂交制种）

2.三系配套

先用 2 个品系杂交,其杂种一代再与第三品系的公鸭杂交。

三系配套遗传基础比二系配套广，但杂交优势可能不如二系配套。三系配套制种模式见图2-4。

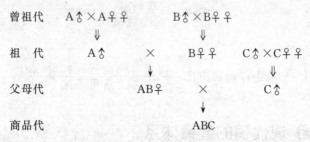

图 2-4　三系配套模式（⇓ 表示纯繁制种，↓ 表示杂交制种）

○ 四系配套

用 4 个品系两两杂交，生产的杂种之间又杂交配套生产，此法又称为双杂交，如图 2-5 所示。

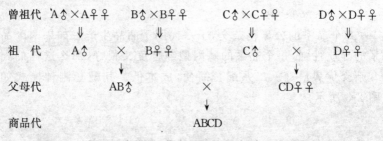

图 2-5　四系配套模式（⇓ 表示纯繁制种，↓ 表示杂交制种）

○ 鸭的繁育体系

家禽繁育体系包括育种体系和制种体系两大部分。育种体系由育种场、品种资源场和配合力测定站组成，承担纯系培育和品系配套任务；制种体系由原种场、祖代场、父母代场和孵化厂组成，担负 2 次(三系或四系配套)或 1 次(两系配套)的制种任务,为商品禽场的生产提供充足的高产商品杂交鸭。当前养禽业发达的国家用于生产的商品杂交禽有的已达 90％以上,所以,建立完善的家禽繁育体系,已成为发展现代化养禽业的核心问题。现代商品鸭的繁育体系见图 2-6,供参考。

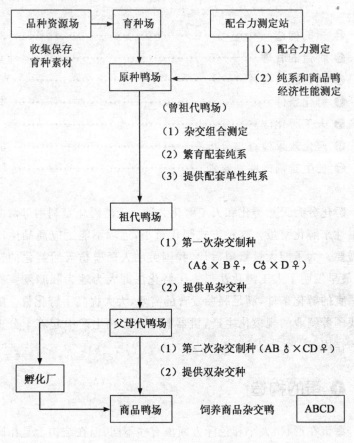

图 2-6　现代商品鸭的繁育体系

第3章 鸭的孵化

　　孵化分为天然孵化和人工孵化2种。天然孵化是利用母禽的就巢性来孵化鸭蛋。这种方式孵化量小,远远不能适应商品生产的需要。为了能大量繁殖后代,我国劳动人民模仿天然孵化的原理,最早发明了人工孵化法。人工孵化法即人为地为胚胎发育提供适宜的孵化条件,满足胚胎发育的需要,大大提高了孵化量。随着我国养鸭业的规模化生产,机器孵化在养鸭生产中起着十分重要的作用。

❶ 蛋的构造

　　禽蛋在形状、大小和色泽方面虽有些不同,但在结构上是相同的,均由蛋壳、壳膜、气室、蛋白、蛋黄、系带、胚珠或胚盘等部分组成,见图3-1。

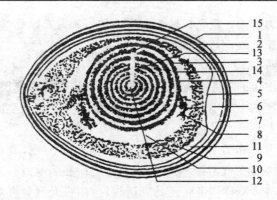

图 3-1 蛋的构造

1.壳胶膜 2.蛋壳 3.蛋黄膜 4.系带层浓蛋白 5.内壳膜 6.气室

7.外壳膜 8.系带 9.外浓蛋白 10.内稀蛋白 11.外稀蛋白

12.蛋黄心 13.深色蛋黄 14.浅色蛋黄 15.胚珠或胚盘

○ 蛋壳

蛋壳是禽蛋最外一层石灰质硬壳,包裹和保护蛋的内容物。蛋壳的厚度随品种(系)、营养水平、季节、生理和遗传因素的不同而有差异,一般为 0.26~0.38 mm。蛋壳的部位不同,其厚度也略有差异,蛋的锐端比钝端略厚。蛋壳外层有壳胶膜。蛋壳由海绵层和乳头层组成。

1.壳胶膜

壳胶膜是紧贴在蛋壳最外一层的胶质薄膜,由水分和有机物组成。其在蛋产出后立即干燥,可封闭蛋壳的气孔,限制蛋内水分的蒸发,防止病原微生物侵入蛋内,起一定的保护作用。

2.海绵层

海绵层是由晶体状的矿物质沉积在乳头层上的一层硬质层,约占蛋壳厚度的 2/3,具有相当的硬度和耐压力,起着固定蛋形和保护蛋黄、蛋白的作用。海绵层的厚度差异较大。海绵层愈厚,蛋壳的耐压力愈大。蛋壳长轴的耐压性比短轴大。因此,种蛋在运输过程中应立放,不宜横放。

3. 乳头层

在海绵层的下方由无数圆形的小乳头组成的薄硬层,厚度约占蛋壳厚度的 1/3,为海绵层的基础,是蛋具有一定强度的主要组成部分。

蛋壳上密布着许多气孔。气孔的大小不一致,直径为 4～40 μm。钝端的气孔数最多,胚胎发育过程中胚胎通过气孔进行水分代谢和气体交换。蛋壳还具有透视性,用强光照射可观察蛋内部的变化,便于检查蛋的品质和观察胚胎的发育情况。

○ 壳膜

壳膜分内外 2 层,内层包围蛋白,叫蛋白膜或内壳膜;外层紧贴于蛋壳的内表面,叫外壳膜。内壳膜较薄,厚度约 0.05 mm。外壳膜较厚,是内壳膜的 3 倍。内外壳膜上均有气孔。外壳膜上的网状纤维结构纹理粗糙,形成的气孔较大,微生物可通过。内壳膜的网状纤维结构纹理紧密细致,气孔较小,可对外界微生物起到一定的屏障作用。

○ 气室

蛋在母鸭输卵管内并没有气室,当蛋产出体外时,由于外界的气温低于体内的温度,蛋的内容物发生收缩,蛋的大头气孔多,空气进入此处使蛋的钝端(大头)内外壳膜之间分离而成的一个空间,叫气室。种蛋保存时间愈长,蛋内水分散失愈多,气室随之增大。因此,可根据气室的大小来鉴别蛋的新鲜程度。

○ 蛋白

蛋白是一种白色的黏稠透明的半流体物质。由内浓蛋白、内稀蛋白、外浓蛋白和外稀蛋白 4 层组成。内浓蛋白紧贴于蛋黄的表面,约占整个蛋白的 2.7%;其外的一层为内稀蛋白,约占17.3%;再外一层为外浓蛋白,约占 57.0%;外稀蛋白为最外一层,约占 23%。随着保存时间的延长,在蛋白中酵素的作用下,浓蛋白逐渐变稀,稀蛋白随之增多。因此,蛋白的黏稠度也可作为判断蛋的新鲜程度的重要依据之一。据测定,四川麻鸭蛋白占全蛋重的 49%,番鸭占全蛋重的 47.2%。

○ 蛋黄

蛋黄是一种不透明的黄色半流体物质,位于蛋的偏中心,由卵黄膜包围住。把煮熟的卵黄切开,可见卵黄由黄卵黄和白卵黄交替成同心圆的环状排列。深浅卵黄层的形成是由于家禽昼夜代谢率不同所致。日粮中叶黄素和类胡萝卜素含量高或多放牧的家禽,深浅卵黄层愈明显。母禽在连产中生的蛋,深浅卵黄层为 6层,产蛋较少时,卵黄的层次增加。据测定,四川麻鸭蛋黄重约占全蛋重的 37.5%,番鸭蛋黄占全蛋重的 36.5%。

○ 系带

系带是由内浓蛋白在输卵管蛋的形成过程中,蛋黄旋转前进时,在蛋黄前后两端扭曲而成的纽带状物,起着固定蛋黄位置的作用,使蛋黄始终位于蛋的中央,不与壳膜相粘连,防止在孵化过程中早期胚胎与壳膜粘连,保证胚胎正常的生长发育。

○ 胚珠或胚盘

蛋黄表面有一个白色的小圆点称为胚珠。卵子受精后,受精卵经过卵裂而形成中央透明周围较暗的胚盘,比胚珠略大,内层透明而边缘混浊,是胚胎体外发育的起点。由于胚珠或胚盘比重比蛋黄轻,总浮在蛋黄的表面。

❷ 种蛋的管理

○ 种蛋的收集

种蛋的收集应随不同的饲养方式而采取相应的措施。在放牧饲养条件下,因不设产蛋箱,蛋产在垫料或地面上,种蛋的及时收集显得十分重要。初产母鸭的产蛋时间集中在后半夜即 1:00～6:00 大量产蛋;随着产蛋日龄的延长,产蛋时间往后推迟,产蛋后期的母鸭多数也在上午 10:00 以前产完蛋。蛋产出后及时收集,既可减少种蛋的破损,也可减少种蛋的污染,这是保持较好的种蛋品质,提高种蛋合格率和孵化率的重要措施。放牧饲养的种鸭可在产完蛋后才赶出去放牧。舍饲饲养的种鸭可在舍内设置产蛋箱,随时保持舍内垫料的干燥,特别是产蛋箱内的垫草应保持新鲜、干燥、松软。刚开产的母鸭可通过人为的训练让其在产蛋箱内产蛋,同时应增加捡蛋的次数,减少种蛋的破损。当气温低于 0℃以下时,如果种蛋不及时收集,时间过长种蛋受冻;气温炎热时,种蛋易受热。环境温度过高、过低,都会影响胚胎的正常生长发育。

○ 种蛋的选择

种蛋的品质对孵化率和雏鸭的质量均有很大的影响,而且对雏鸭及成鸭的成活率都有较大的影响,也是孵化场(厂)经营成败的关键之一。种蛋的品质好,胚胎的生活力强,供给胚胎发育的各种营养物质丰富。因此,必须根据种蛋的要求,进行严格的选择。

1.感官法

感官法是孵化场在选择种蛋时常用的方法之一,是通过看、摸、听、嗅等人为感官来鉴别种蛋的质量。其鉴别速度较快,可做粗略判别。

（1）眼看。观察蛋的外观、蛋壳结构、蛋形是否正常，大小是否适中，表面是否清洁等。

（2）手摸。触摸蛋壳的光滑或粗糙等，手感蛋的轻重。

（3）耳听。用两手各拿3枚蛋，转动5指使蛋互相轻轻碰撞，听其声音。完好无损的蛋其声音脆，有裂纹、破损的蛋可听到破裂声。

（4）鼻嗅。嗅蛋的气味是否正常，有无特殊气味等。

2.透视法

利用太阳光或照蛋器，通过光线检查蛋壳、气室、蛋黄、蛋白、血斑、肉斑等情况，对种蛋做综合鉴定。这是一种准确而简便的方法。如发现气室较大，系带松弛，蛋黄膜破裂，蛋壳有裂纹等，均不能做种蛋使用。

○ 种蛋的消毒

蛋产出后，蛋壳表面很快就通过粪便、垫料感染了病原微生物，而且后者繁殖速度很快。据研究，刚产出的蛋蛋壳表面细菌数为100～300个，15 min后为500～600个，1 h后达到4 000～5 000个，而且蛋壳表面的某些细菌会通过气孔侵入蛋内，影响孵化率。因此，蛋产出后，除及时收集种蛋外，应立即进行消毒处理，以杀灭蛋壳表面附着的病原微生物。

1.福尔马林熏蒸消毒法

这种方法需用一个密封良好的消毒柜，每立方米的空间用40％的甲醛溶液30 mL、高锰酸钾15 g，熏蒸20～30 min。熏蒸时关闭门窗，室内温度保持在25～27℃，相对湿度75％～80％，消毒效果较好。如果温度、湿度低则消毒效果差。熏蒸后迅速打开门窗、通风孔，将气体排出。消毒时产生的气体具有刺激性，应注意防护，避免接触人的皮肤或吸入。

2.新洁尔灭消毒法

将种蛋排列在蛋架上,用喷雾器将 0.1%的新洁尔灭溶液喷雾在蛋的表面。消毒液的配制方法:取浓度为 5%的原液 1 份,加 50 倍水,混合均匀即可。注意在使用新洁尔灭溶液消毒时,切勿与肥皂、碘、高锰酸钾和碱并用,以免药液失效。

3.氯消毒法

将种蛋浸入含有活性氯 1.5%的漂白粉溶液中 3 min,取出尽快晾干后装盘。

○ 种蛋的保存

蛋产出后尽管贮存时间较短,也不可能立即入孵。因此,种蛋在入孵前要经过短时间的贮存。即使种蛋来源于优秀的种鸭群,又经过严格挑选的品质优良的种蛋,如果保存条件较差,保存方法不当,对孵化效果均有不良影响,尤其在冬、夏两季更为突出。因此,应提供适宜的保存条件。

1.种蛋贮存室的要求

大型的孵化场应有专门的保存种蛋的蛋库。贮存室选择隔热性能良好、无窗式的密闭房间。此外,贮存室内还应配备恒温控制的采暖设备以及制冷设备,配备湿度自动控制器。种蛋贮存室与鸭舍之间的距离越远越好,同时应便于清洗和消毒。

2.适宜的温度、湿度

胚胎发育的临界温度是 23.9℃,超过这一温度胚胎就开始发育,低于这一温度胚胎发育受到抑制。种蛋应在低于临界温度以下保存。种蛋保存的理想温度为 13～16℃。保存时间不同,温度要求有差异。保存时间在 7 d 以内,温度控制在 15℃较适宜;7 d 以上以 11℃为宜。高温对种蛋的孵化率影响极大。当保存温度高于 23.9℃时,胚胎开始缓慢发育,尽管发育程度有限,但由于细胞的代谢会逐渐导致胚胎的衰老和死亡;相反,温度过低,也会造成胚胎的死亡,影响孵化率;低于 0℃ 时,种蛋因受冻而失去孵化能力。贮存前,如果种蛋的温度高于保存温度,应逐步降温,使蛋温接近贮存室温度,然后将种蛋放入贮存室。

湿度过高,种蛋容易发霉变质。湿度过低,蛋内水分蒸发过多,影响孵化效果。保存种蛋的湿度以近于蛋的含水量为最好,贮存室内一般相对湿度控制在 70%～80% 为宜。

3. 适宜的保存时间

保存时间越短,孵化率越高。随着种蛋保存期的延长,孵化率会逐渐降低。由于新鲜蛋的蛋白具有杀菌作用,保存时间过长,蛋白的杀菌作用急剧下降;另外,保存时间过长,蛋内水分蒸发过多,导致内部 pH 的改变,各种酶的活动加强,引起胚胎的衰老,营养物质的变化及残余细菌的繁殖,从而危害胚胎降低孵化率。若不能控制温度,保存时间应根据季节的不同而定,夏天以保存 3 d 为宜。种蛋如需较长时间保存,可将种蛋放入密封的塑料袋内,填充氮气,密封保存,可阻止蛋内物质和微生物的代谢,防止蛋内水分的过分蒸发。如果保存时间超过 3～4 周,仍可获得 70%～80% 的孵化率。种蛋长期保存时,每天翻蛋 1 次,也可延缓孵化率的急剧下降。

○ 种蛋的包装和运输

装运种蛋是良种引进、交换和推广过程中不可缺少的一个重要环节,应给予高度重视。

1. 种蛋的包装

引进种蛋时常常需要长途运输,如果保护不当,往往引起种蛋破损和系带松弛、气室破裂等,导致孵化率降低。

包装种蛋最好的用具是专用的种蛋箱(长 60 cm×宽 30 cm×高 40 cm,250 个)或塑料蛋托盘。种蛋箱和蛋托盘必须结实,能经受一定压力,并且要留有通气孔。装箱时必须装满,必须使用一些填充物防震。如果没有专用种蛋箱,也可用木箱或竹筐装运,此时可用废纸将种蛋逐个包好,装入箱(筐)内,各层之间填充锯末或刨花、稻草等填充垫料,防止撞击和震动,尽量避免蛋与蛋的直接接触。不论使用什么工具包装,尽量使大头向上或平放,排列整齐,以减少蛋的破损。

2.种蛋的运输

在种蛋的运输过程中,应注意避免日晒雨淋,影响种蛋的品质。因此,在夏季运输时,要有遮阴和防雨设备;冬季运输应注意保温,以防受冻。运输工具要求快速平稳,安全运送。装卸时轻装轻放,严防强烈震动。种蛋运到后,应立即开箱检查,剔除破损蛋,进行消毒,尽快入孵。

❸ 鸭的胚胎发育

○ 鸭蛋的孵化期

家禽的孵化期是指在正常的孵化条件下,从种蛋入孵开始到雏禽出壳为止的时间。不同的鸭种具有不同的孵化期。肉用型鸭蛋比蛋用型鸭蛋的孵化期稍长。一般来讲,鸭蛋的孵化期为 28 d,瘤头鸭的孵化期为 33~35 d。孵化过程中,孵化温度偏高时孵化期缩短;孵化温度偏低时孵化期延长,出壳推迟。出壳时间无论是推迟或提早都是孵化不正常的表现,雏鸭弱雏较多,成活率较低。

○ 胚胎的生长发育

1.蛋形成过程中胚胎的发育

卵黄自卵巢上排出后,被输卵管的漏斗部接纳,与精子相遇受精,成为受精卵,并在蛋形成过程中开始发育。当受精卵到达峡部时发生卵裂,进入子宫部 4~5 h 后已达 256 个细胞期,到蛋产出时,胚胎发育已进入到囊胚期或原肠早期。蛋产出后,由于外界气温低于胚胎发育所需要的温度,胚胎发育处于停滞状态,随着时间的延长,胚胎逐渐死亡,孵化率降低。

2. 孵化期中胚胎的发育

当给予种蛋适当的孵化条件,胚胎从休眠状态中苏醒过来,继续发育形成雏禽。现将鸭胚不同日龄的发育情况简述如下:

第 1 天 胚胎以渗透方式进行原始代谢,原线、脊索突和血管区等器官原基出现。胚盘暗区显著扩大。照蛋时,胚盘呈微明亮的圆点状,俗称"白光珠"。

第 2 天 胚盘增大。脊索突扩展,形成 5 个脑泡,脑部和脊索开始形成神经管。眼泡向外突出。心脏形成并开始搏动,卵黄血液循环开始。照蛋时可见圆点较前一天为大,俗称"鱼眼珠"。

第 3 天 血管区为圆形,头部明显地向左侧方向弯曲与身体垂直,羊膜发展到卵黄动脉的位置。有 3 对鳃裂出现,尾芽形成。胚胎直径为 5~6 mm,血管区横径为 20~22 mm。

第 4 天 前脑泡向侧面突出,开始形成大脑半球。胚体进一步弯曲,喙、四肢、内脏和尿囊原基出现。照蛋时,可见胚胎与卵黄囊血管分叉似蚊子,俗称"蚊虫珠"。

第 5 天 胚胎头部明显增大,并与卵黄分离,前脑开始分成两个半球,第五对三叉神经发达。口开始形成,额突生长,眼有明显的色素沉着。脾脏和生殖细胞奠基。尿囊迅速增大形成一个有柄的囊状,其直径可达 5.5~6.0 mm。照蛋时卵黄囊血管形似一只小蜘蛛,又称"小蜘蛛"。

第 6 天 胚胎极度弯曲,中脑迅速发育,出现脑沟、视叶。眼皮原基形成,口腔部分形成,额突增大,四肢开始发育,性腺原基出现,各器官已初具特征。尿囊迅速生长,覆盖于胚体后部,尿囊血液循环开始;照蛋时,可见到黑色的眼点,俗称"起珠"。

第 7 天 胚胎鳃裂愈合,喙原基增大,肢芽分成各部。胚胎开始活动,尿囊体积增大,直径达到 12～17 mm,并且完全覆盖胚胎。照蛋时可见到头部和弯曲增大的躯干部分,俗称"双珠"。

第 8 天 喙原基已成一定形状,翅和脚明显分成几部,趾原基出现。雌雄性腺已可区分。尿囊体积急剧增大,直径达到 22～25 mm.照蛋时可见半个蛋面布满血管。

第 9 天 舌原基形成,肝具有叶状特征,肺已有发育良好的支气管系统,后肢出现蹼,尿囊继续增大。胚胎重 0.69～1.28 g。照蛋时,正面易看到在羊水中浮游的胚胎。

第 10 天 除头、额、翼部外,全部覆盖绒羽原基,腹腔愈合。尿囊迅速向小头伸展。

第 11 天 眼裂呈椭圆形,眼睑变小。绒羽原基扩展到头部、颈及翅部,脚趾出现爪。

第 12 天 喙具有鸭喙的形状,开始角质化,眼睑已达瞳孔。胚胎背部开始覆盖绒羽。胚胎仍自由地浮于羊水中,尿囊开始在小头合拢。照蛋时,可见到尿囊血管合拢,但还未完全接合。

第 13 天 胚胎头部转向气室外,胚体长轴由垂直蛋的横轴变成倾斜。尿囊在小头完全合拢,包围胚胎全部。眼裂缩小,爪角质化。照蛋时除气室外整个蛋表面都有血管分布,俗称"合拢"。

第 14 天 眼裂更为缩小,下眼睑把瞳孔的下半部遮住。肢的磷原基继续发育,体腹侧绒羽开始发育,全身除颈部外皆覆盖绒羽。胚胎重 3.5～4.5 g。

第 15 天 胚胎完成 90°角的转动,身体长轴和蛋的长轴一致。眼睑继续生长发育,眼裂缩小,下眼睑向上举达于瞳孔中部。绒羽已覆盖胚胎全部,并继续增长。尿囊血管加粗,颜色加深。

第 16 天 胚胎头部弯曲达于两脚之间,脚的鳞片明显。蛋白在尖端由一管道输入羊膜囊中。尿囊血管继续加粗,血管颜色加深。胚胎重 6.6～12.0 g。

第 17 天 头部向下弯曲,位于两足之间,两足也急剧弯曲,眼裂继续减少。开始大量吞食蛋白,蛋白迅速减少,胚胎生长迅速,骨化作用加强。

第 18 天　胚胎头部移于右翼之下,足部的鳞片继续发育。蛋白水分大量蒸发,气室逐渐加大。可见大头黑影继续扩大,小头透亮区继续缩小。

第 19 天　眼睛全部合上,未利用完的蛋白继续减少,变得浓稠。大头黑影进一步扩大。

第 20 天　蛋白基本利用完,开始利用卵黄营养物质,小头透亮区差不多消失。

第 21 天　蛋白利用完。羊膜和尿囊膜中液体减少,尿囊与蛋壳易于剥离。背面全部黑影覆盖,看不到亮区,俗称"关门"。

第 22 天　胚胎转身,气室明显增大,喙开始转向气室端。少量卵黄进入腹腔。照蛋时可见气室向一方倾斜,俗称"斜口"。

第 23 天　喙朝向气室端,卵黄利用明显增加。胚重28.4~32.6 g。气室倾斜增大。

第 24 天　卵黄囊开始吸入腹腔,内容物收缩,可见气室附近黑影"闪动"。

第 25 天　胚胎大转身,喙、颈和翅部穿破内壳膜突入气室。卵黄囊大部分被吸入腹腔。胚胎体积明显增大,胚胎重35.9 g。可见气室内黑影明显闪动,俗称"大闪毛"。

第 26 天　卵黄囊全部吸入腹腔。开始啄壳,并转为肺呼吸,易听到叫声,俗称"见嘴"。

第 27 天　大批啄壳,发育快的雏鸭破壳而出。

第 28 天　出壳高峰时间。出壳体重一般为蛋重的 65%。胚胎腹中存有少量卵黄。

○ 胚膜的形成及作用

孵化过程中,胚胎发育所需要的营养物质和新鲜空气以及代谢产物的排泄均依靠胚膜来完成。

1. 羊膜

鸭蛋孵化到 2.5～3 d 时,羊膜覆盖胚胎头部并逐渐向胚体伸展,到 4.5 d 包围整个胚胎,形成一个囊腔,内充满着透明的羊水。羊水供给胚胎发育早期所需的水分。羊膜上的平滑肌能发生有节奏地收缩,引起羊水波动,促进胚胎的运动和防止胚胎粘连,可降低震动强度,避免胚胎受到机械性的损伤。羊水中含有大量的蛋白酶。在这些酶的作用下,蛋白被分解成氨基酸,为蛋白质进入胚胎并被胚胎消化吸收创造了良好的条件。孵化末期,羊水减少,羊膜覆盖于胚体,出壳后残留在壳膜上。

2. 卵黄囊膜

卵黄囊膜覆盖于整个卵黄表面,并由卵黄囊柄与胚体连接。卵黄囊上密布血管,吸收卵黄中的营养物质供给胚胎需要。在孵化的前 6 d 为胚胎输送氧气,与外界进行气体交换。雏鸭出壳前将未利用完的卵黄物质随同枯萎的卵黄囊一起吸入腹腔,并通过卵黄囊柄的开口,将剩余的卵黄流入肠道,为出壳后的雏鸭所利用。因此,雏鸭出壳后 1～2 d 内,在长途运输途中不喂食。

3. 浆膜

浆膜又称绒毛膜,紧贴于羊膜和卵黄囊膜的外面。其后由于尿囊的发育而与其分离,贴于内壳膜,并与尿囊外层结合起来。由于浆膜透明而无血管,因此,很难见到单独的浆膜。浆膜可通过蛋壳膜为胚胎提供氧气,具有促进胚胎呼吸的作用。

4. 尿囊膜

尿囊膜位于羊膜和卵黄膜之间,在孵化的第 3 天出现,尔后迅速增大,第 7 天达到壳膜的内表面,到第 13 天时在蛋的小头合拢,包围整个胚胎,并与绒毛膜贴合在一起形成尿囊绒毛膜,紧贴于内壳膜上。尿囊膜具有吸收蛋白中的营养物质和蛋壳中的钙质供给胚胎需要,通过气室、气孔吸收氧气和排出 CO_2,贮存胚胎代谢废物等重要功能。

❹ 孵化条件

○ 温度

温度是孵化最重要的孵化条件。只有适宜的孵化温度才能保证胚胎正常生长发育,才能保证鸭蛋中各种酶的活动,从而保证胚胎正常的物质代谢。鸭蛋比鸡蛋大,以单位重量计算,蛋壳表面积相对比鸡蛋小,而且蛋壳和壳膜较厚。蛋黄中脂肪含量高于鸡蛋,孵化后半期由于脂肪代谢增强,必须向外排出大量的体热,以维持正常的物质代谢。因此,在鸭蛋孵化的中、后期孵化温度应比鸡蛋低 0.56℃,而且在孵化后期应采取凉蛋措施。

鸭胚胎适宜的温度范围为 37~38℃。温度过高过低都会影响胚胎的正常发育,严重时会造成胚胎的死亡。温度偏高时,胚胎发育加快,孵化期缩短,超过 42℃后 2~3 h 就会造成胚胎的死亡;相反,温度偏低时,胚胎发育迟缓,孵化期延长。因此,在孵化过程中,可根据孵化场的具体情况、季节、品种以及孵化机的性能,制订出合理的施温方案。立体孵化器一般采用以下两种施温方案。

1. 恒温孵化

恒温孵化是分批入孵的施温方案,以满足不同胚龄种蛋的需要。通常孵化器内有 3~4 批种蛋。室温过高时,整批孵化在中后期代谢热大大过剩,分批入孵就可以充分利用代谢热作为热源,既可减少“自温”超温,又可节约能源。恒温孵化时,新老蛋的位置一定要交错放置,老蛋多余的热量被新蛋吸收,解决了在同一温度下新蛋温度偏低、老蛋温度偏高的矛盾;从而提高了孵化率。通常机内温度控制在 37.8℃。如果室温较高,可适当降低孵化温度,但应注意,在孵化过程中,应随时检查机内的温度是否均匀,孵化机内上下、前后、左右的温差一般不超过 0.1~0.2℃。温差可通过调整进出气孔等方式得到解决。如果温差较大时,也应注意定时调盘,减少温差对孵化率的影响。

2. 变温孵化

变温孵化又叫整批孵化,适用于种蛋来源充足情况下所采用的孵化方法。由于鸭蛋大,脂肪含量高,孵化 13 d 后,代谢热上升较快,如不改变孵化机的温度,会造成孵化机内局部超温而引起胚蛋的死亡。孵化的第 1 天温度为 39~39.5℃,第 2 天为 38.5~39℃,第 3 天为 38~38.5℃,第 4 天至第 20 天为 37.8℃,第 21 天至第 25 天为 37.5~37.6℃,第 26 天至第 28 天为 37.2~37.3℃。但第 21 天以后多数转入摊床孵化。变温孵化时,应尽量减少机内的温差。温度的调整应做到快速准确,特别是孵化的头 3 d。

○ 湿度

孵化过程中,蛋内水分不断蒸发。水分蒸发过快过慢都会影响胚胎发育,影响孵化率和雏鸭质量。立体孵化器具有风扇装置,空气流动速度快,加上蛋内脂肪含量高,含水量低,代谢热高,蛋内水分容易蒸发。湿度过低蛋内水分蒸发较快,胚胎易与壳膜粘连,影响正常出壳。

湿度变化总的原则是"两头高,中间低"。孵化初期,胚胎产生羊水和尿囊液,并从空气中吸收一些水蒸气,相对湿度应控制在70%左右。孵化中期,胚胎要排出羊水和尿囊液,相对湿度控制在60%为宜。孵化后期,为使有适当的水分与空气中的二氧化碳作用产生碳酸,使蛋壳中的碳酸钙转变为碳酸氢钙而变脆,有利于胚胎破壳而出,并防止雏鸭绒毛粘壳,相对湿度控制在 65%~70%为宜。在鸭蛋孵化后期如果湿度不够,可直接在蛋壳表面喷洒温水,以增加湿度。

○ 通气

胚胎对氧气的需要随胚龄的增加成正比例增加。孵化初期胚胎的物质代谢处于初级阶段,氧气需要量较少,胚胎通过卵黄囊血液循环利用蛋黄中的氧气。孵化中期胚胎的代谢作用加强,氧气需要量增加;尿囊形成后,通过气室气孔利用空气中的氧气,排出二氧化碳。孵化后期,胚胎的呼吸转为肺呼吸,每昼夜氧气需要量为孵化初期的 110 倍以上。

通风、温度和湿度之间有着密切的关系。如果机内空气流通量大,通风良好,散热快,则湿度较小,反之湿度就大,余热增加。通风量过大,机内温度和湿度难以保持。因此,这三者之间应互相协调,在控制好温度、湿度的前提下,调整好通风量。一般孵化机内风扇的转速为 $150\sim250$ r/min,每小时通风量以 $1.8\sim2.0$ m³宜。同时,还应根据孵化季节、种蛋胚龄大小,调节进出气孔,以保持孵化机内空气新鲜,温度、湿度适宜。

○ 翻蛋

实践证明,在孵化过程中进行翻蛋,特别是孵化的前、中期具有十分重要的意义。胚胎比重最轻,浮在蛋黄表面,长期不动易与壳膜粘连,影响胚胎发育。翻蛋可促进胚胎运动,保持胎位正常。同时也能扩大卵黄囊血管与蛋黄、蛋白的接触面积,有利于胚胎营养物质的吸收。翻蛋经常改变蛋的相对位置,使机内不同部位的胚蛋受热与通风更加均匀,有利于胚胎的生长发育。

立体孵化机具有翻蛋装置,翻蛋不会影响孵化机的正常温度。以勤翻为宜,翻蛋的角度应达到 90°。大型肉鸭种蛋的孵化除每 2 h 翻蛋 1 次外,每天早晚结合凉蛋增加 1 次手工翻蛋,角度为 180°,有利于提高孵化率。翻蛋在前期、中期对孵化率的影响较大,到孵化后期特别是在出壳的前几天,可不再翻蛋,因胚胎全身已覆盖绒毛,不翻蛋不致引起胚胎与壳膜粘连。

○ 凉蛋

胚胎发育到中期以后,由于脂肪代谢能力增强而产生大量的生理热。因此,定时凉蛋有助于胚胎的散热,促进气体代谢,提高血液循环系统的机能,增加胚胎体温调节的能力,有利于提高孵化率和雏鸭质量。胚胎发育到中期以后,凉蛋有利于生理热的散发,可防止胚蛋超温,对提高孵化率有良好的作用。这点对大型肉鸭种蛋的孵化更为重要。因此,种蛋在孵化 14 d 以后就应开始凉蛋,每天凉蛋 2 次,每次 20～30 min,但每次凉蛋的时间不能超过40 min。一般用眼皮试温,感觉既不发烫又不发凉即可放到孵化机内。夏天外界的气温较高,只采用通风凉蛋不能解决问题,可将25～30℃的水喷洒在蛋面上,表面见有露珠即可,以达到降温目的,如果喷 1 次水不能解决问题,可喷 2 次,以缩短凉蛋的时间。凉蛋时间不能太长,否则易使胚蛋长期处于低温,影响胚胎的生长发育。凉蛋必须根据具体情况,灵活应用。

❺ 人工孵化法

○ 机器孵化法操作管理程序

孵化机具有保温性能好、孵化量大、孵化效果好等优点,且易于操作管理,能大大提高劳动生产率,降低劳动成本。其操作程序如下。

1. 孵化前的准备

在入孵前 1 周,对孵化室、孵化器及用具应彻底清洗消毒。对孵化器进行全面检查,进行孵化器的试机运转,校对、检查各控制元件的性能,对温、湿度计进行校对,待试机 24 h 一切正常后,方可入孵。

2.种蛋的入孵

入孵前先将种蛋逐个排列在蛋架上。一般蛋的大端向上排列,倾斜 45°角;同时在种蛋上应标注种类、上蛋日期或批次等,以便于孵化的操作管理;入孵时间最好安排在下午 4 点钟以后,这样大批出壳时间正好在白天,便于工作的安排。

3.照检

孵化过程中,一般进行 3 次照检。第一次照检在孵化的6～7 d,主要是剔除无精蛋和中死蛋(血环蛋)。通过第 1 次照检,可确定受精率的高低,检查胚胎发育是否正常。发育正常的胚胎,可明显看到血管网鲜红,胚胎像小蚊虫大小。无精蛋在头照时只能看到浅黄色的蛋黄悬浮于蛋内,蛋白透明,看不见血管。死胚蛋头照时,蛋内多呈无规律的血环或血线,无血管扩散,蛋黄散沉。

第 2 次照检为孵化的第 13 天至第 14 天。此次照检可将死胚蛋和漏检的无精蛋剔除。如此时尿囊膜在蛋的小头"合拢",表明胚胎发育正常,孵化条件的控制适宜。第 3 次照检可结合转盘或上摊床进行。由于照检多采用手工操作,故费时费工。照检的目的主要是检查胚胎后期的发育情况,及时将死胚蛋剔除,同时还可根据胚胎发育情况调整后期的孵化温度及转盘或上摊床的时间。照检时死胚蛋变得灰暗,看不清血管,气室小而不倾斜,蛋面发凉。

常用的照蛋器有 2 种:一种是手提式,可直接在蛋盘上逐个照检;另一种为座式,需将种蛋取于手中,以大头对准照蛋孔逐个照检。

4.移蛋(或转盘)

鸭蛋在孵化的第 25 天进行最后 1 次照检,将死胚蛋剔除后,把发育正常的胚蛋转入出雏器中继续孵化,叫移盘或转盘。移盘时如发现胚胎发育普遍较迟,应推迟移盘的时间。移盘后应注意提高出雏器内的相对湿度和增大通风量。机摊结合孵化时,一般在第 21 天照检后转入摊床,利用胚蛋的自温进行孵化,直到出雏。

5. 出雏

孵化条件正常时,一般孵化到 27.5 d 开始破壳出雏,进入 28 d 大量出雏。出雏期间不应经常打开机门,以免降低出雏机内的温度和湿度。一般 3～4 h 捡雏 1 次。出壳的雏鸭绒毛干后应及时取出,并将空蛋壳拣出,以有利于其他胚蛋继续出雏。出雏期间应关闭机内照明灯,以免引起雏鸭的骚动。在出雏末期,已啄壳但无力破壳的可进行人工破壳助产,但要在尿囊枯萎的情况下进行,否则容易引起大量出血,造成死亡。出壳完毕后,应及时清洗、消毒出雏器、水盘、出雏盘等用具。

6. 初生雏鸭的分群

初生雏鸭孵出后应及时进行分群,将健雏和弱雏分开,进行单独培育,以提高成活率,使雏鸭生长发育均匀,并减少疾病感染。健雏表现出精神活泼,体重适宜,绒毛匀整有光泽,脐部收缩良好,站立稳健,握在手中挣扎有力。弱雏则显得精神不振,个体小,两脚站立不稳,腹大,脐部愈合不良,还表现出有拐腿、瞎眼、弯喙等不良症状。

7. 孵化机的日常管理

(1)观察温度的变化。温度通过门上的干湿球温度计来观察,每 2 h 记录 1 次,并可结合种蛋测温,即将种蛋放在眼皮上测温,这需要一定的孵化经验。生产上一般通过校准的门温度计进行观察记录,以免开关门时对孵化温度造成影响。如有温度上升或下降,应及时调整。

(2)定时加水。若非自动调湿的孵化器,每天应定时往水盘加温水。温度计的纱布在水中易因钙盐作用变硬或沾染灰尘和绒毛,影响水分蒸发,需经常清洗更换。

(3)停电时应采取的措施。根据停电时间的长短、胚龄的大小采取相应的措施。如果在冬季或早春室温较低,可升火来提高室温,打开孵化机通风孔放温,每半小时人工摇动风扇 1 次,使机内温度均匀,否则热空气聚集在孵化机内的上部,出现上部过热,下部过凉等现象。若胚龄较大,自温较高时,应立即打开机门散热,每半小时手工翻蛋 1 次,以免胚蛋温度过高。停电时间较长时,特别是胚龄较小的蛋,必须设法加温;胚龄较大时,可转入摊床利用胚蛋的自温进行孵化。

○ 传统孵化法

传统孵化法主要有炕孵法、桶孵法和缸孵法 3 种。其共同优点是设备简单,不需用电,成本低廉。其缺点是凭经验探温和调温,初学者不容易掌握,劳动强度大,破损率高,消毒比较困难等。广大孵化工作者根据生产实践经验,汲取传统孵化法的优点,改掉缺点,创造了不少适合本地区的孵化方法和孵化机器。各种孵化方法大同小异,孵化过程一般分为给温阶段和自温阶段。不同的孵化方法其给温的方式不同,但其自温阶段均是利用摊床孵化。下面主要介绍摊床孵化法。

摊床孵化法是我国所特有的孵化技术。这种方法完全利用胚蛋的自温,不需燃料。无论是机器孵化,还是采用传统的孵化方法,在孵化后期均可利用胚蛋的自温进行摊床孵化,缩短孵化的给温期,节省电力、燃料,有效地提高孵化量和孵化机的周转率。同时,由于摊床的环境好,胚胎有机会直接与空气接触,对鸭胚的散热和生长发育有利。

1. 摊床的构造

摊床为 2～3 层床式木制的长架,分为"上摊、中摊和下摊",摊与摊之间的距离为 80 cm,长与房屋的长度相等(图 3-2)。摊上放 1 层 6～10 cm 厚的碎稻草或锯末、刨花等,摊平后放 1 层草席。摊上的设备简单,只需要有些隔条放在摊的边缘或蛋的周围,就可防止蛋与摊床的直接接触。另外,还备有白布、毯子、单被、纱布、皮纸、棉絮等覆盖物保温。

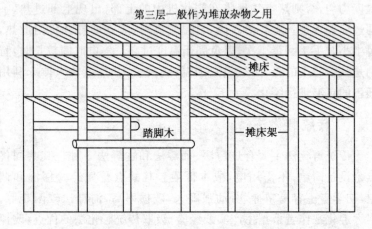

图 3-2　摊床示意图

2. 上摊的时间

上摊的时间对于不同品种(系)、不同生产用途和不同孵化季节等有所不同。一般鸭蛋 14 d 后就可上摊,但应根据季节、胚胎发育的特征等情况灵活掌握,可略早或迟 1～2 d 上摊床。在冬季和早春,由于外界的气温低,一般不宜过早上摊床。上摊时间过早,胚蛋温度不容易升高。最理想的上摊时间为 21 d 后,这样胚胎的自温能力较强,便于摊床的管理。

3. 摊床的操作管理

上摊后的管理主要是通过增减覆盖物、翻蛋和改变蛋的位置,以及蛋的排列层次等措施,合理地调节孵化温度。上摊后的第 1 天,由于环境温度变化较大,需特别细心地管理。温度不能太低,因为此时胚胎虽能自身产生热量,但还是有限的,加上摊上没有加温设施,如果温度下降后,就不容易升上去。在冬季和早春,上摊前 1 天可适当提高摊床室内温度,以免上摊后蛋温一时升不上去。摊床的管理主要是调节适宜的蛋温以满足胚胎发育的需要。

(1)翻蛋(抢摊)。翻蛋除增加胚胎的运动外,可调节摊上心蛋、边蛋的温差。摊上往往心蛋温度高,边蛋温度低。翻蛋时两人站在摊床两边,对立操作,两手伸向心蛋,将心蛋围起往边上赶,再将手臂靠着席子,两手呈直角将边蛋往中心方向推,与心蛋对调,直到全批调完,再盖上覆盖物。

(2)摆蛋的层数及松紧。初上摊时,叠放 2 层。随着胚龄的增加,自温能力加强,上层胚蛋可逐步降低密度,或将边蛋放 2 层,心蛋放 1 层。鸭蛋 17 d 后就可平放为 1 层。放平后边蛋应靠紧些,心蛋放松。除此之外,胚蛋放的层数及松紧也要根据当时的气温、室温情况而定。

(3)用覆盖物来调节温度。要使胚蛋获得适宜的温度,首先需要"盖"保温;为了不致使胚蛋蛋温过高,还需要"掀",用"掀"散发出多余的热量,这是摊床管理成败的关键。其具体做法应根据以下 3 个方面灵活掌握:

①随着胚龄的增加,覆盖物由多到少,由厚变薄,盖的时间由长到短。

②在冬季或早春气温较低时,盖的时间长一些;夏季要少盖,时间要短。在同一天当中,早晨及下半夜要多盖,午后及上半夜要少盖;气温上升时迟盖,气温下降时早盖。

③根据上一次翻蛋时覆盖物的多少,以及蛋温等情况,然后决定下一次覆盖物的多少及厚薄。

摊床的管理应随时检查摊上边蛋和心蛋的温差情况,翻蛋的次数由蛋温以及心边蛋的温差来决定。摊床孵化不能单凭经验,可借助于体温计测定胚蛋的温度,根据胚胎发育的实际情况施温。

❻ 孵化效果检查与分析

孵化过程中结合照蛋、出雏等经常检查胚胎的发育情况，以及死胚情况，分析查明原因，及时改进孵化条件和种鸭的饲养管理，对于提高孵化率和经济效益，具有重要的作用。

○ 孵化效果的检查分析

1. 照蛋

在孵化的第 6 天至第 7 天照检时，如有 70％以上的胚蛋符合胚胎发育的标准，其散黄蛋、死胚蛋的数量占受精蛋总数的 3％～5％，说明胚胎发育正常，温度掌握适宜；如果 70％的胚胎发育太快，胚胎死亡的比例超过 7％，说明孵化温度偏高，可适当降低温度；如果有 70％的胚胎发育达不到要求，说明孵化温度偏低。除检查孵化温度是否正常外，还应检查种蛋的保存时间、保存方法以及种鸭的饲养管理等方面的原因。

在第 13 天至第 14 天进行第 2 次照检。如果绝大部分胚蛋的尿囊血管在小头合拢，死胚蛋的比例不超过 2％～4％，说明胚胎发育正常，孵化温度适宜；如果 70％左右的胚胎尿囊膜在小头还没有合拢，说明孵化温度偏低，并可从尿囊膜发育的程度推测温度偏低的程度；如果尿囊膜早已合拢，死胚数较多时，说明孵化温度偏高，应及时进行调整。

第 3 次照蛋时 70％以上的胚蛋除气室以外，胚胎占据蛋的全部空间，漆黑一团，可见气室边缘弯曲，尿囊血管逐渐萎缩，甚至可见胚胎黑影闪动，死胚一般为 2％～3％，说明胚胎发育正常。如果死胚数超过 7％～8％，并已大批开始啄壳，说明孵化温度过高。如果气室较小，边缘平整，无胚胎"黑影"闪动，说明温度偏低。如果孵化温度正常，死胚率较高，则应分析其他因素（图 3-3）。

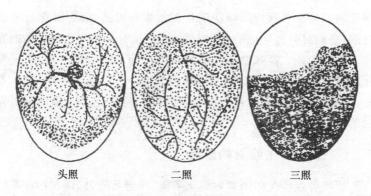

头照　　　　　　二照　　　　　　三照

图 3-3　胚胎发育的特征

2. 出雏时的检查分析

在出雏期间观察胚胎啄壳的状态和出雏的时间等是否正常，借以检查胚胎的发育情况。如果啄壳整齐、出雏时间正常，从开始出壳至全部出完约 40 h，说明温度恰当。如果出壳时间提早，雏鸭脐部周围绒毛未长齐，弱雏中有较多"粘毛"的现象，说明孵化后期温度较高；如果雏鸭弱雏较多，脐部较大，且有较多的钉肚，死胚明显增加，说明孵化温度偏低。出壳时间比较正常，死胚和弱雏较少，但弱雏的腹部较大，可能与孵化后期湿度较大有关。

3. 死胚的剖解

不同胚龄照蛋时检出的死胚，通过破壳观察，对照前述的胚胎发育特征，分析死亡原因，改进孵化管理。首先观察胎位是否正常，各组织器官出现和发育情况；后期还观察皮肤、内脏是否充血、出血、水肿等，然后综合判断死亡的原因。必要时做死胚蛋的微生物学检验，检查种蛋品质，是否感染传染性疾病。

4. 胚胎死亡高峰期

孵化期间胚胎死亡有 2 个高峰期：第一个死亡高峰期在孵化 4～6 d，第二个死亡高峰期是在孵化的 24～27 d，尤其在后期死亡率更高。第一个死亡高峰期正是胚胎生长迅速,形态变化显著的时期;胚胎对外界环境的变化十分敏感,稍有不慎则造成胚胎的死亡。第二个死亡高峰期是胚胎的呼吸转为肺呼吸的时期,生理变化剧烈,氧气需要量增加,胚胎体温增高,如果通风不良,散热不好,则容易造成胚胎的死亡。如果死亡比例较大,则应及时分析死亡的原因,加以解决。

○ 影响孵化效果的因素

影响种蛋孵化的因素除孵化条件、种蛋品质外,还包括种鸭的影响。

1.遗传因素

种鸭的遗传结构与孵化率有关。不同的品种(系)、不同家系的孵化率有差异。轻型品种(系)的孵化率较重型品种(系)为高,近交时孵化率下降,杂交时可提高孵化率。

2.种鸭的营养

种鸭日粮的营养水平、健康状况和管理措施均会直接或间接地影响种蛋品质,从而降低种蛋的孵化率。饲料中维生素 A、维生素 D、维生素 E、维生素 B_2、维生素 B_{12}、泛酸、生物素及亚油酸缺乏时,以及钙、磷、锌、锰等矿物质缺乏时影响孵化率,必须供给营养充分的全价日粮。

3.种鸭的健康状况

只有健康状况良好的种鸭所产的蛋,才能获得较高的孵化率。如果种鸭感染大肠杆菌病,在孵化过程中胚胎的死亡数明显增多,孵化率急剧下降。

4.种鸭的年龄

种鸭第一个产蛋期所产的蛋的孵化率最高;初产期间所产的蛋的孵化率较低;产蛋高峰期间所产的蛋的孵化率最高,产蛋率与孵化率呈正相关;以后随着产蛋周龄的增长孵化率逐步下降。

5.种鸭的管理水平

种鸭饲养管理水平的好坏与孵化率也有密切的关系。种蛋受到严重污染、鸭舍温度过高、鸭舍垫料潮湿、种蛋收集不及时、卫生条件较差等,也影响孵化率的高低。

❼ 初生雏鸭的性别鉴别

雏鸭的雌雄鉴别在养鸭生产上具有重要的意义,特别是父母代种鸭、商品蛋鸭的生产,雌雄分开可将多余的公鸭及时淘汰,当做商品鸭处理,节约饲料、房舍、运输等费用,降低生产成本。

○ 翻肛法

用左手握住雏鸭,将雏鸭颈部夹在中指和无名指之间,两脚夹在无名指和小指之间,轻轻用手握牢,然后用左手拇指压住脐部,稍稍用力排出胎粪后,再用右手拇指和食指拨开肛门,使其外翻,如见有半粒米长螺旋状的阴茎露出,则表明是公雏鸭,否则为母雏鸭。

○ 捏肛法

以左手拇指和食指在雏鸭颈前分开,握住雏鸭;右手拇指和食指轻轻将肛门两侧捏住,上下或前后稍一揉搓,感到一个似芝麻粒或油菜子大的突起,尖端可以滑动,根部相对固定,此即为公雏鸭,否则为母雏鸭。

○ 顶肛法

左手握住雏鸭,以右手食指与无名指夹住雏鸭体两侧,中指在其肛门外轻轻往上一顶,如感觉有小突起,即为公雏鸭。顶肛法比捏肛法难于掌握,但熟练以后速度比捏肛法更快。

○ 鸣管法

在颈的基部两锁骨内,气管分叉处有球状软骨,称为鸣管,是鸭的发声器官。公鸭的鸣管较大,直径有 3～4 mm,横圆柱形,稍偏于左侧。母雏鸭的鸣管较小,仅在气管的分叉处。触摸时,左手大拇指和食指抬起鸭头部,右手从腹部握住雏鸭,食指触摸颈的基部,如有直径 3～4 mm 大的小突起则为公雏鸭。

第4章　鸭的营养

❶ 鸭的营养需要

○ 能量

鸭的生命活动和生产活动,包括维持体温、采食、消化和吸收,以及生长、产蛋均需要能量。能量主要来源于日粮中的碳水化合物和脂肪。但鸭对能量的需要是有限的,多余的能量可转化成脂肪贮存在体内,能量水平不够又影响鸭的生长和生产。实践中常以能量水平来决定采食量。同时,能量与蛋白质之间要有合理的比例,才能充分发挥鸭对饲料的利用率及生产能力。

脂肪提供的能量比碳水化合物高 2.25 倍,是家禽营养中最浓缩的能量来源。蛋白质在体内氧化时排出的含氮物——尿酸中含有能量,因此,蛋白质作为能量时,其代谢能利用率低于碳水化合物。在鸭的日粮中谷物饲料占 70% 左右。谷物饲料的主要成分是碳水化合物。因此,鸭日粮中的能量主要来源于碳水化合物。

蛋白质作为能量利用是不经济的,多数情况下是由于日粮中氨基酸不平衡,致使一部分蛋白质转化成能量。

研究表明,在鸡的日粮中添加 2%～6% 的油脂,可提高鸡的生产性能和饲料利用率。Storey(1985)报道,在北京鸭日粮中添加油脂有类似于鸡和火鸡的效果,但还存在一些问题有待解决。食用油脂价格比能量饲料价格高出许多,而我国的饲用油脂工业尚未开发,因此,在目前的生产条件下,在鸭日粮中添加油脂还不现实。

脂肪是脂溶性维生素的溶剂,缺乏时影响维生素 A、维生素 D、维生素 E、维生素 K 和胡萝卜素的吸收。脂肪能降低饲料中的粉尘,在制粒过程中起润滑作用,增加饲料的适口性,提供必需脂肪酸(亚油酸)。

鸭的觅食范围较广,但鸭和鸡对纤维素和纤维素类饲料的利用率很低。用雏鸡测得的代谢能值可用于鸭。一些研究结果表明,鸭日粮中纤维素含量不能抑制鸭的增重,而饲料的转化率随能量水平的提高而提高。鸭为满足能量需要,其采食能力随着纤维素水平的提高而明显增加。鸭对日粮能量变化的适应能力较强。高能日粮不是导致大型肉鸭胴体脂肪较高的主要原因。适当限制日粮中能量水平,可以减少体重、降低胴体脂肪含量。在种鸭育成期限制日粮能量水平可提高繁殖性能。一般认为肉用仔鸭需要高能量饲料,种鸭育成期和产蛋期为防止体重过大过肥,可适当控制日粮的能量水平,但不同的品种(系)、不同季节,其日粮的能量水平也不一样。

○ 蛋白质

蛋白质是一切有机体的主要结构物质,约占细胞重的 1/2。蛋白质由各种氨基酸组成。鸭对蛋白质的需要实际上是对各种氨基酸的需要。氨基酸分必需氨基酸和非必需氨基酸。必需氨基酸在鸭体内不能合成，必须由日粮供给；非必需氨基酸是指鸭体内能合成的氨基酸。鸭所需要的必需氨基酸有10种，即赖氨酸、蛋氨酸、色氨酸、亮氨酸、异亮氨酸、苯丙氨酸、苏氨酸、缬氨酸、精氨酸和组氨酸。其中前8种为成年鸭所必需的，后2种为生长鸭所必需的氨基酸，为此，必须注意补充动物蛋白质饲料或人工合成的蛋氨酸和赖氨酸，以保证氨基酸的平衡。少数非必需氨基酸的合成速度不能满足鸭生长需要时，也需从日粮中供给，如甘氨酸和丝氨酸。

饲料蛋白质的生物学价值取决于必需氨基酸满足鸭体合成体组织和生产需要的程度。若某种蛋白质含有鸭所需的各种必需氨基酸，而且处于可利用状态，则该蛋白质的生物学价值很高。任何一种必需氨基酸的缺乏都会影响鸭体蛋白质的合成量，使生长和生产受到抑制。过剩的蛋白质或氨基酸脱氨后合成尿酸排出体外，这样不仅浪费了蛋白质饲料，而且对鸭也是一种耗能的应激。因此，使用氨基酸不平衡的鸭饲料很不经济。

植物蛋白往往缺乏1种或1种以上的必需氨基酸，如赖氨酸、蛋氨酸和色氨酸。此外，精氨酸、苏氨酸和异亮氨酸的含量往往不能满足鸭的需要。并且植物蛋白中还存在一些降低氨基酸利用率的化学物质，如大豆蛋白中的胰蛋白酶抑制酶等。一般动物性蛋白的氨基酸种类比较完善，特别是赖氨酸和蛋氨酸的含量较高，如蚕蛹、优质鱼粉、肉粉等，而一些动物加工副产品，如血粉、羽毛粉等蛋白质含量较高，但氨基酸很不平衡，况且由于大量硬蛋白的存在消化率极低。因此，在饲料配合时，应选择适宜的蛋白质原料，达到氨基酸的平衡，或在日粮中添加人工合成的蛋氨酸或赖氨酸，以满足必需氨基酸的平衡。

○ 矿物质

鸭体不能合成矿物质,必须由日粮提供。鸭体内矿物质含量占体重的 3%~5%。钙、磷、镁、钾、钠和氯为常量元素,而锰、锌、铁、铜、硒、钼和碘为鸭所必需的微量元素。

1. 钙和磷

钙是形成骨骼和蛋壳所必需的营养物质。钙、磷占机体总灰分的 70% 以上。除了维持家禽骨骼的正常硬度外,钙在凝血过程中起重要作用。机体中的磷参与主要有机物质的合成和降解代谢,在能量的贮存、释放和转换中起着重要的作用。日粮中缺乏钙和磷都会产生缺乏症,小鸭表现为软骨症,喙和胫骨软而能弯曲,肋骨头呈念珠状突起;产蛋鸭则可能因骨质疏松而引起瘫痪和产软壳蛋、薄壳蛋,破蛋率提高,孵化率降低。植物中的磷大都以植物磷的形式存在,而家禽对植物磷的消化率很低,一般假设成年家禽对植物磷的利用率为 50%,幼禽为 30%,而动物性饲料磷和无机磷的利用率可达到 100%。因此,在计算日粮配方时,植物性饲料中可利用磷为其总磷的 1/3~1/2。矿物性磷饲料的含氟量不应高于 0.2%。维生素 D_3 是钙吸收所必需的营养物质,否则即使日粮中钙、磷充足,也易产生钙、磷缺乏症,并且也应保持有适宜的钙、磷比例。

2. 氯化钠

食盐在日粮配合中占的比例很小,但也是极其重要的营养物质。缺乏时引起严重的死亡率,影响生产性能。雏鸭对钠缺乏特别敏感。在玉米-豆饼型日粮中钠和氯均不足。对成活率和生长而言,钠更易缺乏。满足雏鸭正常生长的钠、氯需要量分别是 0.14% 和 0.12%。在玉米-豆饼日粮中必须添加 0.3% 的食盐。若食盐添加量在 0.8% 以上则会影响肉鸭的增重及饲料转化率。

在生产实践中应慎用含盐高的饲料,如国产鱼粉。

3.微量元素

(1)锰。使用缺锰的日粮,易使雏鸭的生长发育受阻;使产蛋鸭的产蛋率下降,薄壳蛋的比例增加。种鸭日粮中锰的含量低于20 mg/kg 时,产蛋率、孵化率均受到影响;孵化后期胚胎死亡率增加。一般日粮锰的推荐量为 50～60 mg/kg。

(2)锌。锌为多种酶的辅酶。缺锌时鸭的生长发育不良,腿骨变得粗短,饲料转化率下降,薄壳蛋的比例增加;引起种鸭产蛋率下降,影响胚胎的正常生长发育。肉骨粉和鱼粉是锌的良好来源。

(3)硒。硒与维生素 E 及胱氨酸起协同作用。维生素 E 和硒都是强抗氧化剂,但它们的作用机理不同。维生素 E 可防止不饱和脂肪酸过氧化物的生成,硒则加速过氧化物的分解。缺硒的典型症状为肌胃、心脏、小肠和骨骼肌溃疡,影响增重和饲料转化率。硒有剧毒,含量超过 5 mg/kg 将出现胚胎畸形、羽毛零乱、性成熟推迟。美国食品和药物管理局批准,鸭饲料中硒的添加量为 0.1 mg/kg。

○ 维生素

鸭需要 13 种维生素,缺少任何一种都会造成代谢的紊乱,生长迟缓,生产力下降,抗病力减弱,直到死亡,但用量过多也会引起疾病的发生。维生素按溶解性质分脂溶性维生素和水溶性维生素。脂溶性维生素有维生素 A、维生素 D、维生素 E、维生素 K。水溶性维生素有 B 族维生素和维生素 C。B 族维生素有硫胺素、核黄素、泛酸、烟酸、吡哆醇、叶酸、生物素、胆碱和维生素 B_{12}。脂溶性维生素在体内有一定贮存,但不稳定。水溶性维生素不能在体内贮存,很快随尿排出体外。

1.脂溶性维生素

(1)维生素 A。维生素 A 是保持上皮细胞健康和正常生理功能所必需的,尤其对保持眼、呼吸、消化、生殖和泌尿系统黏膜的健康有很大作用。青绿饲料、苜蓿粉、黄玉米、鱼肝油和鱼粉都是维生素 A 的良好来源,但常用饲料中维生素 A 的含量不多或极少,并且在饲料的烘干、保存过程中易氧化和分解,一般在鸭饲料中添加合成的维生素 A。维生素 A 缺乏时,雏鸭初期有鼻渗出液出现,后期可能发生瘫痪。产蛋鸭日粮维生素 A 不足时,产蛋率、蛋重、饲料转化率和孵化率明显下降。

(2)维生素 D。维生素 D 与钙、磷的代谢有关,是骨骼钙化和蛋壳形成所必需的营养物质。日粮缺乏维生素 D 时,雏鸭产生软骨症以及腿骨弯曲;蛋鸭出现软壳蛋,蛋壳质量下降。动物皮肤中的 7-脱氢胆固醇经紫外线照射后转变成维生素 D_3。鱼肝油和维生素 D 制剂是维生素 D 的主要来源。

(3)维生素 E。维生素 E 的主要功能是促进性腺发育和生殖功能,并有抗氧化作用。雏鸭缺乏维生素 E 时,生长速度降低、肌肉萎缩;蛋鸭缺乏维生素 E,产蛋率、受精率明显下降,胚胎死亡数增加。苜蓿粉、小麦胚、植物油以及青绿饲料中维生素 E 含量丰富。

(4)维生素 K。维生素 K 的主要功能是催化肝脏中凝血酶原及凝质的合成,维持正常的凝血时间,维生素 K 缺乏时,凝血时间延长。维生素 K 主要来源于青绿饲料、鱼粉和维生素 K 制剂。

2.水溶性维生素

(1)维生素 B_2(核黄素)。维生素 B_2 对调节细胞呼吸和氧化还原起主要作用。雏鸭日粮缺乏维生素 B_2 时,生长受阻,死亡率较高。青绿饲料和酵母中维生素 B_2 的含量丰富,但易受紫外光和热的破坏。在不喂青饲料的情况下,日粮中必须添加维生

素 B_2。

（2）尼克酸。尼克酸是所有细胞所必需的维生素，为辅酶Ⅰ和辅酶Ⅱ的组成部分。鸭对尼克酸的需要量高于鸡。缺乏尼克酸时，鸭表现出生长发育和羽毛生长不良，并有屈腿内弯等现象，严重时出现瘫痪。日粮中过量的色氨酸可减少鸭对尼克酸的需要量，因为动物体内色氨酸可转换为尼克酸，但这种转换需要维生素 B_6 的存在。鸭日粮中尼克酸的需要为每千克饲料 $44\sim52$ mg。

（3）维生素 B_4（胆碱）。维生素 B_4 是卵磷脂的组成部分，为合成乙酰胆碱和磷脂的必需物，能刺激抗体生成。缺乏维生素 B_4 时，鸭生长迟缓，同时形成脂肪肝，骨粗短。维生素 B_4 主要来源于鱼产品等动物蛋白饲料、大豆粉、氯化胆碱制剂。

（4）维生素 B_1（硫胺素）。维生素 B_1 控制碳水化合物的代谢功能，维持神经组织及心脏的正常功能，维持肠蠕动和消化道内脂肪吸收。缺乏维生素 B_1 时，妨碍鸭生长，引起神经系统疾病，碳水化合物代谢功能紊乱，体内水平衡失调，食欲缺乏。维生素 B_1 主要来源于禾谷类加工副产品、谷类和优质干草（含量较多）、维生素 B_1 制剂。

（5）维生素 B_6（吡哆醇）。维生素 B_6 主要参与蛋白质、脂肪、碳水化合物代谢。日粮中缺乏维生素 B_6 时引起鸭生长不良，神经系统病变，繁殖率和孵化率降低。谷物类和青绿饲料中均含有维生素 B_6，因此，鸭日粮中不容易缺乏维生素 B_6。

（6）泛酸。泛酸是辅酶 A 的组成部分，参与蛋白质、碳水化合物和脂肪的代谢，尤其对脂肪代谢有重要作用。泛酸主要来源于动物性饲料、磨粉副产品、干青饲料、油饼和泛酸钙制剂。缺乏泛酸时主要引起鸭肠道和呼吸道疾病。

（7）叶酸。叶酸参与蛋白和核酸的代谢，与维生素 C、维生素

B_{12}共同促进红细胞、血红蛋白的生成,促进抗体生成。缺乏叶酸时引起鸭生长迟缓,羽毛零乱,骨短粗,贫血,孵化率降低。叶酸广泛分布于高蛋白饲料中,豆饼和玉米中都含有叶酸。

(8)生物素。生物素促进不饱和脂肪酸的合成。缺乏生物素时,鸭嘴及足趾结痂。玉米和豆饼中富含生物素。

(9)维生素 B_{12}。动植物体内不能合成维生素 B_{12},只有微生物才能合成维生素 B_{12}。动物组织能贮存维生素 B_{12},因此是良好的维生素 B_{12}来源。维生素 B_{12}主要维持正常的造血功能,也是辅酶的成分,参与许多代谢反应。缺乏维生素 B_{12}时,鸭生长迟缓,孵化率降低。维生素 B_{12}主要来源于动物性蛋白质饲料和维生素 B_{12}制剂。

○ 水

水是鸭生长、生产和维持生命活动所必需的营养物质,是动物体液的主要成分。营养物质的运输和代谢均需要水才能完成。家禽体内的含水量为$55\%\sim75\%$,随年龄的增长而减少。禽类在失去全部体脂和$1/2$体蛋白后仍可成活,但在失去水的$1/10$时便会死亡。因此,随时都应保证有新鲜清洁的饮水供应。鸭比其他陆禽消耗、排泄更多的水。鸭排泄物中约含水分90%。鸭为水禽,一般认为与水分不开,给鸭提供足够的水浴固然好,但大型商品肉鸭在只供给清洁饮水时,仍然可获得相同的效果。

❷ 鸭的饲养标准

鸭的营养需要受许多因素的影响,如年龄、体重、用途、环境、管理条件以及生理状况等。饲养是根据鸭的不同生产用途、体重和年龄以及环境、管理条件等因素而制定的。按照鸭的饲养标准配合日粮既可充分满足鸭对营养物质的需要,又不造成营养不足或浪费。关于鸭的饲养标准在国内研究较少,在实际生产中可参考表 4-1 至表 4-3。

表 4-1　北京白鸭营养物质需要量

营养成分	雏鸭(0~2 周)	生长鸭(2~7 周)	种鸭
代谢能/(MJ/kg)	12.13	12.55	12.13
粗蛋白质/%	22	16	15
精氨酸/%	1.1	1.0	——
异亮氨酸/%	0.63	0.46	0.38
亮氨酸/%	1.26	0.91	0.76
赖氨酸/%	0.90	0.65	0.60
蛋氨酸/%	0.40	0.30	0.27
蛋氨酸＋胱氨酸/%	0.70	0.55	0.50
色氨酸/%	0.23	0.17	0.14
缬氨酸/%	0.78	0.56	0.47
钙/%	0.65	0.60	2.75
氯/%	0.12	0.12	0.12
镁/(mg/kg)	500	500	500
非植物磷/%	0.40	0.30	——
钠/%	0.15	0.15	0.15
锰/(mg/kg)	50		
硒/(mg/kg)	0.20		
锌/(mg/kg)	60		
维生素 A/(IU/kg)	2 500	2 500	4 000
维生素 D_3/(IU/kg)	400	400	900
维生素 E/(IU/kg)	10	10	10
维生素 K/(mg/kg)	0.5	0.5	0.5
烟酸/(mg/kg)	55	55	55
泛酸/(mg/kg)	11.0	11.0	11.0
吡哆醇/(mg/kg)	2.5	2.5	3.0
核黄素/(mg/kg)	4.0	4.0	4.0

注:(1)表中未列出营养物质及未给出数值请参考鸡营养需要标准使用。

(2)引自美国 NRC(1994,第九版)。

养鸭与鸭病防治

表 4-2 狄高肉鸭营养标准

营养成分	雏鸭 (0～ 3 周龄)	生长鸭 (3 周龄～ 屠宰)	育成鸭 (5～24 3 周龄)	种鸭 (24 周龄～ 屠宰)
代谢能/(MJ/kg)	12.35	12.35	10.88	10.88
粗蛋白质/%	21～22	16.5～17.5	14.5	15.50
赖氨酸/%	1.10	0.83	0.53	0.68
蛋氨酸/%	0.40	0.30	0.20	0.24
蛋氨酸+胱氨酸/%	0.70	0.53	0.46	0.54
色氨酸/%	0.24	0.18	0.16	0.17
精氨酸/%	1.21	0.91		
苏氨酸/%	0.70	0.53		
亮氨酸/%	1.40	1.05		
异亮氨酸/%	0.70	0.53		
脂肪/%	—	—	最低 3.0	最低 4.0
钙/%	0.8～1.0	0.7～0.9	0.8～0.9	2.75～3.0
可利用磷/%	0.4～0.6	0.4～0.6	0.4～0.5	0.45～0.6
盐/%	0.35	0.35	0.35	0.35

注:摘自《狄高肉鸭饲养管理手册》。

表 4-3 樱桃谷鸭的最低营养规格

营养成分	育雏期	育成期	后备期	蛋鸭	种鸭
代谢能/(MJ/kg)	12.09	12.18	12.09	11.30	11.30
粗蛋白质/%	22	17.5	15.5	19.5	19.5
可利用赖氨酸/%	1.1	0.85	0.7	1.0	1.0
蛋氨酸/%	0.5	0.4	0.3	0.4	0.4
蛋氨酸+胱氨酸/%	0.8	0.7	0.55	0.68	0.68
钙/%	0.9	0.9	0.9	2.9	2.9
可利用磷/%	0.55	0.42	0.4	0.45	0.45
钠/%	0.17	0.16	0.16	0.16	0.16
维生素 A/(万 IU/t)	1 200	900	900	500	1 200
维生素 D_3/(万 IU/t)	250	250	250	100	250
维生素 E/(IU/t)	20 000	15 000	15 000	20 000	20 000

续表 4-3

营养成分	育雏期	育成期	后备期	蛋鸭	种鸭
维生素 B_1/(g/t)	1	1	1	—	1
维生素 B_2/(g/t)	8	5	5	5	10
维生素 B_6/(g/t)	2	1	1	—	2
维生素 B_{12}/(mg/t)	10	5	5	—	10
维生素 K/(mg/t)	2	2	2	—	2
生物素/(mg/t)	50	25	25	—	50
叶酸/(g/t)	2	2	2	—	2
尼克酸/(g/t)	75	50	50	20	50
泛酸/(g/t)	10	5	5	—	7.5
胆碱*/(g/t)	500	500	500	500	500
锰/(g/t)	100	100	80	80	100
锌/(g/t)	100	100	80	80	100
铁/(g/t)	20	20	20	10	20
铜/(g/t)	5	5	5	5	5
碘/(g/t)	2	2	1.5	1	2
硒/(mg/t)	150	150	120	120	150
附加的添加剂					
抗氧化剂,防霉剂					

注:(1) * 拌料时勿将胆碱加入维生素和矿物质添加剂中,而应单独加入。

(2)引自英国樱桃谷公司《种鸭饲养指南》。

❸ 鸭的常用饲料

○ 常用饲料

1. 谷物类饲料

谷物类饲料包括玉米、高粱、大麦、小麦、碎大米等。其共同特点是含碳水化合物 70%～80%,消化率高,产生的热能多;粗纤维含量为 0.5%～12%;粗蛋白质含量在 8%～13.5%,以小麦的粗蛋白质含量最高;色氨酸、蛋氨酸的含量较低,矿物质钙的含量特别低,磷的含量最高,但大多以禽类不能利用的植酸磷的形式存在;B族维生素含量较少,在日粮配合时注意添加。

2.动物蛋白质饲料

(1)鱼粉。鱼粉是鸭优良的蛋白质饲料,粗蛋白质含量为50%～78%,含有鸭所必需的各种氨基酸,特别是富含赖氨酸和蛋氨酸;维生素B的含量丰富。在使用鱼粉时必须注意:

①用量不能太多,因为鱼粉中组氨酸含量高,很容易被分解转化为组胺,破坏嗉胃和肌胃黏膜,造成消化道出血。其用量一般可占日粮的3%～7%。

②必须注意鱼粉中沙门氏病菌的污染。被污染的鱼粉不能使用,必须经过再次烘炒杀菌后才能使用。

③注意鱼粉中的含盐量,特别是国产鱼粉,否则会出现食盐中毒。

(2)蚕蛹。蚕蛹的粗蛋白质含量达到50%以上,含有家禽所必需的各种氨基酸,特别是赖氨酸和蛋氨酸含量较高。干蚕蛹还富含脂肪,是十分理想的蛋白质原料,用量可占日粮的4%～8%。蚕蛹容易生虫和氧化变质,需特别注意保存。

(3)肉粉。肉粉是屠宰场的加工副产品,也是优良的蛋白质原料,能有效地补充谷物饲料中必需氨基酸的不足,其蛋白质含量在50%～70%。由于原料来源以及加工方法的不同,各地生产的肉粉营养成分差异较大,在使用之前应先了解其营养成分。

(4)血粉。血粉的蛋白质含量达80%左右,但异亮氨酸含量极低,而且血粉加工过程中高温使蛋白质的消化率降低,赖氨酸受到破坏。因此,血粉蛋白质的利用率极低,适口性差。

3.植物蛋白质饲料

豆科作物的饼粕类是含蛋白质很高的饲料。含赖氨酸多,是家禽常用的优良的植物蛋白质饲料。常用的植物蛋白质饲料有豆饼、豆粕、菜子饼、花生饼、棉籽饼等。

（1）豆饼、豆粕。豆饼、豆粕为优良的传统蛋白质饲料,粗蛋白质含量达 40% 以上。除含硫氨基酸外,其他氨基酸都能满足鸭的需要,用量可占日粮的 10%～20%。

（2）菜子饼。菜子饼来源最广,粗蛋白质含量可达 35% 以上。由于菜子饼含有黑芥素和白芥素,适口性较差,多喂有毒,而且其限制性氨基酸的含量及利用率极低,因此,不宜多喂,一般不超过日粮的 8%。有条件的地方,使用之前最好经过脱毒处理。

（3）花生饼。花生饼的蛋白质含量与豆饼相似,适口性好,用量可占日粮的 10%～20%。花生饼的蛋氨酸含量较高。使用时应防止花生饼霉变,否则会产生黄曲霉素中毒。

（4）棉籽饼。棉籽饼含粗蛋白质 36%～48%,赖氨酸、色氨酸含量较低,缺乏维生素 D、胡萝卜素和钙,富含磷。棉籽饼因含棉酚,未经蒸煮和处理的棉籽饼不宜多喂,一般不超过日粮的 8%。

4. 糠麸、糟渣类

糠麸、糟渣类为加工副产品,种类较多,营养价值因加工程度不同而有很大差异。鸭饲料中广泛使用的有麦麸、次粉、米糠、曲酒糟、啤酒糟、玉米酒糟、甜菜渣等。

麦麸价格低廉,蛋白质、锰和 B 族维生素含量较多,为家禽最常用的饲料。由于能量水平低、纤维含量高、容积大,所以,可占雏鸭和产蛋鸭日粮的 5%～10%,可占育成鸭日粮的 10%～20%。米糠的脂肪含量稍高,但其纤维含量很高,质量较差,适宜于鸭育成期间少量使用。

干啤酒糟和玉米酒糟的粗蛋白质含量达到 25% 以上,来源广,价格低,适口性较好,在鸭的日粮中可以替代麦麸的用量。可大大降低饲料成本。

5. 矿物质饲料

贝壳、石灰石、蛋壳等均为钙的主要来源。贝壳是最好的矿物质饲料,含钙多,并容易为家禽所吸收。石灰石含钙量很高,价格便宜,但应注意镁的含量不能过高。蛋壳经过清洗、煮沸和粉碎之后,也是较好的钙质饲料。骨粉为优质的钙、磷饲料,且钙、磷的比例较适合雏鸭和生长鸭的需要。骨粉因调制方法不同,其品质差异很大,应注意选择,防止腐败。磷酸钙或其他磷酸盐也可作为磷的来源,但磷矿石含氟量高,使用之前应做脱氟处理。

○ 家禽常用饲料成分表

家禽常用饲料成分表(表 4-4)。家禽常用饲料氨基酸含量(表 4-5)。

表 4-4　家禽常用饲料成分表

饲料名称	代谢能 /(MJ/kg)	粗蛋白质 /%	粗脂肪 /%	粗纤维 /%	钙 /%	磷 /%
玉米	13.35	9.0	4.0	2.0	0.03	0.28
高粱	13.14	9.5	3.1	2.0	0.07	0.27
小麦	12.39	12.6	2.0	2.4	0.06	0.32
大麦	11.51	11.1	2.1	4.2	0.09	0.41
黑麦	12.09	11.6	1.7	1.9	0.08	0.33
燕麦	11.26	10.0	4.6	9.8	0.12	0.37
小麦粉	13.89	15.8	2.6	1.0	0.06	0.34
甘薯粉	12.18	2.8	0.7	2.2	0.03	0.04
木薯粉	12.01	2.6	0.6	4.2	0.30	0.12
粗米	13.56	7.9	2.4	1.1	0.03	0.33
稻谷	10.96	7.8	2.4	8.4	0.05	0.26
小米	12.26	12.0	4.0	7.6	0.05	0.30
大豆	13.35	36.9	15.4	6.0	0.24	0.67
马铃薯	2.57	1.9	0.1	0.6	0.01	0.05
大豆饼	10.33	46.2	1.3	5.0	0.36	0.74
棉籽饼	7.95	36.1	1.0	13.5	0.26	1.16

续表 4-4

饲料名称	代谢能 /(MJ/kg)	粗蛋白质 /%	粗脂肪 /%	粗纤维 /%	钙 /%	磷 /%
菜子饼	6.82	35.3	1.9	10.7	0.72	1.24
花生饼	10.13	47.4	1.5	8.5	0.22	0.61
亚麻仁饼	7.70	31.6	4.6	9.6	0.43	0.82
芝麻饼	10.00	48.0	8.7	9.2	2.47	1.20
椰子油饼	8.08	20.9	8.5	9.7	0.28	0.66
葵花籽饼	6.65	31.7	1.3	22.4	0.56	0.90
米糠	11.38	15.0	17.1	7.2	0.05	0.81
麦麸	8.66	16.0	4.3	8.2	0.34	1.05
玉米面筋	16.11	60.0	3.0	2.0	—	0.20
鱼粉	11.09	60.8	8.9	0.4	6.78	3.59
骨肉粉	11.13	48.6	11.6	1.1	11.3	5.61
羽毛粉	12.62	85.0	2.5	1.5	0.30	0.77
血粉	10.25	83.8	0.6	1.3	0.20	0.24
蚕蛹渣	11.13	68.9	3.1	4.8	0.24	0.88
饲用酵母	10.17	51.4	0.6	2.0	0.13	0.50
啤酒糟	7.36	26.0	6.2	15.0	0.27	0.15

表 4-5　家禽常用饲料氨基酸含量　　%

饲料名称	精氨酸	组氨酸	异亮氨酸	亮氨酸	赖氨酸	蛋氨酸	苯丙氨酸	苏氨酸	色氨酸	缬氨酸
玉米	0.49	0.24	0.32	1.11	0.24	0.17	0.43	0.32	0.06	0.45
高粱	0.33	0.21	0.38	1.19	0.23	0.12	0.44	0.29	0.08	0.49
小麦	0.60	0.28	0.40	0.81	0.38	0.16	0.52	0.34	0.13	0.54
大麦	0.46	0.21	0.37	0.76	0.37	0.13	0.52	0.36	0.12	0.53
黑麦	0.53	0.23	0.37	0.70	0.37	0.15	0.50	0.38	0.15	0.55
燕麦	0.56	0.34	0.34	0.66	0.35	0.16	0.45	0.29	0.12	0.45
小麦粉	0.39	0.29	0.58	0.87	0.29	0.11	0.58	0.29	0.11	0.48
甘薯粉	0.09	0.04	0.10	0.15	0.11	0.03	0.10	0.09	0.04	0.13
木薯粉	0.26	0.04	0.09	0.12	0.12	0.03	0.07	0.08	0.13	0.11

续表 4-5

饲料名称	精氨酸	组氨酸	异亮氨酸	亮氨酸	赖氨酸	蛋氨酸	苯丙氨酸	苏氨酸	色氨酸	缬氨酸
粗米	0.52	0.19	0.41	0.69	0.30	0.22	0.40	0.37	0.12	0.59
稻谷	0.65	0.11	0.33	0.65	0.33	0.21	0.33	0.22	0.12	0.63
小米	0.38	0.22	0.41	1.33	0.19	0.28	0.64	0.34	—	0.52
大豆	2.77	0.89	2.03	2.80	2.36	0.48	1.81	1.44	0.48	1.92
马铃薯	0.38	0.15	0.32	0.98	0.43	0.14	0.47	0.32	0.07	0.42
大豆饼	3.77	1.11	2.00	3.10	2.59	0.49	1.77	1.48	0.44	2.13
棉籽饼	0.04	0.90	0.44	2.13	1.48	0.54	1.88	1.19	0.47	1.73
菜子饼	1.86	0.90	0.24	2.09	1.64	0.53	1.24	1.30	0.68	1.58
花生饼	5.16	1.14	0.44	2.73	1.44	0.29	2.05	1.14	0.99	1.74
亚麻仁饼	3.52	0.62	0.31	1.82	1.14	0.54	1.48	1.08	0.68	1.48
芝麻饼	6.07	1.54	0.77	3.30	1.31	0.92	2.07	1.77	0.56	2.30
椰子油饼	2.34	0.41	0.61	1.12	0.51	0.25	0.81	0.58	0.14	0.95
葵花籽饼	2.85	0.70	1.71	1.93	1.84	0.54	1.49	0.82	0.63	1.62
米糠	1.26	0.46	0.60	1.17	0.89	0.21	0.69	0.66	0.17	0.92
麦麸	1.05	0.44	0.51	0.97	0.64	0.16	0.59	0.49	0.28	0.74
鱼粉	3.25	1.40	2.56	4.36	4.20	1.80	2.42	2.42	0.74	2.91
骨肉粉	3.34	0.78	1.32	2.88	2.49	0.52	1.40	1.63	0.22	1.94
羽毛粉	5.25	0.50	3.75	6.58	1.42	0.42	3.58	3.58	0.50	6.41
血粉	7.11	9.25	0.78	9.25	6.17	0.45	4.42	2.55	1.06	5.90
蚕蛹渣	3.53	1.76	2.54	3.97	3.86	1.32	3.20	2.54	1.43	2.43
饲用酵母	3.12	1.06	2.11	3.33	3.95	0.85	1.96	2.31	—	2.54

❹ 日粮配合及质量控制

○ 日粮配合的原则

制定饲料配方时必须遵循以下原则：

(1)按照鸭的饲料标准配合饲料,并根据饲养实践,对饲养标准中规定的营养需要进行适当调整。

（2）在饲料原料的选择时尽可能选用当地经济实用的饲料品种。

（3）了解所用饲料的质量，即有无异物污染、霉菌毒素及各种有害的化学物质。

（4）饲料的体积适当，适口性好，原料种类多样化。

（5）饲料原料应保持相对稳定，如需改变或调整应逐步过渡。

○ 日粮配合的质量控制

配合饲料的质量取决于以下两方面的因素：

（1）饲料原料的质量。配合日粮时应分析原料的质量。如果购进的原料可靠，则原料的营养成分必然可靠。粉状原料如鱼粉、肉粉等，因其来源不同，引起配合饲料的变化很大；副产品原料如麦麸、次粉等，如果只计算其平均营养价值而不测定真正的效价，其来源不同引起的变化是可能的。

除了原料营养引起的变化外，原料质量等其他方面的变化也影响配合饲料的质量。因霉菌在贮存期间或者甚至在大田里就开始生长而产生的霉菌毒素就会改变原料的质量。鸭对霉菌毒素特别敏感，该毒素可引起肝损伤和生长率、产蛋量的下降。

（2）配合日粮的质量。配合日粮的质量除受原料质量的影响外，还取决于生产过程的质量及使用前的合理贮存。饲料厂应建立完善的产品质量监测制度。在生产过程中严格按照正确的饲料配方，并执行各项技术操作、管理以及清洁卫生制度，对每一个生产环节严加把关。

饲料贮存在干燥、阴凉的地方，饲料质量就能保持较久。在高温高湿条件下可加速维生素和养分的破坏速度。虽然霉菌抑制剂和抗氧化剂的添加有助于延长饲料的贮存期，但也应在生产后 4 周内用完。

○ 典型日粮配方

舍饲饲养大型肉鸭的日粮配方示例如表 4-6 所示。

表 4-6 舍饲大型肉用种鸭日粮配方 %

生育期	玉米	啤酒糟	菜子饼	豆饼	蚕蛹	肉粉	骨粉	碳酸钙	微量元素添加剂	食盐	合计
育雏期	57.0	13.0	7.0	9.5	3.3	7.0	2.4		0.5	0.3	100
育成期	60.0	17.5	8.3	3.5	1.5	6.0	2.4		0.5	0.3	100
产蛋期	53.5	15.0	5.0	11.2	1.0	6.0	2.0	5.5	0.5	0.3	100
肉鸭前期	58.0	10.0	8.0	7.3	4.0	9.5	2.4		0.5	0.3	100
肉鸭后期	62.0	13.0	7.7	5.0	1.5	7.6	2.4		0.5	0.3	100

注:(1)肉粉粗蛋白质含量 60%以上。

(2)肉鸭前期指 0~21 日龄。

(3)肉鸭后期指 22 日龄至上市。

第5章 鸭的饲养管理

❶ 生产特点及饲养方式

○ 生产特点

1. 投资少,成本低

放牧养鸭只需要简易的鸭棚子。其投资部分主要包括鸭苗本和放牧补饲的饲料。这种饲养方式的最大优点是可以充分利用天然饲料,节省饲养成本,还可利用农村闲散劳动力或半劳力进行饲养,而且房舍设备投资少,收效快。

2. 节约粮食

传统的养鸭生产是利用本地品种或杂交肉鸭和蛋鸭品种,这些品种的放牧性能较强,采取野营游牧方式饲养,补料和放牧相结合。雏鸭育雏结束后将鸭子放入稻田或麦地中放牧饲养,充分利用麦地或稻田中散落的谷粒、野生的动植物、浮游微生物作为饲料,每日视鸭子采食情况进行适当补饲。在放牧条件较好的情况下,平均每只上市肉用仔鸭仅耗粮食 500 g 左右。这一特点适合我国人多地少的国情。放牧群的大小应根据放牧场地的大小、放鸭人员的技术等来决定。

　　3.农牧结合,季节性生产

　　放牧型肉用仔鸭的生产与当地农作物的栽播收割时间紧密相关,形成了明显的季节性生产和销售。每年2月份开始孵抱,3月份放养春水鸭,5月下旬肉用仔鸭陆续上市;6月份开始放养秋水鸭,9~11月份为全年肉用仔鸭上市的高峰期,形成产销旺季。

○ 饲养方式

　　不同的管理方式,鸭群需要的鸭舍与设备不同,鸭群的活动范围、饲养密度也有差别。在选择饲养方式时,必须根据生产任务、饲养的品种、当地气候和饲料条件等,进行综合考虑做出抉择。饲养方式的选择是否合理,与经济效益也有很大的关系。

　　1.放牧饲养

　　放牧饲养是我国一种传统的养鸭方式。这种管理方式投资少,只需要简易的鸭棚子供鸭子过夜使用。我国有众多的水网和湖泊水域为养鸭业提供良好的生态环境,同时我国还有大量的水稻田,鸭户经过长期的实践,总结出了一套以水稻田为依托、农牧结合的稻田放牧养鸭技术,已形成了行业规模经营体系。这种方式充分利用天然动植物及秋收后遗落在稻田中的谷物为食,节约粮食。这种方式的最大缺点是安全性差,鸭群易受到不良气候和野兽的侵害,疾病也易于传播,发病率较高。

　　2.半牧半舍饲饲养

　　白天进行放牧饲养,自由采食野生饲料,人工进行适当补饲,晚上回到圈舍过夜。这种饲养方式有固定的圈舍供鸭避风、挡雨、避寒及夜晚休息、产蛋的房舍,而没有固定的活动场地;固定投资小,饲养成本低。鸭子的适应性强,这种饲养方式有利于农田的中耕、除草、治虫、积肥,但受外界环境因素的影响比较大。

3. 集约化饲养

从雏鸭至出售或种鸭产蛋结束都在鸭舍内饲养,不进行放牧,喂全价配合饲料。这种饲养方式分网上饲养和地面厚垫料饲养 2 种。集约化饲养成活率高,易于管理,节约劳动力,受外界环境因素影响小,肉用仔鸭生长速度快,种鸭的产蛋率高,容易形成规模化养殖,但固定投资大,饲养成本高。集约化饲养较半舍饲饲养生活空间相对狭小,因此,需要提供给鸭子干净的生活环境。要求垫料干燥清洁,潮湿的垫料上可撒上一层新鲜的干净的垫料;垫料过湿则导致种蛋过脏,影响种蛋的孵化率。运动场要每天定时清扫,保持清洁干燥,不积水。饮用水要通过化验检测水质,达到卫生要求才能饮用,可用自动饮水器或长流水供水。戏水池要定时清洗,保持清洁卫生。

❷ 雏鸭的培育

○ 雏鸭的饲养管理

1. 雏鸭的特点

雏鸭从出壳到 4 周龄,称为雏鸭阶段。刚出壳的雏鸭对外界的适应能力较差,消化器官容积小,消化能力较差,但雏鸭相对生长极为迅速,因而要充分满足雏鸭的营养需要,同时还要根据雏鸭的生活习性,人为地创造良好的育雏条件,让雏鸭尽快适应外界环境,为种鸭的育成或肉用仔鸭的育肥打下坚实的基础。

2. 雏鸭的养育

幼雏鸭的育雏方式可分为舍饲育雏(详见第 6 章)和野营自温育雏 2 种方式。

我国南方水稻产区麻鸭为群牧饲养,采用野营自温育雏,方法独特。育雏期一般为 20 d 左右。每群雏鸭数多达 1 000～2 000 只,少则 300～500 只。

由于雏鸭体质较弱,放牧觅食能力也较弱,不能远行,因此,野营自温育雏首先要选择好育雏的营地。育雏营地由水围、陆围和棚子组成。水围包括水面和饲场两部分,供雏鸭白天饮浴、休息和喂料使用。水围要选择在沟渠的弯道处,高出水面 50 cm 左右,围内陆地喂料场用竹编的晒席,水围上应搭棚遮阴。陆围供雏鸭过夜使用,场地应选择在离水围近的高平的地方,附近设棚子供放牧人员寝食、休息、守候雏鸭使用。

雏鸭饲料使用雏鸭颗粒饲料饲喂。喂料时将饲料均匀撒在饲场的晒席上。育雏期第 1 周喂料 5～6 次,第 2 周 4～5 次,第 3 周 3～4 次,喂料时间最好安排在放牧之前,以便雏鸭在放牧过程中有充沛的体力采食。每日放牧后,视雏鸭采食情况,适当补饲,让雏鸭吃饱过夜。

育雏期采用人工补饲为主,放牧为辅的饲养方式。放牧的次数应根据当日的天气而定,炎热天气一般早晨和下午 4:00 左右出牧。白天收牧时将雏鸭赶回水围休息,夜间赶回陆围过夜。育雏数量较大时,应特别加强过夜的守护,注意防止过热和受凉。野外敌害严重应加强防护。用矮竹围篱分隔雏鸭,每小格关雏 20～25 只,这样可使雏鸭互相以体热取暖,达到自温育雏的目的,又可防止挤压成堆。雏鸭过夜的管理十分重要,值班人员每隔 2～3 h 应查看 1 次,并将隔间内的雏鸭拨开,特别是气候变化大的夜晚要加强管理。

群鸭育雏依季节不同,养至 15～20 日龄,即由人工育雏转入全日放牧的育成阶段。为了使雏鸭适应采食谷粒,需要采取饥饿强制方法(只给水不给料,让雏鸭饥饿 6～8 h)迫使雏鸭采食谷粒,叫做"告谷口"。"告谷口"后转入育成期的放牧饲养。

○ 肉用仔鸭生长——肥育期的饲养管理

育雏结束后,此时鸭体质健壮,已有较强的放牧觅食能力。南方水稻产区主要利用秋收后稻田中遗谷为饲料,因此,鸭苗放养的时间要与当地水稻的收割期紧密结合,以育雏期结束正好水稻开始收割的安排最为理想。

1. 选择好放牧路线

放牧路线的选择是否恰当,直接影响放牧饲养的成本。选择放牧路线的要点是根据当年一定区域内水稻栽播时间的早迟,先放早收割的稻田,逐步放牧前进。按照选定的放牧路线预计到达某一城镇时,该鸭群正好达到上市,以便及时出售。

2. 保持适当的放牧节奏

鸭群在放牧过程中的每一天均有其生活规律,在春末秋初每一天要出现 3～4 次采食高潮,同时也出现 3～4 次休息和戏水过程。清晨开始放牧的头 1 h 主要是浮游,接着是采食高潮,然后是休息、戏水,9:00～11:00 又采食,然后休息、戏水,下午 2:00～3:00 采食,随后休息、戏水,傍晚又出现采食高潮。在秋后至初春气温低,日照时间较短,一般出现早、中、晚 3 次采食高潮。要根据鸭群这一生活规律,把天然饲料丰富的放牧地留做采食高潮时进行放牧,由于鸭群经过休息,体力充沛,又处于饥饿状态,进入天然饲料比较丰富的田中放牧,对饲料的选择性较低,能在短时间内吃饱,这样充分利用野生的饲料资源,又有利于鸭子的消化吸收,容易上膘。

3. 放牧群的控制

鸭子具有较强的合群性,从育雏开始到放牧训练,建立起听从放牧人员口令和放牧竿指挥的条件反射,可以把数千只鸭控制得井井有条,不至于糟蹋庄稼和践踏作物。当鸭群需要转移牧地时,先要把鸭群在田中集中,然后用放牧竿从鸭群中选出 10～20 只作为头鸭带路,走在最前面,叫做"头竿",余下的鸭群就会跟着上路。只要头竿、二竿控制得好,头鸭就会将鸭群有次序地带到放牧场地。

放牧鸭群要注意疫苗的预防接种,还应注意农药中毒。

❸ 育成期的饲养管理

育成期或中雏阶段是种鸭体格和生殖器官充分发育最重要的时期。此时期饲养管理的好坏直接影响到种鸭生产性能的高低。饲养管理的目的是培育出体质健壮的高产鸭群,控制好种鸭的体重,做到适时开产。种鸭体重的控制方法因饲养方式不同而不同。

○ 育成鸭的舍饲饲养

幼鸭4～10周龄为中雏鸭阶段。这一阶段饲养的好坏直接影响到种鸭的质量。随着养鸭业的发展,农村土地承包到户,加上农作物栽种密度增大,以及农作物农药使用量的增加,鸭群放牧场地受到一定限制,天然的动植物饲料减少,不少养鸭户将放养转为舍饲饲养。育成鸭的舍饲饲养可参照第6章有关内容。

○ 育成期鸭的群牧饲养

雏鸭饲养至4周龄时,即转入全日放牧的育成阶段。长江中、下游地区,雏鸭出壳后,一般要进行公母鸭的性别鉴定。公鸭除留做种用外,多余的公鸭达到上市体重后即作为菜鸭出售。母鸭群留做蛋鸭生产用。四川以生产肉用仔鸭为主,公母混群放牧饲养。在60～90日龄,种鸭户在鸭群中选择一部分母鸭留做种鸭和一定比例的公鸭外,其余作为肉用仔鸭上市出售。

中雏鸭由于采用全放牧方式饲养,南方水稻产区主要利用秋收后稻田中的遗谷为饲料,因此,鸭群的放牧时间要与当地的水稻收割期紧密结合,以育雏期结束正好安排放牧最为理想。如果育雏期结束后,水稻尚未收割,无放牧场地进行放牧,则会增加鸭的饲料消耗。育成期结束后的蛋用母鸭转入丘陵或浅山区冬水田、溪渠放牧,并适当补饲精饲料,使鸭群迅速达到产蛋高峰。

在沿海地区和湖泊地区可以充分利用海滩涂地和湖泊中的动植物饲料进行育成鸭的放牧饲养。放牧前鸭群要注意预防接种,特别要注意防止农药中毒现象的发生。

○ 育成期的饲养管理

作为种用的中雏鸭,育雏期结束后应进行第 1 次选择,应将体重不够标准的淘汰,转入生产群饲养。8～10 周龄时进行第 2 次选择,凡是羽毛生长迟缓、体形不良、体重不够标准的转入填鸭或肉鸭生产使用。中雏鸭处于换羽期,鸭群食欲不正常,应加强饲养管理。在 120～160 日龄期间要防止鸭群过早产蛋。

160 日龄以后应适当增加粗蛋白质水平,代谢能也要逐渐增加,但粗蛋白质水平的增加不能太快太猛。日粮中粗蛋白质水平可提高到 15%～16%,每昼夜喂料 3 次,至 180 日龄时开始陆续产蛋,产蛋 1 个月左右,蛋重即可达到种蛋要求。

❹ 产蛋期的饲养管理

○ 放牧种鸭的饲养管理

合理管理放牧种鸭的目的在于节约饲料和保持较高的产蛋水平。我国南方麻鸭一般每年有 2 个产蛋高峰期,一个是 2～6 月份,另一个是 9～11 月份,以春季产蛋高峰期更为突出。在 2 个产蛋高峰期过后有一两个月产蛋缓慢下降阶段。母鸭在产蛋高峰期产蛋率高达 90%,故应根据放牧采食情况进行适当补饲。在秧苗转青前,母鸭在池塘、溪渠、湖泊中放牧,一般难于满足产蛋的营养需要,应特别注意加强补饲。水稻收割后,可减少补饲或不补饲。产蛋鸭胆小易惊,每次放牧路线不应变动太突然。在寒冷天气,应迎风放牧,避免风掀鸭羽,并且要适当控制鸭群放牧行走速度。在盛夏和隆冬,母鸭虽处于寡蛋期,但此时放牧地饲料少,为了保持母鸭适当的体况,应适当补饲谷物等能量饲料。

○ 产蛋期种鸭饲养的管理要点

(1)根据产蛋率调整日粮营养水平。产蛋初期(产蛋率50%以下)日粮蛋白质水平一般控制在15%～16%即可满足产蛋鸭的营养需要,以不超过17%为宜。进入产蛋高峰期(产蛋率70%以上)时,日粮中粗蛋白质水平应增加到19%～20%,如果日粮中必需氨基酸比较平衡,蛋白质水平控制在17%～18%也能保持较高的产蛋水平。母鸭开产后3～4周后即可达到产蛋高峰期。在饲养管理较好的情况下,产蛋高峰期可维持12～15周。如何保持和延长母鸭的产蛋高峰期,对于提高全年产蛋量和种蛋质量具有重要的意义。

(2)保持适宜的公母配种比例,是提高种蛋受精率的重要措施。公鸭过多,公鸭相互间发生争配、抢配等现象,造成母鸭的伤残,影响种蛋受精率。放牧种鸭公母配种比例应根据种鸭体重的大小来掌握。轻型品种适宜的公母比例为1∶(10～20),中型品种一般为1∶(8～12)。

(3)在母鸭开产前1个月左右应增加饲料的喂料量,放牧回家后要喂饱,使母鸭能饱嗉过夜。这样母鸭开产时产蛋整齐,能较快进入产蛋高峰。

(4)种鸭交配次数最多是在清晨和傍晚,已开产的种鸭早晚放牧时要让鸭群在水流平缓的沟渠、溪河、水塘洗浴、嬉水、配种,这样可提高种蛋的受精率。

（5）母鸭开产后，放牧时不要急赶、惊吓，不能走陡坡陡坎，以防母鸭受伤造成母鸭难产。产蛋期种鸭通过前期的调教饲养，形成的放牧、采食、休息等生活规律，要保持相对稳定，不能经常更改。饲料原料的种类和光照、作息时间也应保持相对稳定，如突然改变都会引起产蛋下降。产蛋鸭一般在后半夜 1：00～5：00 大量产蛋。此时夜深人静，没有吵扰，可安静地产蛋。如此时周围环境有响动、人的进出、老鼠及鸟兽窜出窜进，则会引起鸭子骚乱、惊群，影响产蛋。

（6）在栽插秧苗后一段时间内，种鸭不能下田放牧，常采用圈养方式饲养，此时应特别加强补饲，否则会造成鸭群产蛋量的大幅度下降，以后增加喂料量也难于达到高产的水平。

（7）圈舍垫料要保持干燥清洁，以减少种蛋的破损和脏蛋，提高种蛋的合格率。

○ 商品蛋鸭的生产

1. 商品蛋鸭生产的特点

由于消费习惯的影响，我国商品蛋鸭的生产具有明显的地域性。我国蛋鸭的分布主要集中于长江中下游和沿海省区。在水网和湖泊地区多采用带有给饲场和水围的开放式简易鸭舍大群饲养蛋鸭；在沿海地区利用滩涂放牧；在深丘和山区多利用深水田和溪、渠小群放牧饲养方式饲养蛋鸭。商品蛋鸭采用放牧饲养方式饲养，充分利用天然饲料，节省饲养成本，因此，鸭的放牧对母鸭的产蛋量有很大的影响，与养鸭的经济效益有直接关系。近年来随着农林生产经营体制的改变，放牧场地受到限制，蛋鸭饲养数量不断增多，我国的商品蛋鸭目前多采用圈养方式饲养，可提高劳动效率，饲养规模较大，经济效益较高。

2. 商品蛋鸭的饲养管理

（1）圈养场地的基本要求。圈养需要在靠近水源附近、地势干燥的地方建立鸭舍;要求舍内光线充足,通风良好;方位以朝南或东南方向为宜,这样则冬暖夏凉。饲养密度以舍内面积每平方米5～6只计算。在鸭舍前面应有一片比舍内大约20%的鸭滩,供鸭吃食和休息,这也是连接水面和运动场及鸭群上岸、下水之处。其坡度一般为20°～30°;坡度不宜过大,以方便鸭群活动。水上运动场应有一定深度而又无污染的活水。

(2)饲养管理要点。蛋鸭富于神经质,在日常的饲养管理中切忌使鸭群受到突然的惊吓和干扰,受惊后鸭群容易发生拥挤、飞扑等不安现象,导致产蛋量的减少或软壳蛋的增加。蛋鸭的开产时间因品种不同差异较大,饲养管理中要根据不同的品种掌握好其适宜的开产时间,开产时间过早过迟均会影响产蛋量。商品蛋鸭饲养到90～100日龄时,鸭群发育日趋成熟,体重达到1.3～1.5 kg,羽毛长齐,富有光泽,叫声洪亮,举动活泼,如果有这种表现的母鸭占多数时,可使用初产蛋鸭料,逐步增加精饲料的喂料量。

在日粮配合时,要保证饲料品种的多样化和相对稳定,并根据不同的产蛋水平和气候条件,配制不同营养水平的全价饲料,以满足鸭产蛋的营养需要。夏季由于气温高,鸭的采食量减少,为保证蛋鸭产蛋的营养需要,可适当增加饲料中蛋白质含量,降低日粮能量水平。

选择放牧地要靠近水源,以供鸭饮用和戏水。因此,可选择田间、沼泽地、湖泊边和海涂地。田间放牧要与农作物的耕种、收获相结合。湖泊边、沼泽地放牧可根据野生动植物生长发育情况结合田间放牧。海涂地放牧要根据潮涨潮落进行放牧。一般潮落后才放牧,鸭可采食潮水冲到沙滩地里的小动物。海涂地放牧要有淡水源供鸭子饮用、洗浴。海涂地放牧,鸭子采食的多是动物性饲料,蛋白质含量高,要适当结合田间放牧或人工补给植物性饲料。

根据气温的变化,控制好舍内的温度、湿度。在夏季注意通

风,防止舍内闷热;冬季注意舍内的保暖,舍内温度以控制在 5℃
以上为宜。鸭群每日上岸后应在运动场内停留 15～20 min,让其
梳理羽毛,待羽毛干后放入鸭舍内,以保持舍内垫草的干燥。在日
常管理中,还应加强夜间的巡查工作,以防止敌害的侵袭,注意四
季的不同管理特点。

　　3.影响产蛋的因素

　　(1)品种因素。不同的蛋鸭品种其产蛋率的高低、产蛋周期的
长短、蛋的大小等指标有差异。为了获得高产,首先要选择优良的
蛋用鸭品种。

　　(2)雏鸭的质量。雏鸭要求体质健康、健壮,脐部收缩良好,无
伤残,外貌特征符合品种要求。作为商品蛋鸭生产的要全留母鸭,
雏鸭出壳后及时进行公母性别鉴别,淘汰公鸭。

　　(3)营养因素。产蛋鸭的饲料要求营养全面、平衡,否则影响
产蛋率或发生营养缺乏症。维生素 E 又称生育酚或抗不育症维
生素。它是一种体内抗氧化剂,对鸭的消化道及组织中的维生素
A 有保护作用;缺乏时出现渗出性物质,皮下呈蓝色,蛋鸭产蛋
率、受精率下降。维生素 E 在新鲜青绿饲料和青干饲料中较多,
子实的胚芽和植物油中含量丰富。维生素 D 又名抗佝偻病维生
素,直接参与饲料中钙、磷的吸收。钙是蛋壳的主要成分。如缺钙
母鸭产蛋量减少,出现产软壳蛋。产蛋鸭适宜的钙、磷比例是(3～
4):1。

　　(4)环境因素。产蛋鸭最适宜的环境温度是 13～20℃。这个
温度范围内,产蛋鸭对饲料的利用率和母鸭的产蛋率最高。如果
气温过高,超过 30℃,蛋鸭散热慢,热量在体内蓄积,正常的生理
机能受到干扰,食欲下降,产蛋减少,甚至会中暑死亡。而气温过
低,产蛋鸭要消耗大量的能量抵御寒冷,饲料利用率降低。0℃以
下蛋鸭反应迟钝,产蛋显著下降。但受季节气候的影响,环境温度

变化较大。一般通过通风、挡风和垫料发酵等措施来控制鸭舍内的温度。光照可促进鸭生殖器官的发育,使青年鸭适时开产,提高产蛋率。产蛋期的光照强度以 5～8 lx 为宜,光照时间应保持在16～17 h。

　　(5)健康因素。要使蛋鸭发挥出最大的生产能力,必须要有健康的鸭群。鸭场要建立完善的消毒和防疫措施,严格实行鸭场卫生管理制度。搞好环境卫生,做好主要传染病的防疫工作,减少疾病发生的机会。

第6章 大型肉鸭的饲养管理

❶ 商品肉鸭的生产

大型肉用仔鸭是指配套系生产的杂交商品代肉鸭,采用集约化方式饲养,批量生产。我国在 20 世纪 80 年代先后引入了樱桃谷超级肉鸭、狄高肉鸭父母代。我国已选育出的北京鸭、天府肉鸭配套系,以其生长速度快、饲料转化率高、繁殖力强、成本低等优点,在生产上已得到广泛的应用。

○ 商品肉鸭生产的特点

大型商品肉鸭具有早期生长特别迅速、产肉率高、饲料转化率高、生产周期短和全年性批量生产等特点。

1. 生长迅速和饲料转化率高

在家禽中,大型商品肉鸭的生长速度最快。大型商品肉鸭 8 周龄可达 3.0~3.5 kg,为其初生重的 50 倍以上。上市体重一般在 3 kg 或 3 kg 以上,远比麻鸭类型品种或其杂交鸭为快(表 6-1)。

表 6-1　天府肉鸭生长速度和饲料转化率

周龄	4	5	6	7	8
活重/g	1 635.0	2 253.8	2 642.8	3 076.9	3 204.2
料肉比	2.24∶1	2.40∶1	2.74∶1	2.92∶1	3.07∶1

2. 产肉率高,肉质好

大型商品肉鸭的胸腿肌特别发达。据测定,8 周龄时胸腿肌可达 600 g 以上,占全净膛重的 25% 以上,其中胸肌可达 300 g 以上。大型肉鸭以其肌肉肌间脂肪多,肉质细嫩等特点,是做烤鸭和煎、炸鸭食品和分割肉生产的上乘材料(表 6-2)。

表 6-2　天府肉鸭肉用性能

周龄	全净膛		胸 肌		腿 肌		皮 脂	
	g	%	g	%	g	%	g	%
7	2 105	71.2	205	9.7	269.2	12.8	585	27.8
8	2 390	73.5	312	13.1	294	12.3	648	27.1

3. 生产周期短,可全年批量生产

大型商品肉鸭由于生长特别迅速,从出壳到上市全程饲养期仅需 42～56 d,生产周期极短,资金周转快,这对经营者十分有利。近年来,在成都、重庆、云南等地,由于消费水平和消费习惯的变化,出现大型肉鸭小型化生产,肉鸭的上市体重要求在 1.5～2.0 kg,这样大大加快了资金的周转。大型商品肉鸭采用全舍饲饲养,因此,打破了生产的季节性,可以全年批量生产。在稻田放牧生产肉用仔鸭季节性很强的情况下,饲养大型商品肉鸭正好可在当年 12 月份到翌年 5 月份,这段市场肉鸭供应淡季的时间内提供优质肉鸭上市,可获得显著经济效益。这是近年来大型商品肉鸭在大中城市迅速发展的一个重要原因。

○ 饲养规模和市场销售

大型肉鸭生产的经济效益除受饲料价格、种蛋价格或鸭苗价格和肉鸭市场销售价格的影响外,还与商品肉鸭的饲养规模密切相关,而饲养规模的大小主要取决于资金的多少和市场的需求量。因此,在选择饲养规模的时候,要根据市场的需求情况,量力而行,不可盲目行事。

我国的北京烤鸭虽早已名扬海外,但大型肉鸭业的兴起还是近 10 年来的事。从全国的角度来看,大型肉鸭的烤鸭从北京向沿海地区扩散,而南方诸省的烤鸭、板鸭、烧鸭等风味食品也逐渐向北京和其他地区推广和普及,形成了南北交流的市场形势,并部分出口,大大推动了大型肉鸭业的发展。由于大型肉鸭生长快,肉质细嫩,许多传统名牌食品采用大型商品肉鸭为原料。大中城市的需求量增加,特别是放牧肉鸭上市的淡季更为突出。因此,大型肉鸭近年来的销售市场十分兴旺,促进了大型肉鸭的生产和发展。

❷ 商品肉鸭的饲养管理

根据商品肉鸭的生理和生长发育特点,饲养管理一般分为雏鸭期(0～3 周龄)和生长肥育期(22 日龄至上市)2 个阶段。

○ 雏鸭期的饲养管理要点

1. 育雏前的准备

(1)育雏室的维修。进雏室之前,应及时维修破损的门窗、墙壁、通风孔、网板等。采用地面育雏的也应准备好足够的垫料。准备好分群用的挡板、饲槽、水槽或饮水器等育雏用具。

(2)清洗消毒。育雏室的清洗消毒和环境净化是鸭场综合防治中最重要的卫生消毒措施。育雏之前,先将室内地面、网板及育雏用具清洗干净、晾干。墙壁、天花板或顶棚用 10%～20% 的石灰乳粉刷,注意表面残留的石灰乳应清除干净。饲槽、水槽或饮水器等冲洗干净后放在消毒液中浸泡半天,然后清洗干净。

(3)环境净化。在进行育雏室内消毒的同时,对育雏室周围道路和生产区出入口等进行环境消毒净化,切断病源。在生产区出入口设一消毒池,以便于饲养管理人员进出消毒。

(4)制定育雏计划。育雏计划应根据所饲养鸭的品种、进鸭数量、时间等而确定。首先要根据育雏的数量,安排好育雏室的使用面积,也可根据育雏室的大小来确定育雏的数量。建立育雏记录等制度,包括进雏时间、进雏数量、育雏期的成活率等记录指标。

2. 育雏的必备条件

育雏的好坏直接关系到雏鸭的成活率、健康状况、将来的生产性能和种用价值。因此,必须为雏鸭创造良好的环境条件,以培育出成活率高、生长发育良好的鸭群,发挥出最大的生产潜力。

(1)温度。在育雏条件中,以育雏温度对雏鸭的影响最大,直接影响到雏鸭体温调节、饮水、采食以及饲料的消化吸收。在生产实践中,育雏温度的掌握应根据雏鸭的活动状态来判断。温度过高时,雏鸭远离热源,张口喘气,烦躁不安,分布在室内门窗附近。温度过高容易造成雏鸭体质软弱及抵抗力下降等现象。温度过低时,雏鸭聚堆、互相挤压,影响雏鸭的开食和饮水,并且容易造成伤亡。在适宜的育雏温度条件下,雏鸭三五成群,食后静卧而无声,分布均匀。

(2)湿度。湿度对雏鸭生长发育影响较大。刚出壳的雏鸭体内含水 70% 左右,同时又处在环境温度较高的条件下,湿度过低,往往引起雏鸭轻度脱水,影响健康和生长。当湿度过高时,霉菌及其他病原微生物大量繁殖,容易引起雏鸭发病。舍内湿度第 1 周以 60% 为宜,有利于雏鸭卵黄的吸收,随后由于雏鸭排泄物的增多,应随着日龄的增长降低湿度。

（3）密度。饲养密度是指每平方米的面积上所饲养的雏鸭数。密度过大，会造成相互拥挤，体质较弱的雏鸭常吃不到料，饮不到水，致使生长发育受阻，影响增重和群体的整齐度，同时也容易引起疾病的发生。密度过低房舍利用率不高，增加饲养成本。较理想的饲养密度可参考表 6-3。

表 6-3　雏鸭的饲养密度　　　　只/m²

周龄	地面垫料饲养	网上饲养
1	15～20	25～30
2	10～15	15～25
3	7～10	10～15

（4）通气。通气的目的在于排出室内污浊的空气，更换新鲜空气，并调节室内温度和湿度。雏鸭生长速度快，新陈代谢旺盛，随呼吸排出大量二氧化碳；雏鸭的消化道短，食物在消化道内停留时间较短，粪便中有 20%～30% 的尚未被利用的物质；粪便中的氨气和被污染的垫料在室内高温、高湿、微生物的作用下产生大量的有害气体，严重影响雏鸭的健康。如果室内氨气浓度过高，则会造成抵抗力的下降，羽毛零乱，发育停滞，严重者会引起死亡。育雏室内氨气的浓度一般允许 10 μL/L，不超过 20 μL/L；二氧化碳含量要求在 0.2% 以下。一般如果人进入育雏室不感到臭味和无刺眼的感觉，则表明育雏室内氨气的含量在允许范围内。如进入育雏室即感觉到臭味大，有刺眼的感觉，表明舍内氨气的含量超过允许范围，应及时通风换气。

（5）光照。为使雏鸭能尽早熟悉环境、尽快开食和饮水，一般第 1 周采用 24 h 或 23 h 光照。如果作为种鸭雏鸭，则应从第 2 周起逐渐减少夜间光照时间，直到 14 日龄时过渡到自然光照。

3.育雏设备

育雏设备视饲养方式而定。可由保姆伞、电热管、电热板（远红线板)、红外线灯或烟道供温。

(1)电热伞形育雏器。电热伞形育雏器使用电力加热。伞罩用层板或金属铝薄板制成;夹层填充玻璃纤维等隔热材料,以利保温。在伞罩内的下缘周围安装一圈电热丝(200～300 W),外面加铁丝网防护罩,以防雏鸭触电。也可在伞罩内上部安装远红外线加热器供热。伞的最下缘每 10 cm 空隙,钉上锯齿形的厚布条,既利于保温,又方便雏鸭进出,见图 6-1。每台保温伞可养雏鸭200～250 只。电热伞形育雏器的优点是管理方便,育雏室内换气良好,适宜于电源稳定的地区使用。

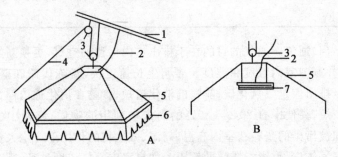

图 6-1　电热伞形育雏器

A.立体图　B.剖面图

1.屋架梁　2.电线　3.滑轮及滑轮线　4.悬吊绳

5.伞罩　6.软围裙　7.远红线加热器

(2)红外线灯育雏。红外线灯具有发热量高等特点,因此,可用来加温。在地面或网上育雏都可使用。常用的红外线灯为250 W。第 1 周时,灯泡离地面 35～45 cm,可根据雏鸭日龄的增加和室温高低调节灯泡离地高度。红外线灯泡加温的优点是保温稳定,室内干净,垫草干燥,管理方便,但耗电量较大,灯泡易损坏,无电源或电源不稳定的地方不宜采用。

(3)烟道式育雏。烟道式育雏的热源来自烧煤。烟道烧热后可使育雏室温度升高,为雏鸭提供温度。烟道可分为地下烟道、地上烟道和火墙式烟道等多种。地下烟道,烟道在地下,地面无障碍物,因此,清扫方便,而且地面干燥温暖,雏鸭感觉舒适。其不足之处是传热较慢,耗煤较多。地面烟道升温快,但育雏面积缩小,管理上不太方便。烟道式育雏容量大,成本低,适宜于产煤地区或无电源地区使用。

4. 雏鸭的选择和分群饲养

初生雏鸭质量的好坏直接影响到雏鸭的生长发育及上市的整齐度。因此,对商品雏鸭要进行选择,将健雏和弱雏分开饲养,这在商品肉鸭生产中十分重要。健雏的选留标准:健雏是指同一日龄内大批出壳的,大小均匀,体重符合品种要求,绒毛整洁,富有光泽,腹部大小适中,脐部收缩良好,眼大有神,行动灵活,抓在手中挣扎有力,体质健壮的雏鸭。将腹部膨大,脐部突出,晚出壳的弱雏单独饲养,加上精心的饲养管理,仍可生长良好。

5. 雏鸭日粮

雏鸭阶段,体重的相对生长率较高,在 2～3 周龄相对生长率达到高峰。据四川农业大学家禽研究室测定,天府肉鸭商品鸭出壳重为 54.7 g,1 周龄体重为 187.7 g,2 周龄为 571.8 g,3 周龄为 1 101.5 g。大型肉鸭由于早期生长速度特别快,对日粮营养水平的要求特别高。雏鸭日粮可参照大型肉鸭营养需要标准配制,粗蛋白质含量应达 22% 左右,并要求各种必需氨基酸达到规定的含量,且比例适宜。钙、磷的含量及比例也应达到规定的标准。

6. 尽早饮水和开食

大型肉用仔鸭早期生长特别迅速,应尽早饮水和开食,有利于雏鸭的生长发育,锻炼雏鸭的消化道。开食过晚体力消耗过大,失水过多而变得虚弱。一般采用直径为 2～3 mm 的颗粒料开食。第 1 天可把饲料撒在塑料布上,以便雏鸭学会吃食,做到随吃随撒。第 2 天后就可改用料盘或料槽喂料。雏鸭进入育雏舍后,就应供给充足的饮水,头 3 d 可在每千克饮水中加入复合维生素 1 g,并且饮水器(槽)可离雏鸭近些,便于雏鸭饮水。随着雏鸭日龄的增加,饮水器应渐远离雏鸭。

7.饲喂方法和次数

饲喂方法有粉料和颗粒料 2 种形式。粉料用水先拌湿,可增进食欲,但粉料容易被踏紧,开食比较困难,人工还要将粉料弄松,以便雏鸭采食,浪费较大,每次投料不宜太多,否则易引起饲料的变质变味。在有条件的地方,使用颗粒料效果比较好,可减少浪费。实践证明,饲喂颗粒料可促进雏鸭生长,提高饲料转化率。雏鸭自由采食,在食槽或料盘内应保持昼夜均有饲料,做到少喂勤添、随吃随给,保证饲槽内常有料,余料又不至于过多。

8.其他管理

1 周龄以后可用水槽供给饮水,每 100 只雏鸭需要 1 m 长的水槽。水槽的高度应随鸭子大小来调节,水槽上沿应略高于鸭背或同高,以免雏鸭吃水困难或爬入水槽内打湿绒毛。水槽每天清洗 1 次,3～5 d 消毒 1 次。料槽中不应堆置太多的饲料,以防饲料霉变。

○ 生长—肥育期的饲养管理要点

1.生理特点

商品肉鸭 22 日龄后进入生长-肥育期。此时鸭对外界环境的适应能力比雏鸭期强,死亡率低,食欲旺盛,采食量大,生长快,体躯大而健壮。由于鸭的采食量增多,饲料中粗蛋白质含量可适当降低,仍可满足鸭体重增长的营养需要,从而达到良好的增重效果。

2.饲养方式

由于鸭体躯较大,其饲养方式多为地面饲养。因环境的突然变化,常易产生应激反应,因此,在转群之前应停料 3~4 h。随着鸭体躯的增大,应适当降低饲养密度。适宜的饲养密度为:4 周龄 7~8 只/m²,5 周龄 6~7 只/m²,6 周龄 5~6 只/m²。

3. 喂料及喂水

采食量增大,应注意添加饲料,但食槽内余料又不能过多。饮水的管理也特别重要,应随时保持有清洁的饮水,特别是在夏季,白天气温较高,采食量减少,应加强早晚的管理,此时天气凉爽,鸭子采食的积极性很高,不能断水。

4. 垫料的管理

由于采食量增多,其排泄物也增多,应加强舍内和运动场的清洁卫生管理,每日定时打扫,及时清除粪便,保持舍内干燥,防止垫料潮湿。

5. 上市日龄

不同地区或不同加工目的所要求的肉鸭上市体重不一样,因此,上市日龄的选择要根据销售对象来确定。肉鸭一旦达到上市体重应尽快出售。商品肉鸭一般 6 周龄活重达到 2.5 kg 以上,7 周龄可达 3 kg 以上,饲料转化率以 6 周龄最高。因此,在 42~45 日龄为其理想的上市日龄。但此时肉鸭胸肌较薄,胸肌的丰满程度明显低于 8 周龄,如果用于分割肉生产,则以 8 周龄上市最为理想。

❸ 父母代种鸭育雏期的饲养管理

○ 父母代种鸭饲养条件

1. 完善的良种繁育体系

大型肉鸭父母代种鸭由固定的品系配套生产,且必须按照肉鸭的良种繁育体系的配套模式生产,不能乱交乱配。由祖代种鸭场提供父系公鸭、母系母鸭,然后按照一定的公母配种比例组成父母代(公 30 只＋母 110 只)。父母代种鸭只能生产商品代鸭苗,不能继续留种繁殖,否则生产性能会大幅度下降。因此,大型肉鸭的健康发展,首先应建立完善的良种繁育体系,不断向生产上提供优质的父母代种鸭。

2. 适宜的饲养方式

20 世纪 80 年代以来,我国养鸭业蓬勃发展,市场要求优质肉鸭满足广大消费者的需要,而养鸭生产者要求提高经济效益以刺激生产的积极性。因此,传统的放牧养鸭难以适应养鸭业进一步发展的要求。大型肉鸭具有生长速度快、饲料转化率高、生产周期短、适合全年批量生产、繁殖力高等特点。为了使大型肉鸭优良的生产性能得到充分发挥,必须采用舍饲饲养,以产更多的优质商品鸭苗。

3. 优质的饲料

父母代种鸭的生产率较高,可以一年四季生产,但必须保证有全价平衡的日粮供应。因此,必须按照大型肉鸭的饲养标准,结合当地的饲料资源,配制出质优价廉的全价平衡日粮,使种鸭尽可能地发挥出最大的生产潜力。这是养殖大型肉鸭是否成功的关键条件之一。

4. 适宜的饲养规模

饲养大型肉鸭的经济效益与经营规模密切相关,而饲养规模的大小又主要取决于资金的多少。父母代种鸭所需要的流动资金主要包括鸭苗本、饲料费、水电费、人工工资及垫料等费用。每组父母代种鸭需流动资金 1.0 万～1.2 万元,但不包括房舍及孵化设备的费用。可以根据资金的多少来选择适宜的饲养规模,否则影响种鸭生产性能的正常发挥,造成很大的经济损失。为了便于管理和商品鸭苗的销售,饲养种鸭 1 000 只以上比较适宜。饲养父母代种鸭每只鸭的平均纯利为 50～60 元,饲养种鸭的经济效益不仅体现在每只鸭的平均效益上,更重要的则体现在适度的规模效益上,这是饲养大型肉用种鸭获得经济效益高低的关键所在。

5.所需的鸭舍及设备

由于大型肉鸭采用舍饲饲养。因此,需要可供育雏、育成及产蛋的鸭舍和孵化设备。在育成和产蛋期间可按舍内面积每平方米 3～3.5 只计算,运动场面积与舍内的比例为(1.3～1.5)∶1,即每组父母代至少需要舍内面积 40 m²,运动场 60 m²,每栏饲养 120～200 只为宜。除保证种鸭有清洁卫生的饮水外,还应提供足够的水源以供其洗浴。

○ 育雏期的选择

种鸭育雏期的选择包括种雏鸭和育雏期末的选择。初生雏鸭质量的好坏直接影响到生长发育以及群体的整齐度。只有健雏才能留做种鸭。健雏的选留标准为:大小均匀,体重符合品种要求,绒毛整齐,富有光泽,腹部大小适中,脐部收缩良好,眼大有神,行动灵活,抓在手中挣扎有力。

种鸭场(公司)在提供配套种鸭时,往往超量提供公鸭,以便在育雏期结束时,即在 36 日龄根据种鸭的体重指标、外形特征等进行初选。公鸭应选择体重大、体质健壮的个体;母鸭则选择体重中等大小、生长发育良好的个体留种,淘汰多余的公鸭及有伤残的、体重特别小的母鸭,当做商品肉鸭处理,节约饲料。初选后公母鸭的配种比例为 1∶(4～4.5)。

○ 育雏期饲养方案

1.喂料次数和时间

大型肉鸭生长速度快,父母代育雏期的饲喂不能等同于商品代肉鸭,即在 35 d 以前适当控制采食量,达到控制种鸭体重的目的,一般通过控制喂料次数和减少光照时间来实现。可参照以下方案执行:0～7 日龄白天晚上自由采食,24 h 或 23 h 光照;8～14 日龄白天自由采食,光照时间由 24 h(或 23 h)逐渐过渡到自然光照,逐渐减少夜间喂料时间;15～21 日龄每天喂料 3 次,早、中、晚各 1 次,每次喂料以 30～40 min 食槽内饲料基本吃尽为准;22～35 日龄每天喂料 2 次,早晚各 1 次,喂料量以 30～40 min 食槽基本吃尽为准。

2.尽早脱温下水

切忌种雏鸭在温室养到 10 d 后才下水。太晚下水必然引起雏鸭出现湿毛现象,即使在温暖的春秋季节也会导致感冒。种雏鸭下水时应选择晴朗天气进行,冬天应在 10 点钟以后。下水时将雏鸭放入运动场,让其自由戏水。第一次下水时间不宜过长,当部分鸭子戏水一段时间后,可缓慢将鸭子赶上运动场采食;此后鸭子又会陆续戏水,直到大部分鸭子戏水后可将雏鸭关入室内。1.5～2 h 后,再将雏鸭放入运动场让其自由戏水,重复上述过程。这样第 1 天重复 3～5 次下水过程,第 2 天下水基本不会有什么问题。第 1 次下水时应有专人看管,以防湿毛的鸭子淹死。对于个别全身湿毛的鸭子应及时烘干(夏天可在太阳下晒干)。对于个别背部或腹部湿毛的鸭子不必烘干,鸭子休息卧在一起时羽毛会自然干燥。

3.公鸭的育雏

公母鸭从小应混养在一起,不允许公母鸭分群饲养。运输时公母鸭应分开包装,但在进入育雏室时,公母鸭应按比例混在一起饲养。

4.日常管理

育雏室应保持清洁卫生,经常检查育雏室内温度。温度过低时,及时将雏鸭轰散,并及时将育雏室温度升至适宜范围;温度过高时也应及时降低温度。如果采取地面厚垫料育雏,应保持垫料清洁卫生。如果垫料潮湿,可撒上新的干净垫料。饮水器周围应及时清扫。

❹ 育成期的饲养管理方案

○ 育成期种鸭的选择

在 22~24 周龄对种鸭进行第 2 次选择。这次选择的重点是淘汰多余的公鸭,而母鸭主要是淘汰体质特别弱的个体。选留后,公母配种比例为 1∶(5~6)。

公鸭 2 次选择的目标是公鸭的体重指标,要求健康状态良好,活泼灵活,体形好,羽毛丰满,双脚强壮有力。保证将质量最好的公鸭留种,淘汰多余的公鸭。

○ 育成期饲养管理水平与产蛋性能的关系

种鸭是肉鸭生产的基础。只有种质优良、体质健壮的种鸭,才能生产出更多的受精率高的合格种蛋,也就能使每只种母鸭生产出更多的优质商品鸭苗。因此,育成期饲养管理的好坏是决定种鸭能否获得高产、稳产的关键。育成期饲养管理的特点,主要是保证种鸭的体格得到充分发育,控制种鸭体重的过度增长和性器官的过早发育。只有这样才能培育出体格健壮、体重符合品种标准、适时开产、开产后又能迅速达到产蛋高峰、蛋重符合品种要求的种鸭群。因此,采用限制性饲养以及光照的控制措施,成为饲养大型肉用种鸭的关键之一。

○ 限制饲养程序

大型肉鸭父母代种鸭的饲养管理一般分为 3 个环节:即育雏期(0～5 周龄)、育成期(6～25 周龄)和产蛋期(26 周龄至淘汰)。

1.限制饲养方法

从 36 日龄至开产的这段时间为种鸭的育成期。育成期是父母代种鸭一生中最重要的时期。这一阶段饲养的特点是对种鸭进行限制性饲养,即有计划地控制饲喂量(量的限制)或限制日粮的蛋白质和能量水平(质的限制)。

目前世界各地普遍采用限制喂料量的办法来控制种鸭的体重,同时随种鸭日龄的增长适当降低饲料的能量和蛋白质水平。

喂料量的限制主要分为每日限量和隔日限量 2 种方式,其中以每日限量应用较普遍。每日限量即限制每天的喂料量,将每天的喂料量于早上一次性投给。隔日限量即将两天规定的喂料量合并在 1 d 投给,每喂料 1 d 停喂 1 d。这样一次投下的喂料量多,较弱小的鸭子也能采食到足够的饲料,鸭群生长发育整齐。

2.限制喂料量与体重

喂料量的确定以种鸭群的平均体重为基础,然后与标准体重进行比较,确定种鸭的喂料量。

例:平均体重低于标准体重——每只每日喂料 160 g;平均体重符合标准体重——每只每日喂料 150 g;平均体重高于标准体重——每只每日喂料 140 g。父母代种鸭的标准体重参见表 6-4、表 6-5。

表 6-4　天府肉鸭父母代种鸭标准体重

（在±2％范围内均属适合）　　　　　　kg

周龄	母鸭			公鸭		
	+2％	标准	-2％	+2％	标准	-2％
4	1.230	1.205	1.180	1.455	1.430	1.400
5	1.485	1.455	1.425	1.715	1.680	1.650
6	1.690	1.655	1.620	1.970	1.930	1.890
7	1.840	1.805	1.770	2.170	2.130	2.090
8	1.910	1.875	1.840	2.245	2.200	2.155
9	1.975	1.935	1.900	2.305	2.260	2.215
10	2.035	1.995	1.955	2.370	2.320	2.270
11	2.120	2.075	2.030	2.450	2.400	2.350
12	2.220	2.155	2.110	2.530	2.480	2.430
13	2.270	2.225	2.180	2.600	2.550	2.500
14	2.340	2.295	2.250	2.670	2.620	2.570
15	2.410	2.365	2.230	2.745	2.690	2.635
16	2.485	2.435	2.385	2.815	2.760	2.705
17	2.555	2.505	2.455	2.890	2.830	2.770
18	2.575	2.525	2.475	2.920	2.860	2.800
19	2.660	2.545	2.490	2.950	2.890	2.830
20	2.615	2.565	2.515	2.980	2.920	2.860
21	2.640	2.585	2.530	3.010	2.950	2.890
22	2.660	2.605	2.550	3.040	2.980	2.920
23	2.680	2.625	2.570	3.070	3.010	2.950
24	2.730	2.675	2.620	3.130	3.070	3.010
25	2.780	2.725	2.670	3.190	3.130	3.070
26	2.830	2.775	2.720	3.255	3.190	3.125

表 6-5　樱桃谷肉鸭父母代种鸭标准体重　　　　kg

周龄	母鸭	公鸭	周龄	母鸭	公鸭
4	0.967	1.112	16	2.752	3.107
5	1.335	1.532	17	2.785	3.140
6	1.757	2.015	18	2.807	3.160
7	1.945	2.226	19	2.851	3.204
8	2.133	2.439	20	2.885	3.237
9	2.210	2.523	21	2.918	3.269
10	2.287	2.606	22	2.962	3.313
11	2.365	2.691	23	2.996	3.36
12	2.442	2.774	24	3.040	3.390
13	2.520	2.858	25	3.072	3.421
14	2.597	2.941	26	3.105	3.452
15	2.675	3.025			

3.限制饲养期间种鸭的管理要点

(1)在进行限制饲养时,由于喂料量的减少,鸭常处于饥饿状态,喂料时争抢激烈,假如饲槽的位置不够,有的鸭必定会吃不够或抢不到食,影响鸭群的正常体重和群体的整齐度。所以,对于限制饲养的种鸭,必须保证有足够的采食、饮水的位置,每只鸭应提供 15～20 cm 长度的饲槽位置,水槽为 10～15 cm 长。要求在喂料时,做到几乎每只鸭能同时吃到饲料。如果食槽的长度不够,也可把饲料撒在干燥的地面上进行饲喂。

(2)掌握种鸭的确切体重,对于正确地制定种鸭的喂料量很有必要。从第 6 周开始,在每周龄开始的第 1 天早上空腹随机抽测群体 10%的个体求其平均体重;称重时应分公和母。用抽样的平均体重与相应周龄的标准体重比较,如在标准体重的适合范围(标准±2%)内,则该周按标准喂料量饲喂;如超过标准体重 2%以上,则该周每天每只喂料量减少 5～10 g;如低于体重标准 2%以下,则该周每只每日增加喂料量 5～10 g 饲料。体重不在适合范围的群体经 1 周饲养,如果体重仍不在适合范围,则仍按上述办法调整喂料量,直到体重在适合范围内再按标准喂料量饲喂。注意每周龄开始的第一天抽取的体重代表上周龄的体重。限饲期间增加或减少喂料量时,每次只能按 100 只鸭 0.5～1.0 kg 的量来增加或减少,只有在极特殊的情况下,才可以超过上述标准。

(3)每群鸭每日的喂料量只能在早上一次性投给,加好料之后才能放鸭,这样可保证每只鸭都能吃到饲料。如果将每日的喂料量分 2 次或 3 次投给,抢食能力强的鸭子几乎每次都比弱的鸭子吃到更多的饲料,影响群体的整齐度。

(4)限制饲养开始时(36 日龄)和限制饲养期间应随时注意整群,将弱鸭、伤残鸭分隔成小群饲养,不限喂料量或少限,直到恢复健壮再放回限饲群内。

(5)把光照控制与体重控制、饲喂量的控制结合起来配套使用,是控制鸭群性成熟和适时开产最有效的办法。光照的控制详见本章光照管理。

(6)从 25 周(169 日龄)起改为产蛋鸭饲料,并逐步增加喂料量促使鸭群开产,可每周增加日喂料量 25 g 饲料,约用 4 周的时间过渡到自由采食,不再限量。

○ 日常管理

(1)保持料槽和饮水槽的清洁,不能让料槽内有粪便等脏物,运动场和水槽要经常清洗。

(2)育雏期结束进入育成期时,由于鸭体格的增大,应适当降低饲养密度。可按舍内面积 3～3.5 只/m² 计算每栏饲养的种鸭只数。

(3)进入产蛋期以前,即在 22～24 周期间安置好产蛋箱,以便让鸭群熟悉使用。

(4)观察鸭群是实现科学养鸭、科学管理的基础。随时观察鸭群的健康状况和精神状态,针对存在的问题,及时采取有效措施,以保证鸭群的正常生长发育,提高种鸭场的经营管理和技术管理水平。

❺ 光照管理

○ 光照的作用

光通过视觉刺激脑垂体前叶分泌促性腺激素,促使母鸭卵巢卵泡发育增大,卵巢分泌雌性激素促使母鸭输卵管的发育;产蛋所需要的营养成分,在血液中贮存量增加;同时使耻骨开张,泄殖腔扩大。延长光照时间,由视觉传导引起公鸭脑垂体前叶的促性腺素分泌,促性腺激素刺激睾丸精细管发育,使睾丸增大,睾丸能产生精液和雄性激素,促使公鸭达到性成熟。此外,紫外线可使家禽体内的 7-脱氢胆固醇转变为维生素 D_3,促使钙、磷的吸收,同时紫外线还能杀菌,有助于预防疾病。

光照管理得好,能控制母鸭适时达到性成熟,延长高峰持续期,提高母鸭产蛋量。如果光照控制不好,母鸭开产较早,产小蛋时间长,并且开产后母鸭易出现脱肛现象,影响经济效益。

○ 光照的使用原则

为克服日照季节性的差异,使昼长更符合家禽繁殖机能的要求和提高产蛋量,现代养禽业普遍使用人工光照。通过合理利用自然光照和人工光照,提高家禽的生产性能。光照的原则如下:

(1)生长期采用恒定短光照或逐渐缩短光照时间,控制母鸭适时开产。

(2)临近开产前逐渐延长光照时间刺激适时达到产蛋高峰,而又不因光照时间的突然增加使部分母鸭发生子宫阴道外翻(脱肛)。

(3)进入产蛋高峰后,力求保持光照时间和强度的稳定。

(4)进行强制换羽时,则突然缩短光照时间促使更快换羽。

○ 光照强度

光照强度指光源射出光线的强度,常用勒克斯(lx)表示。光照强度用照度计测定。鸭的光照强度为 10～20 lx,如果用普通的白炽灯照明,则舍内面积上每平方米至少应有 5 W 的照度,即 60 W 的灯泡可满足 5～12 m^2 的要求,刚出壳的雏鸭因视力差,需较大的光照强度。

○ 适宜的光照制度

开放式鸭舍的光照受自然光照的影响较大,因此,光照方案的制订必须了解自然光照时间的变化规律。

1. 自然光照的变化

自然光照上半年(夏至前)由短光照逐渐增长,夏至过后光照时间由长变短。因此,夏至过后留种的雏鸭,生长期处在自然光照时间由长变短的时期,而开产后又处在日照时间由短变长的时期,在此期间尽可能利用自然光照,能较理想地控制种鸭性成熟时间。上半年留种的雏鸭,生长期处在日照时间由短变长的时期,特别是 5～7 月份自然光照时间超过了育成期种鸭的需求,容易导致种鸭提前开产,在这种情况下更应加强喂料量的限制,否则会导致提前产蛋。

2. 光照的控制

光照制度是采用一定的光照时间,有计划地严格执行光照程序。光照程序应根据种鸭的不同阶段分别制定。

(1)育雏期。为了确保种雏鸭均匀一致地生长,0～7 日龄每天提供 24 h 或 23 h 光照。有 1 h 的黑暗,可防止突然停电引起的惊群现象。8～14 日龄光照时间由 24 h 或 23 h 逐渐过渡到利用自然光照;14 日龄到育雏结束均利用自然光照。

(2)育成期。只提供自然光照。

22～27 周龄　种鸭处于临近开产期,用 6 周的时间逐渐增加每日的人工光照时间,到 26 周龄时光照时间(自然光照+人工光照)增加到 17 h。

每日需要增加的光照时数＝(17 h 至自然光时数)6/(h/每周)

增加的光照时数分别加在早上和晚上。下面的加光作息时间仅供参考:

22 周　天黑开灯,晚上 7:30 关灯;

23 周　天黑开灯,晚上 8:30 关灯;

24 周　天黑开灯,晚上 9:30 关灯;

25 周　天黑开灯,晚上 10:00 关灯,早上 7:00 开灯,天大亮关灯;

26 周　天黑开灯,晚上 10:30 关灯,早上 6:30 开灯,天大亮关灯;

27 周　天黑开灯,晚上 11:00 关灯,早上 6:00 开灯,天大亮关灯。

不同地区、不同季节自然光照时间有差异,可进行灵活调整。

28 周龄至产蛋结束　每天采用 17 h 的光照时间。开关灯时间要固定,不能随意变更。

❻ 产蛋期的饲养管理

○ 营养水平

种鸭开产以后,让其自由采食,日采食量大大增加。饲料的代谢能控制在 10 878～11 297 kJ/kg,可满足其维持体重和产蛋的需要。但日粮蛋白质水平应分阶段进行控制。产蛋初期(产蛋率50%前)日粮蛋白质水平一般为 19.5% 即可满足产蛋的需要。进入产蛋高峰期(产蛋率 50% 以上至淘汰)时,日粮蛋白质水平应增加到 20%～21%,才能保持高产水平。同时应注意日粮中钙、磷的含量以及钙、磷之间的比例。

◯ 产蛋曲线

在饲养管理良好的情况下,母鸭在 26 周龄产蛋率达到 5%,28～30 周龄产蛋率达到 15%,一般在 33～35 周龄产蛋率达到90% 或 90% 以上,进入产蛋高峰期。产蛋高峰期可持续 1～3 个月,一般平均为 1.5 个月,也有个别的达到 4 个月。如何保持和延长母鸭的产蛋高峰期,对提高全年产蛋量和种蛋质量具有重要的意义。

◯ 饲养管理程序

1.喂料

产蛋期种鸭任其自由采食,日采食量达 250～300 g,可分成 2次(早上和下午各 1 次)饲喂。喂料量掌握的原则是食槽内余料不能过多,否则引起饲料的变味变质,导致采食量的下降,引起产蛋量的下降;喂料量过少,也导致产蛋率的降低。第 1 次喂料量以第2 次喂料时,食槽基本吃尽为准。第 2 次的喂料量以晚上关灯前食槽基本吃尽为准。

2.种蛋的收集

母鸭的产蛋时间集中在后半夜 1:00～5:00。随着母鸭产蛋日龄的延长产蛋时间稍稍推迟。种蛋收集越及时,种蛋愈干净,破损率愈低。初产母鸭产蛋时间比较早,可在早上 4:30 开灯捡第一次蛋,捡完蛋后即将照明灯关闭;以后每 0.5 h 捡 1 次蛋。如果饲养管理正常,几乎在 7:00 以前产完蛋。产蛋后期,母鸭的产蛋时间可能集中在 6:00～8:00。夏季气温高,冬季气温低,及时捡蛋,可避免种蛋受热或受冻,可提高种蛋的品质。收集好的种蛋应及时进行消毒,然后送入蛋库贮存。

3. 减少窝外蛋

所谓窝外蛋就是产在产蛋箱以外的蛋,或产在舍内地面和运动场内。由于窝外蛋比较脏,破损率较高,孵化率较差,并且又是疫病的传染源,因此,除个别特别干净的窝外蛋能做种蛋使用外,一般都不将窝外蛋做种蛋。在管理上应对窝外蛋引起足够的重视。其措施有以下几个方面。

(1)开产前尽早在舍内安放好产蛋箱,最迟不得晚于 24 周龄,每 4～5 只母鸭配备 1 个产蛋箱。

(2)随时保持产蛋箱内垫料新鲜、干燥、松软。

(3)放好的产蛋箱要固定,不能随意搬动。

(4)初产时,可在产蛋箱内设置 1 个"引蛋"。

(5)及时把舍内和运动场的窝外蛋捡走。

(6)严格按照作息程序规定的时间开关灯。

4. 离地面

产蛋箱的底部不用配地板,这样母鸭在产蛋以后把蛋埋入垫料中。产蛋箱离地面的高度一般为 30 cm,深度为 30 cm,产蛋箱的间隔为 45 cm。

5. 日常管理

种鸭的运动和洗浴对保持其健康和良好的生产性能甚为重要。水浴池每日应有清洁的水源以供洗浴;尽量保持舍内垫料的清洁和干燥;炎热地区要注意鸭舍的通风,密度不能过大;寒冷地区要注意冬季的舍温保持在 0℃以上;种鸭的日常饲养管理程序要保持稳定,不宜轻易变动,否则将引起产蛋率的急剧下降。

○ 产蛋期的选择淘汰

母鸭年龄越大,产蛋量和种蛋的合格率越低,受精率和孵化率越低。母鸭以第一个生物学产蛋年的产蛋量最高,第二年比第一年下降 30％以上,表明种鸭自开产以后利用 1 年最为经济。

母鸭一般产蛋 9～10 个月,进入产蛋末期,陆续出现停产换羽。此时出现换羽的种鸭可逐渐淘汰,节约饲料,提高饲养种鸭的经济效益。种鸭的淘汰方式有全群淘汰和逐渐淘汰 2 种方式。

1.全群淘汰制度

为了便于管理,提高鸭舍的周转利用率,有利于鸭舍的彻底清洗消毒,种鸭在 70 周龄左右即可全群淘汰。具体淘汰时间可根据当地对种蛋的需求情况、鸭苗价格、种蛋价格、饲料价格、种蛋的受精率、孵化率等因素来决定。

2.逐渐淘汰制度

母鸭产蛋 9～10 个月后,可根据羽毛脱换情况及生理性状进行选择淘汰。随时淘汰那些主翼羽脱落、羽毛零乱、耻骨间隙在 3 指以下、腿部伤残、腹膜炎等母鸭,并淘汰多余的公鸭。通过选择淘汰后的群体仍可保持较高的产蛋率,直到全群淘汰完。采用这种淘汰制度,可让高产的母鸭产更多的蛋,节约饲料,降低种蛋生产成本,使鸭群保持持久旺盛的产蛋能力。

第二部分
疾病防治

第7章 鸭病防治的基本原则

❶ 鸭病的防治措施

随着我国养鸭业的快速发展，鸭病成为养鸭业发展的一大障碍，因此，必须做好鸭病的防治工作。在鸭病防治工作中，必须贯彻"预防为主、养防结合、防重于治"的方针，搞好饲养管理、防疫卫生、预防接种、检疫、隔离、消毒、病死鸭尸体处理和及时治疗等综合性防治措施。

○ 平时的预防措施

一是加强饲养管理，搞好卫生和定期消毒工作，以增强鸭的非特异性抵抗力。贯彻自繁自养的原则，减少疫病传播。

二是认真实行检疫。检疫就是应用临床诊断、流行病学诊断、病理学诊断、微生物学诊断、免疫学诊断等方法，对运输鸭及其产品的车船、飞机、包装、铺垫材料、饲养工具、饲料等进行疫病检查，并采取相应的措施，防止疫病的发生和传播。

三是搞好预防接种。疫苗接种必须定期进行，有计划地打预防针，以提高鸭的特异性抵抗力，这是预防和消灭传染病的重要措施。对某些传染病如鸭瘟、鸭病毒性肝炎、鸭传染性浆膜炎、大肠杆菌病、巴氏杆菌病等还是一种关键性的措施。下面谈谈怎样打好防疫针，提高接种的密度和质量。

（1）打防疫针是用疫苗或菌苗等接种健康易感的鸭群后，经过一定时间产生一种叫抗体的物质。抗体有特异性，只能与相应的病原微生物发生特异性的结合，使病原微生物失去致病的作用。如用鸭瘟弱毒疫苗给鸭注射后，就能产生抵抗鸭瘟病毒的抗体，鸭只获得了免疫即不再受鸭瘟病毒的危害。由一种微生物制成的疫苗或菌苗只能预防一种传染病。由几种微生物制成的联合苗，如鸭瘟鸭病毒性肝炎二联苗，可预防鸭瘟和鸭病毒性肝炎 2 种传染病。无论接种何种疫苗都不可能使鸭产生终生免疫。由于接种的疫苗不同，在鸭体内所产生的抗体能足够抵抗病原微生物侵袭的期限（即免疫期）亦不同。鸭病毒性肝炎疫苗，第 1 次注射免疫期 6 个月，第 2 次注射免疫期达 9 个月。

（2）免疫程序。给鸭打预防针既要减少人力、物力的浪费，又要提高免疫质量，关键要看免疫效果。有的注射密度高，但疫病常年不断。有各种因素影响免疫效果。一个地区鸭群可能发生的传染病不止 1 种，而可以用来预防这些传染病的疫苗（菌苗）的性质不尽相同，免疫期长短不一，所以，一定的鸭群往往需要用多种疫苗（菌苗）来预防不同的病，也需要根据各种疫苗（菌苗）的免疫特性来制定预防接种的次数和时间，这就形成了在实践中使用的免疫程序。

（3）建立和健全冷藏疫苗的系统。疫苗或菌苗是一种生物制品，必须在低温下保存，在一定时期内才不至于失效。因此，运送疫苗应有冷藏箱，保存疫苗应有冰箱。

（4）接种前要做好动员，组织人力，备好药品器械，对注射疫苗的鸭群最好进行 1 次驱虫。实践证明，严重的寄生虫病能影响免疫效果。

（5）接种过程中及接种后除按规定进行操作和观察外，必须加强饲养管理。

○ 发生疫病时的扑灭措施

鸭群传染病一旦发生后,依据流行过程的 3 个环节,按照"早、快、严、小"的原则,迅速打断 3 个环节的联系。

1. 及时做出正确诊断

及时而正确的防治,来源于准确的诊断。诊断的方法很多,但重点是临床诊断,必要时进行特殊方法的诊断。同时应将疫情及时向上级主管部门报告,并通知邻近县、乡及临近鸭场做好预防工作。

2. 实行隔离和封锁

经诊断为传染病后应迅速隔离或封锁。其目的是把疫病控制在原地,就地扑灭,避免扩大和散播。封锁和解除封锁的期限,传染病不同,亦有差异。

3. 做好消毒、杀虫和尸体处理

消毒是用机械清除及物理、化学或生物热的消毒法,清除或杀死病原体。在用化学消毒药物消毒鸭舍、地面或圈栏时,事前都应彻底的清除粪便、垫草、饲料残渣及洗刷墙壁、圈栏等。常用的化学消毒药有:

(1)氢氧化钠(苛性钠、烧碱)。对细菌和病毒均有强大的杀灭力。常配成 1%～2%的热水溶液消毒病原体污染的鸭舍、地面和用具等。但对金属物品有腐蚀性,对皮肤和黏膜有刺激性。消毒鸭舍时,应赶出鸭,隔半天用水冲洗饲槽、地面后方可让鸭进圈。

(2)草木灰。草木灰中含有氢氧化钾和碳酸钾。用新鲜干燥的草木灰 10 kg 加水 50 kg(即 20%),煮沸 20～30 min 后,去渣后使用。20%的草木灰水其消毒效果与 1%氢氧化钠相似。

(3)石灰乳。是生石灰(氧化钙)加水适量制成熟石灰(氢氧化钙),然后用水配成 10%～20%的混悬液,用于消毒地面、粪尿及粉刷墙壁、圈栏等有相当强的消毒作用。若将生石灰粉直接撒播在干燥地面上,不产生消毒作用。注意生石灰加水配制混悬液应现配现用。

(4)福尔马林。有很强的消毒作用。常用5％福尔马林对孵化器和鸭舍等进行熏蒸消毒。

(5)来苏儿(又称煤酚皂溶液)。对一般病原菌有良好的杀菌作用。常配成3％～5％溶液,用于日常器械、洗手、用具和鸭舍的消毒。

(6)新洁尔灭、消毒净、度米芬。这几种消毒药物的共同特性为毒性低、无腐蚀性、效力强、速度快,对一般病原菌均有强大的杀灭效能。各配成0.1％水溶液浸泡器械、玻璃、衣物、橡胶制品10～30 min可达消毒目的。

(7)氨水。5％氨水(用含氨量为18％的农用氨水2.5 kg加水6.5 kg配成)喷洒消毒。喷洒时,应将鸭群驱出栏外,消毒人员应戴上口罩和风镜,避免中毒。

另外,近年来也出现了种类繁多的新消毒药物,各地可根据情况选用。

鸭群因发生不同传染病病死的尸体,应按传染病的性质不同进行处理。

4.在不散布疫情的情况下搞好紧急接种与治疗

紧急接种是在发生传染病时,为迅速控制和扑灭传染病的流行,而对疫区和受威胁区尚未发病的鸭群进行的应急性免疫接种。实践证明,在疫区内早期使用某些疫苗(菌苗)能取得较好效果,如发生鸭瘟等急性传染病时已广泛采用鸭瘟弱毒疫苗进行紧急接种。但在疫区内接种时,必须对接种的鸭逐只详细检查,对体温正常又无临床症状的鸭才能接种。在接种过程中,要做到消毒严格,一只鸭换一支注射针头,否则,容易散播病原和扩大疫情。

5.治疗

对发病的鸭在严格隔离和加强护理的情况下,分别不同情况进行及时治疗。对急性传染病以抗菌药物、免疫血清为主;慢性传染病采用中、西治疗结合的办法,能收到一定效果。但要注意病鸭痊愈后的经济价值。

❷ 加强管理,预防鸭病的发生

○ 预防措施和卫生管理要求

(1)目前的养鸭业已由农村的家庭式饲养发展到密集型饲养,少则数千只,多则几十万只。要保证鸭的健康成长和生产,必须要有一整套的综合性疫病防治措施。因密集饲养,一旦发生传染病,极易全群覆灭,所以,必须采取预防发生传染病的措施,治疗则是不得已而采取的办法。鸭发病的可能性随饲养数量的增加而增加。

(2)综合性防病措施包括下列一些内容:无病的雏鸭、良好的饲养管理、疫苗接种、用药、严格的卫生管理、鸭的生物安全和全价营养饲料。

(3)对每批鸭的转移,要充分清扫和消毒房舍与设备,包括用过的一切器具。消灭病原,并更新垫料。

(4)雏鸭与成鸭应隔离饲养,其设备和管理及饲养人员也应分开,这样将会增加成功的机会。种鸭群应在单独隔离的鸭场内饲养。

(5)鸭舍应同其他的家禽和家畜分隔开来,因鸭、鹅、火鸡、牛和猪的一些传染病能交叉感染,如巴氏杆菌病。

(6)要保证供应全价的饲料和合格的饮水。当饮水减少时,饲料也成比例地减少。鸭的饮食明显减少,往往是发病的初期症状。

（7）育雏期间应保持最适当的温度、湿度和通风，使雏鸭和幼鸭很舒适，防止贼风、过热或过冷，或温度变化不定。

（8）鸭群的密度不能过大或拥挤。密度大则生长发育受阻，饲料报酬降低和生产水平下降，还容易造成其他与应激反应有关的问题。

（9）应有合理的疫病免疫程序并且要严格执行。在疫苗接种的反期内，应精心观察，密切注视。

（10）进入鸭舍的饲料和用具等应是清洁不带病原的。无关人员不准进入鸭场区，更不允许进入鸭舍。不允许不必要的参观者进入鸭舍，同时工作人员也不去其他的鸭场。

（11）对病死鸭的最好处理方法是烧掉，丢入深井和深埋是其次的方法。死鸭处理不当将是对该地区所有鸭的一种潜在威胁。

（12）疫病流行时要及时做出确诊，经有关的人员送往诊断室化验，及时做出最佳的处理方案。鸭发病康复后，不能留做种鸭。

○ 严格鸭群的消毒和隔离

1. 鸭场疫病的主要来源有 3 个方面

（1）由新引进的鸭带进场内，如从病鸭场引进鸭雏、幼鸭或开产小母鸭等。

（2）污染的鸭舍，如过去曾饲养过病鸭而未经彻底消毒的鸭舍。

（3）日常工作中消毒不够和执行安全措施不严；以致将疫病经饲料、用具、人员往来和其他动物而传至场内。

2. 鸭舍的彻底清洗和消毒步骤

正确的鸭舍消毒，应在新鸭到达之前，即已清洗和消毒完毕。每一栋鸭舍应在消毒和熏蒸之后，最少空闲 2 周。鸭舍消毒效果好坏，决定于用杀菌药物前的彻底清洗程度，而不是决定于所用的消毒药。彻底清洗是最基本的方法，因为它可以减少病原体的总数，去掉隐藏病原体的污物，将病原体暴露于日光、空气、消毒药和熏蒸剂之下。

（1）移走鸭舍内的全部鸭，清除散失在鸭舍内外的全部鸭。

（2）清除存留的饲料。未食用完的饲料不应挪至另外的鸭舍。木槽、料槽和料桶应彻底清洗，一定要将附着于料箱底部和四壁上的饲料洗掉，因可能有病原体存在或附着于其上，成为疫病的传染源。

（3）设备要移出并经清洗和日光照射。脏污的设备会带有病原，所以，可移动的设备都要移至舍外，放在日光之下，并经消毒后再搬回鸭舍。未消毒的设备搬回鸭舍之后，则破坏了鸭舍的消毒效果，鸭舍可能重新被污染。

（4）初步清洗鸭舍。用水冲洗天花板、四周墙壁及窗户，去掉其上附着的灰尘；飞溅下来的水将弄湿垫料，灰尘附着其上，最后一起被移走。

（5）移走所有的垫料，转移到远离鸭舍的地方做肥料。在靠近鸭舍的地方不能堆集和散落旧垫料，因老鼠和害虫可能将其中的病原带回鸭舍。

（6）清理鸭舍外部散落的垫料、饲料间和鸭舍外的垃圾及杂草等。

（7）修理鸭舍和设备等需要修理的部分。

（8）彻底洗刷鸭舍墙壁和设备；必要时可在水中加洗涤剂，使用洗涤剂水浸润 2 h；然后用清水洗刷，高压喷水枪冲洗时可获得较好的效果。设备需要擦拭的部分要擦拭。

（9）应用杀菌剂消毒。将消毒剂溶解于水内，在鸭舍冲洗后不潮湿时进行消毒。很多消毒药都是可用的。某些消毒药可能在鸭舍内残留，所以在消毒之后，再用水轻微清洗一下。

（10）熏蒸。如果杀菌剂用甲醛时则不需要这一步骤，或者做第2次消毒时也不需要这一步骤。熏蒸消毒时要紧闭门窗,常用的熏蒸剂是福尔马林。

(11)应用杀虫剂在地与墙的夹缝和柱子的底部涂抹,以保证能杀死进入鸭舍的昆虫。

(12)放进新的垫料。

(13)消毒过的设备重新放入鸭舍。

(14)关闭鸭舍,空闲2～4周,促使残余的病原体死亡。

(15)做好进鸭的准备工作。放料槽、水槽和育雏器等都应准备好,雏鸭在进舍前24～48 h,要求鸭舍温度达到需要的最佳温度。

(16)铲除鸭舍周围20 m以内的杂草,有助于控制昆虫和鼠类动物。

3.鸭群的隔离

养鸭业要得到发展和获得较好的经济效益,必须对鸭进行隔离,这样才能保证鸭的健康和生产效益,否则养鸭将以失败而告终。鸭需要按其年龄、品种和类别分隔开,具体原则如下。

(1)鸭场和鸭舍的隔离。

①鸭场应远离交通要道和居民点,最少要相隔1～2 km。

②鸭场有2栋以上的鸭舍时,则鸭舍之间最少要相隔10 m。

③每栋鸭舍要有单独的饲养员,彼此不能有接触。

④鸭舍内的垫草、鸭粪和其他废料应送往远离鸭舍1 km以外的地方,发酵后作为肥料。

⑤鸭场的周围应栽树,鸭舍的外面要有围墙。

(2)鸭群的隔离。

①鸭需要按群(不同批次的雏鸭不能混养)、年龄(每一鸭舍甚至鸭场只养同龄的鸭)和品种分隔开。

②捕捉散失在鸭舍内外的鸭,驱逐鸭舍内的野鸟。

③鸭舍内不许养观赏鸟、猫和犬等。

（3）坚持生物安全。

①新引进的鸭（雏鸭、幼鸭和小母鸭）移动时要用消过毒的运输工具（如箱、篓和车辆等）。

②服务人员做疫苗接种或因其他原因需要进入鸭舍时，需要穿消毒过的服装、帽子和靴子。

③病、死鸭要正确处理（最好烧掉或埋掉）。

④运送垫料或其他物品的车要消毒。

⑤无关人员不准进入场区和鸭舍，要控制和消灭鸭舍附近的昆虫。

⑥饲养员和其家庭成员应避免同养禽业有关的行业相接触，如屠宰场、孵化场，不要参观其他的鸭和养鸟类等场所。

○ 鸭的饮用水卫生

1. 水的重要性

水对鸭的健康是很重要的，它占鸭体重的 55% ～ 75%（根据年龄而有不同）。鸭蛋中 65% 是水分。鸭体内数种生物学功能是有水参与的，如调节体温、帮助消化、新陈代谢和体内废物的排除等。水也被认为是一种饲料营养成分。水的质量同鸭的健康有密切关系。

2. 鸭饮用水的检查

水是一种溶剂，很多化合物和盐类可以溶解于水中。当水中有害化合物和盐类含量高时则对鸭产生有害的影响，如造成鸭生长不良、发病和死亡。因此，鸭饮用水的质量需要经过检查，只有没被污染的水才能供鸭饮用。污染的水能引起鸭的生产能力下降。

3. 鸭饮用水的消毒

水中含有大肠杆菌时可用氯进行消毒。水中加漂白粉，使水中含氯量达 3 mg/kg 即可。

○ 鸭的疫苗接种

1.疫苗接种

鸭病的综合性防治措施包括预防疫病或减少其严重程度的任何方法。疫苗接种是预防某种疫病较有效的方法之一,这就是我们给鸭接种疫苗的原因。当疫病流行时,接种疫苗的鸭可受到保护而减少损失。

可引起疫病的微生物种类很多。除病毒外,其他的微生物对药物和抗生素都是敏感的。所以,当发生非病毒性疫病流行时可采取治疗措施。病毒对药物和抗生素都有抵抗力,不能有效治疗,对它们的控制必须依靠卫生管理、隔离和疫苗接种来预防。

接种疫苗后,可以产生对该病的抵抗力。当该病流行时,鸭因获得对该病的免疫力而不发病。但有时出现疫苗接种后仍然有发生流行的情况,如果不是疫苗质量方面的问题,则主要是鸭的因素而影响到疫苗反应。影响疫苗反应的因素是很多的,疫苗接种是很难将这些因素都考虑在内的。如果疫苗接种失败,则应重新考虑鸭的因素和疫苗接种程序。

2.疫苗接种后的反应

疫苗接种的鸭必须是健康、活泼和易感的,这样在疫苗接种后才能产生坚强的免疫力。病弱鸭能影响免疫力的发生。鸭群中鸭的健康状态是不一致的,既有完全健康的鸭,也有不活泼的病鸭,所以,当疫苗接种后发生不当的反应,鸭的健康状态是最常见的原因。获得免疫的程度一般是同鸭的健康状态成正比例的。免疫的产生还受一些生物学因素的影响,如年龄、母源抗体、营养、寄生虫和环境卫生等。

(1)年龄。雏鸭从出壳起至成年止,产生免疫的能力是逐渐增加的。低于 5 周龄的幼鸭产生免疫力一般是短期的,在长至较大的年龄时要重新做疫苗接种。一般的鸭场除非有问题时,有些病的疫苗接种最少应延至 5 周龄以上,如早期疫苗接种,也只能产生短期的免疫。因为部分鸭群在迟至 5 周龄后做疫苗接种时,将会遇到这种病的田间流行发生,所以,该病最好在 1～10 日龄时做疫苗接种,然后 7 周龄时再做疫苗接种。

(2)母源抗体。母鸭经过免疫后,其抗体经过鸭蛋而传递至雏鸭体内,一般可持续 2～4 周。在有高水平的母源抗体存在时做疫苗接种,结果将降低疫苗的效力或不产生免疫作用,以后还需要做免疫接种。如鸭病毒性肝炎。

(3)营养。有病的和营养缺乏的鸭不能做疫苗接种。接近营养缺乏的鸭也会加重其疫苗反应。对已知营养缺乏或营养不当的鸭群,应在疫苗接种前加以改正补充,然后再做疫苗接种。

(4)清洁卫生。当鸭饲养在不清洁不卫生的条件下,不断暴露在污秽和随时有病原侵袭中,鸭体的防御机制用于对付这些病原,处于一种疲劳无力的状态,对接种的疫苗不能产生强免疫反应,影响疫苗的效力。所以,在接种疫苗之前,应改善鸭的清洁卫生条件。

(5)疫苗的再次接种。当疫苗再次或多次接种时,往往会较前次接种产生较强的免疫力,产生较多的抗体,并且有较长免疫期。

○ 要达到疫苗接种的预期效果应采取的措施

遵守下述一些要求和原则,可以使疫苗接种达到较好的效果。

(1)一般的疫苗接种计划或免疫程序,疫苗制造厂、鸭病书籍或其他来源提供的,仅是一个参考性指导。通常对这种指导要按鸭场的具体情况而做必要的修改,不能机械地加以执行。

(2)严格的消毒、卫生和隔离措施对获得令人满意的疫苗接种效果是很重要的,疫苗接种不能替代有效的管理。

(3)疫苗接种的雏鸭小于 10 日龄时,不能产生一致或持续的免疫力,甚至没有母源抗体的雏鸭也是如此。

（4）要确实知道场内的病史,所有的病都要有试验室的确诊。

（5）熟悉每种疫苗的优缺点,选择最适合的疫苗。

（6）每种疫苗一定要按其说明书指定的方法去使用。过期的或保存不当的疫苗不能用。

（7）在鸭群的场史图表和说明中,记录全部疫苗接种的日期、厂家的批号和其他必要的资料。

（8）疫苗接种时,鸭舍的温度应适度,过高或过低对鸭都是一种不良刺激,将对免疫反应产生干扰作用。

（9）该地区或鸭场内有鸭瘟、鸭肝炎和鸭巴氏杆菌病的发生则每年都需要用疫苗。

（10）发病的鸭群原则上不能用疫苗。

（11）每只鸭要确实获得恰当的免疫剂量。

○ 搞好孵化室的清洁卫生

孵化室是新出雏鸭可能患传染病的潜在来源。孵化室内疫病的病原体是通过污染的种蛋而引进的。所以,要搞好孵化室的清洁卫生,不仅包括孵化室的技术管理;也包括种鸭群的卫生和管理。它是一项复杂而细致的工作。一些不为人们所注意的事情,往往成为疫病的传染源。如种鸭第 2 年所产的蛋,蛋壳质量下降,微生物易穿透而进入蛋内,成为孵化室内疫病的来源。霉菌病的污染则常由于种蛋和照蛋室的污染空气进入孵化器内而扩散。带进孵化室内的物品或人员偶尔也会成为疫病的来源。为此,要建立一定的卫生管理制度。

1. 工作人员

（1）工作人员进入孵化室内需穿着清洁的工作服,并在消毒水盆内洗手,不许穿工作服外出。

（2）工作人员在孵化室内的往返走动应减至最少次数。

（3）无关人员不准进入孵化区内，进入孵化室内的物品应消毒。

2. 孵化室的建筑

（1）建筑构造。孵化室应是混凝土地面，墙壁和天花板也应是易于清洗的建筑结构，门应紧闭。

（2）通风。种蛋存放室、孵化室和出雏器应有各自的通风口，应防止排除的空气被引进孵化器内。

（3）建立流水线作业。由种蛋室至出雏室建立单一的流水线，避免种蛋室和出雏室工作人员的交互往来。

3. 种蛋

（1）只孵化清洁的种蛋。

（2）不清洁的种蛋在进入冲蛋室之后，要进行洗刷和进行甲醛气熏蒸消毒。

（3）种蛋在进入孵化器之前，保存日期不能超过 8 d。

4. 技术管理

（1）每个种鸭群都要保留健康和生产记录。

（2）每批雏鸭都要保留健康记录。种鸭群的健康和雏鸭的健康密切有关。保留种鸭与雏鸭的记录，任何一方发生疫病时，都要根据记录进行研究。

（3）用新种鸭的当年产蛋周期的蛋进行孵化。老种鸭的蛋壳质量下降，不能用做孵化种蛋。

（4）种鸭群要清洁卫生，保证可提供清洁安全的种蛋。

（5）建立孵化室的清洁卫生管理制度和程序。孵化室内不允许饲养宠物（如猫、犬、鸟等），应消灭苍蝇等昆虫；每批蛋孵化后，要对孵化器和孵化室做清洁卫生和熏蒸处理；孵化室要有清洁卫生制度，定期清洗、消毒和熏蒸，对室内进行微生物监测；种蛋入孵后，在 12 h 内要进行熏蒸消毒；对弱雏和未出壳的雏鸭要进行细菌检查。

❸ 常用消毒剂种类和使用方法

有许多消毒药可用于鸭舍的消毒。现在市场上的一些消毒剂各有其优缺点。如果设备和墙壁的表面是清洁的,任何一种消毒药的效力都将会得到提高。彻底地清洗是首要的,在消毒鸭舍中这是最重要的一步。因鸭舍中鸭粪和垫料内可能有大量病原菌,消毒药附着于粪便表面而失去消毒作用,不能杀死其内部的病原菌,所以,一定要将表面的有机物清洗掉之后,消毒才能有效。

鸭舍需要建立一种管理制度,经常清除粪便、常规清扫和消毒,这将有助于防止病原体在鸭舍内建立疫点,可以预防连续饲养的鸭群发生持续性感染,降低死亡率,提高生产效率。

1.鸭场常用的消毒方法

(1)清洗擦拭消毒。先用扫帚清扫灰尘,再用水冲洗污物,并擦拭干净,可用洗涤剂和消毒剂擦拭。

(2)喷洒消毒。将配制好的消毒剂溶液对鸭舍环境、设备、道路进行喷洒消毒。

(3)熏蒸消毒。将消毒剂经过处理产生杀菌气体以消灭病原体,如福尔马林和过氧乙酸等经加热或加氧化剂时可产生气体。

(4)浸泡消毒。将一些小型设备和用具放在消毒池内,用药液浸泡消毒,如蛋盘、试验器材等。

(5)生物消毒。利用生物学方法消灭病原微生物,如将鸭粪堆积发酵。

2.常用的消毒剂和使用方法

(1)氢氧化钠(苛性钠)。俗称火碱,对细菌、病毒和寄生虫卵都有杀灭作用,常用2%～4%浓度的热溶液来消毒鸭舍、饲料槽、运输用具及车辆等;鸭舍的出入口可用其2%～3%溶液消毒。

(2)氧化钙(生石灰)。一般加水配成10%～20%石灰乳液,涂刷鸭舍的墙壁,寒冷地区常撒在地面或鸭舍出入口做消毒用。石灰可自空气中吸收二氧化碳变成碳酸钙失去作用,所以,应现配现用。

(3)苯酚(石炭酸)。对细菌、真菌和病毒有杀灭作用,对芽孢无作用。常用 2%～5%水溶液消毒污物和鸭舍环境,加入 10%食盐可增强消毒作用。

(4)煤酚(甲酚)。毒性较苯酚小,但其杀菌作用则较苯酚大 3 倍,可是仍难以杀灭芽孢。常用的是 50%煤酚皂溶液(俗称来苏儿),1%～2%溶液用于体表、手和器械的消毒,5%～6%溶液用于鸭舍或污物的消毒。

(5)复合酚(菌毒敌、农乐)。含酚 41%～49%,醋酸 22%～26%,为深红褐色黏稠液体,有臭味。复合酚为新型广谱高效消毒药,可杀灭细菌、真菌和病毒,对寄生虫卵也有杀灭作用。复合酚可用于鸭舍、用具、饲养场地和污物的消毒,常用浓度为 1%溶液;用药 1 次,药效可维持 7 d。

同类产品有农福,含煤焦油酸 39%～43%、醋酸 18.5%～20.5%、十二烷基苯磺酸 23.5%～25.5%,为深褐色液体。鸭舍消毒用 1:(60～100)水溶液,器具、车辆消毒用 1:60 水溶液浸泡。

(6)甲醛溶液(福尔马林)。含甲醛 37%～40%,有刺激性气味,具有广谱杀菌作用,对细菌、真菌、病毒和芽孢等均有效。0.25%～0.5%甲醛溶液可用做鸭舍、用具和器械的喷雾和浸泡消毒。一般用做熏蒸消毒,使用剂量因消毒的对象而不同。使用时要求室温不低于 15℃(最好在 25℃以上),相对湿度在 70%～90%,如湿度不够可在地面洒水及向墙壁喷水。熏蒸消毒用具、种蛋时要在密闭的容器内。种蛋在孵化后 24～96 h 和雏鸭在羽毛干后对甲醛气体的抵抗力较弱,在此期间不要进行熏蒸消毒。种蛋的消毒是在收集之后放在容器内,每立方米用福尔马林 21 mL、高锰酸钾 10.5 g,20 min 后通风换气。孵化器内种蛋的消毒是在孵化后的 12 h 之内进行。关闭机内通风口,福尔马林用量为每立方米 14 mL、高锰酸钾 7 g,20 min 后打开通风口换气。

(7)新洁尔灭(溴苄烷胺)溶液。一般为 10%浓度瓶装,具有杀菌和去污效力,渗透力强,常用于养鸭用具和种蛋的消毒;浸泡器械时应加入 0.5%亚硝酸钠,以防生锈。0.05%~0.1%水溶液用于洗手消毒,0.1%水溶液用于蛋壳的喷雾消毒和种蛋的浸泡消毒。

(8)过氧乙酸。有醋酸气味,是一种广谱杀菌药,对细菌、病毒、霉菌和芽孢都有效;市售商品为 15%~20%溶液,有效期为 6个月,稀释液只能保存 3~7 d,所以,应现配现用。0.3%~0.5%水溶液可用于鸭舍、食槽、墙壁、通道和车辆的喷雾消毒。鸭舍内可带鸭消毒,常用浓度为 0.1%,每立方米用 15 mL。

(9)漂白粉(含氯石灰)。含氯化合物,为次氯酸钙和氢氧化钙的混合物,有效含氯量为 25%,灰白色粉末,有氯气臭味;鸭场内常用于饮水、污水池和下水道等处的消毒。饮水消毒常用量为每立方米水中加 4~8 g 漂白粉,污水池的消毒则为每立方米污水中加 8 g 漂白粉。

(10)高锰酸钾。一种强氧化剂;0.05%~0.2%水溶液常用于饮水罐、水槽和食料槽的消毒。

(11)次氯酸钠。含有效氯量为 14%,溶于水中产生次氯酸,有很强的杀菌作用,可用于鸭舍和各种器具的表面消毒,也可带鸭进行消毒,常用浓度为 0.05%~0.2%。

(12)酒精、碘酒和紫药水等。可用于个别鸭的局部创伤消毒。

3.影响消毒效果的一些因素

(1)消毒剂的选择。应选择有批准文号的消毒剂,选择对要预防的疫病有高效消毒作用的消毒剂。

(2)稀释浓度。要有试验资料证明,所选择的稀释浓度可有效地杀死已知的病原。

（3）应用浓度。要达到有效的消毒效果,表面需要喷洒消毒剂使其表面全湿,每平方米最少需要 300 mL。

（4）被消毒物要彻底地清洗。消毒剂需要接触到病原体才能达到有效的消毒。

（5）所有的消毒剂都需要同病原体有一定的接触时间才能将其杀死。一般需要 30 min。

（6）温度。消毒剂的效力随温度变化而变化,一般温度高时效果好,但有些药品受温度的影响较小。

（7）某些有机物的存在可降低消毒药的效果,应选择有效的消毒剂。

（8）水的质量。所有的消毒剂在硬水中都会受到某种程度的影响,应选择在稀释后对其效力影响最小的水。

第8章　鸭的病毒性传染病的诊断和防治

❶ 鸭瘟

　　鸭瘟是由鸭瘟病毒引起的鸭的急性、热性、败血性传染病。鸭瘟病毒属于α-疱疹病毒,患鸭瘟病鸭的临诊表现为高热稽留,排绿色稀粪,两脚麻痹,流泪和部分病鸭头颈肿大。病理剖检特征是血管损伤,组织出血,消化道黏膜某些特定部位有疹状损害,淋巴样器官出现特异性病变以及实质器官退行性变化。鸭瘟又叫"鸭病毒性肠炎"、"大头瘟"等。

　　1923年,Baudet氏在荷兰首次报道鸭瘟流行。1967年后,本病相继在美国、比利时、印度、法国、英国和加拿大等国家发生。

1957 年,我国广东省首次发现本病,现在我国各养鸭区均有流行。

○ 鸭瘟的流行病学诊断

　　自然条件下只有雁形目的鸭科禽(鸭、鹅和天鹅)对本病有敏感性。不同品种、年龄、性别的鸭均可感染本病。国内有资料指出,常见的绍鸭、绵鸭(大种鸭、苏鸭或娄门鸭)和北京鸭,对鸭瘟的易感性并无显著差异。在病的自然流行中,成鸭,特别是种鸭的发病和死亡较为严重,而 1 月龄以内的雏鸭则少见大批发病。

　　我国的鸭瘟人工感染天鹅、鸳鸯、绿头野鸭能复制出本病,并引起死亡。我国南方地区(如广东、福建等地),鹅也能感染鸭瘟病毒,且发生大批死亡。在四川尚未见这样的流行发生。

　　被病鸭和带毒鸭的分泌物、排泄物污染的饲料、饮水、用具和运输工具等,都是传播鸭瘟的重要因素,而将感染水禽转移到易感禽群或无病原污染的水域会造成新流行的发生,形成新的疫点。某些野生水禽感染后,可能成为传播本病的自然疫源和媒介。另外,鸭瘟的传染过程和速度与鸭群的饲养密度和病鸭与易感鸭之间的传播率关系较大。养鸭密度高的地区本病的扩散速度快,死亡率也高。种鸭通常被圈养于一定的地点范围之内,即使被感染,疫情也不会过大;而肉用鸭群通常随着它们的生长而被转移到以前曾饲养过成鸭的舍中,这样,易感雏鸭进入的是污染的环境时,就会出现一种连续性感染的恶性循环,使疫情不断发生。

　　在实验条件下,鸭瘟可通过口腔、鼻、静脉、皮下、肌肉内和泄殖腔等多种接种途径传播。在病毒血症期间,吸血昆虫是潜在的传播途径。自然流行中发现病鸭泄殖腔中的病毒可进入蛋中。

　　鸭瘟的流行没有明显的季节性,一年四季都可发生,但以春夏之际和秋季流行最为严重,因为此时为鸭群放牧和大量出售季节,饲养量大,接触频繁,容易造成本病的流行。

○ 鸭瘟的临床诊断

自然病例的潜伏期为 3～4 d。病鸭早期最明显的症状是体温急剧升高至 43℃以上，呈稽留热，多数病鸭体温稽留在 43～43.8℃之间达 72～96 h，个别病鸭高达 44℃以上。体温开始升高时，精神、食欲稍差，喜饮水。其后，12～24 h，精神委顿，食欲完全废绝。放牧鸭群，病鸭初显精神稍差，不愿下水，蹲于田坎上，如强迫赶它下水，即漂浮于水面，不游泳、不采食，并挣扎回岸。发病后1～3 d，有的病鸭两脚麻痹乏力，走动困难，严重的卧地不能走动，强迫赶它行走，则见两翅扑地而走，走几步后又蹲于地上。病鸭流泪，眼周围羽毛沾湿，有的分泌物将眼睑粘连。眼结膜充血或小点出血。有浆液性或黏液性鼻漏。在病程中、后期，部分病鸭的头部或头颈部有不同程度肿胀，所以俗称"大头瘟"。在体温升高稽留期间，病鸭下痢，呈草绿色或灰绿色、腥臭，泄殖腔周围羽毛被排泄物玷污。肛门黏膜红肿突起，稍外翻，黏膜上有多少不等的出血斑点，部分病鸭肛门括约肌黏膜与皮肤交界处有辐射状坏死，上覆灰黄色假膜。病程后期，呼吸次数增加，如头部肿胀则有呼吸困难。有的病鸭有鼻塞音或咳嗽。病鸭临死前不久体温下降，极度衰竭，卧地不起，迅速死亡。病程一般为 3～5 d，也有个别拖至一周或一周以上。极少数病例，可康复痊愈。

○ 鸭瘟的病理学诊断

△ 肉眼剖检病变

1. 出血

拔去羽毛之后，可见全身皮肤上散在出血斑点，有的几乎呈弥漫性紫红色，可视黏膜通常都有出血斑点，眼结膜肿胀和充血，均有散在的小出血点，外翻肛门时，可见黏膜潮红，表面散布有出血点，或有黄绿色假膜，不易剥离，部分病例心冠脂肪上有出血点，而心外膜出血较为多见。肝脏有时可见到在一些坏死灶中间有小点状出血或其外围有环状出血带,口腔和食道常见有小点出血,腺胃与肌胃交界处的黏膜出现出血带,肠道呈现出血性急性卡它性肠炎,其中以十二指肠、回盲连接处,结肠及直肠特别严重,肠黏膜显著肿胀,呈弥漫性的深红色。胰腺偶尔见有少量出血点。母鸭特别是产蛋期母鸭的卵巢,病变格外明显,大小卵泡上呈弥漫性出血,有些整个呈暗红色,切开时流出红色、浓稠的卵黄液体。

2. 消化道黏膜表面有假膜

口腔黏膜有黄色假膜覆盖,而食道的病变是鸭瘟特征性的,无论自然发病或人工感染,几乎每只死鸭食道黏膜表面都有一种灰黄色粗糙的假膜出现,多数散在呈斑块结痂或者融合成片,痂块不易剥离。食道黏膜上有时还可见出血性浅在溃疡,大小不一,溃疡表面有时黏附有灰黄色坏死物质。泄殖腔膜病变同样具有特征性,其坏死性病变与食道黏膜相似。

3. 实质性器官的坏死病变

肝脏有针尖大到粟粒或绿豆大、不规则的灰黄色或灰白色坏死灶,少数坏死灶中间有小点出血,或其外有出血环。脾脏并不肿大,少数稍肿大,并可见坏死点。大部分病例的胸腺有大量出血点和黄色病灶区。法氏囊黏膜变成紫红色,上有多量出血点,病程稍久者,法氏囊腔充有干酪样渗出物。

△ **病理组织学病变**

最初的组织学病变发生于血管壁,特别是小静脉和毛细血管,由于管壁内皮遭到破坏,管壁的结缔组织显得疏松、出现分离,血液通过这些部位进入周围组织。而最常发生出血的部位是腺胃的小叶间小静脉,肝小叶边缘的肝小静脉和小门静脉,肺气管管旁空隙毛细血管,肠绒毛内毛细血管和星状的肾小叶内小血管。由于血管损坏,血管周围的组织发生退行性变性、坏死。这种显微镜下的变化可在任何内脏器官中见到,包括无剖检病变的器官。

　　消化道的病变源于黏膜下层乳头或皱褶的毛细血管出血,随后出血扩大、融合,使得紧贴的黏膜层凸起、分离,继面,这出血部位上黏膜发生水肿、坏死,凸起于管腔上,其边缘与周围正常组织脱离而形成此特定病变。

　　肠道环状带中淋巴组织,食道、腺胃括约肌和脾脏的淋巴组织出血。淋巴细胞核破裂和固缩。肠道淋巴组织病变转变成大的出血性梗死,同时出血使得淋巴组织与黏膜分离,黏膜发生凝固性坏死,坏死的黏膜构成一层假膜,高于相邻的正常黏膜。

　　法氏囊黏膜下层和滤泡间毛细血管出血,髓质滤泡中淋巴细胞数量严重缩减,许多只剩下空囊。胸腺滤泡间隙出血,中央髓质的网状细胞发生凝固性坏死。

　　许多实质器官如肝、胰、肾等血管周围有出血并发生局灶性坏死。

○ 鸭瘟的实验室诊断

△ 鸭瘟的病原学诊断

1.病原学特性

　　在自然条件下,此病毒主要是通过消化道、眼、鼻及泄殖腔等途径进入健鸭体内的。本病毒广泛分布于病鸭体内各组织、器官以及口腔分泌物和粪便中,这些地方均含有大量的病毒。其中以肝、脾、脑等组织含毒量较高,1 g组织稀释至 10^{-8} 注射 1 mL,对鸭仍有致病力。球形,大小 120～160 nm,个别直径可达 300 nm,有囊膜。对脂溶剂敏感。为 DNA 病毒。各地报道的鸭瘟病毒没有抗原性差异。

　　病毒经 56℃ 10 min 即被杀灭,一般磺胺类药物和青霉素、链霉素、土霉素和金霉素等抗生素对此病毒均无作用。常用的消毒剂如 75％酒精 5～30 min,0.5％苯酚 60 min,0.5％漂白粉与 5％生石灰 30 min 对鸭瘟病毒杀死作用。

2.病原分离和鉴定

①标本采取。对于可疑鸭瘟病鸭或尸体,用无菌操作打开胸腹腔,采取小块肝、脾,置于密封的无菌冷藏容器中,供病毒分离。从心、肝、脾、肾、食道、肠和环状带或盘、前胃和食管连接部、法氏囊和眼采取供病理组织学检查的组织块。

②病原分离和培养。按常规处理病料后,对 9～14 日龄的鸭胚进行绒毛尿囊膜接种,受感染的鸭胚可能在接种后 4～10 d 死亡,胚胎有典型的病变。如初次分离结果为阴性,可收获绒毛尿囊膜,以便作进一步的盲目传代。

鸭瘟病毒可在鸭胚成纤维细胞和鸡胚细胞培养物中增殖,病毒能致细胞病变和形成蚀斑,受感染的细胞于接种后 24～36 h 形成极小的葡萄状集团,病灶逐渐增大和坏死。

③病毒的鉴定可结合病毒的分离培养,并可用已知血清作中和试验,以便进一步鉴定。

④动物接种。将被检病料按常规操作制成匀浆,然后离心并用抗生素处理以防细菌污染。取上清液接种于来自无特定病原体的鸭群的 1 日龄雏鸭,腿部肌肉注射 0.2 mL,要注意试验鸭的病史清楚,不带有鸭瘟的母原抗体,可于接种后 3～12 d 观察发病情况和病死率,剖检时可见到典型的鸭瘟病变。接种的材料也可用上述的鸭胚绒毛尿囊膜悬液或细胞培养物。

△ 鸭瘟的血清学诊断

1.中和试验

可在鸭胚或在细胞培养物中进行微量滴定中和试验,若用已知病毒测定未知血清时,由于受到强毒株的限制,可使用适应鸡胚的弱毒株来进行。据介绍血清抗体中和指数达 1.75 以上者,表明此鸭曾受鸭瘟强毒感染。

2.酶联免疫吸附试验

本试验用于检测鸭瘟病料中的病毒抗原,在临床症状出现之前便能直接从肝、脾、粪、血中检出病毒,达到早期诊断的目的。

3. Dot-ELISA 检测鸭瘟病毒

应用 Dot-ELISA 检测鸭瘟病毒人工发病雏鸭的粪便,检出率达 87%,实验的重复性达 100%,该法简便、快速、准确、经济。

4. 微量固相放射免疫测定法(Micro-SPRIA)检测鸭瘟病毒

可于人工发病后 48 h 陆续从病鸭、鹅的肝、脾、脑及血清等材料检出鸭瘟病毒,其中肝、脑的检出率为 80%,最高达 100%,该法具有敏感、特异、快速及简便等特点。

5. 琼脂凝胶沉淀试验快速检测鸭瘟病毒

此方法特异性好,敏感性较高。该法不能直接检出鸭瘟病料中的病毒,而鸭瘟病料接种鸭胚后孵化 72 h,取其胚液琼扩反应 24 h,即能 100% 检出其中的鸭瘟病毒,虽然耗时较长,但具有操作方便,易于掌握和要求低等优点,具有较高检出率和特异性。

6. 反向被动血凝试验检测鸭瘟病毒

该试验特异性强,只需 3 h 就可判读结果,操作简便,不需要昂贵设备和试剂,为了诊断目的检出急性鸭瘟病毒来说是足够敏感的。

7. 免疫荧光检测鸭瘟病毒

以纯化的鸭瘟病毒(DPV)或囊膜糖蛋白或皮层蛋白等作为抗原免疫家兔制备兔抗 DPV 血清,用饱和硫酸铵沉淀结合离子交换柱层析提纯兔抗 DPV IgG 建立检测鸭体组织(石蜡切片、冰冻切片、肝脏等组织的触片或图片)上 DPV 抗原免疫荧光法,可特异检测到肝、肺、肾、脑、十二指肠、空肠、回肠、直肠、法氏囊、脾脏、腺胃以及食管中的 DPV,该法可用于 DPV 感染鸭的诊断检测。

8. 免疫组化检测鸭瘟病毒

以纯化的鸭瘟病毒(DPV)或囊膜糖蛋白或皮层蛋白等作为抗原免疫家兔制备兔抗 DPV 血清,用饱和硫酸铵沉淀结合离子交换柱层析提纯兔抗 DPV IgG 建立检测甲醛固定鸭体组织石蜡切片上 DPV 抗原的间接酶免疫组化法,可特异检测到肝、肺、肾、脑、十二指肠、空肠、回肠、直肠、法氏囊、脾脏、腺胃以及食管中的 DPV,该法可用于 DPV 感染鸭的诊断和定位检测,也可用于对甲醛固定组织进行回顾性诊断检测。

△ 鸭瘟的分子生物学诊断

1. PCR 检测鸭瘟病毒

据鸭瘟病毒(DPV)的基因序列设计引物建立 PCR 方法,具有较好特异性。DPV 强毒感染成年鸭 2 h 后即能从脑、肝、脾、法氏囊和胸腺中检出 DPV DNA。12 h 后和死亡鸭的心、肝、脾、肺、肾、十二指肠、直肠、法氏囊、胸腺、胰腺、脑、胸肌、食道、腺胃、血液、舌头、皮肤、骨髓等组织器官和鼻腔分泌物及粪便中均检测到 DPV 的 DNA。可用于临床诊断和流行病学调查。

2. 定量 PCR 检测鸭瘟病毒

郭宇飞等(2006)根据鸭瘟病毒基因组序列建立了定量 PCR 检测鸭瘟病毒的方法,具有灵敏性高、特异性强、重复性好等特点,可用于鸭瘟的诊断和流行病学调查。

3. 原位 PCR 检测鸭瘟病毒

据鸭瘟病毒(DPV)的基因序列设计 PCR 引物和寡核苷酸探针,以 DPV 感染死亡鸭肝脏组织石蜡标本制作切片,经蛋白酶 K 消化、原位 PCR 扩增和生物素标记的寡核苷酸探针原位杂交,建立检测石蜡标本中 DPV 的间接原位 PCR 方法并应用于人工感染 DPV 不同时间的鸭肝脏、DPV 发病鸭的存档蜡块和临床病料检测。

结果表明间接原位 PCR 对 DPV 死亡鸭肝脏的石蜡标本检测结果为阳性,而鸭病毒性肝炎、鸭疫里默氏杆菌病、鸭多杀性巴氏杆菌病、鸭沙门氏菌病和鸭大肠杆菌病死亡鸭肝脏的石蜡标本检测结果为阴性;间接原位 PCR 对人工感染 DEV 后 2、4、6、12、24、

48 和 72 h 不同时间的鸭肝脏检测结果均为阳性,阳性细胞有肝细胞、窦皮细胞和枯否氏细胞,阳性信号多出现于坏死细胞的碎片中或细胞坏死后形成的空泡内及空泡边缘;对存档蜡块、临床病料的检测与病毒分离鉴定吻合率为 100%。该法具有直观、敏感、特异性强的优点,在显示核酸阳性信号的同时,还能判别含有靶序列的细胞类型以及组织细胞的形态结构特征与病理变化。可用于DPV 的诊断、分子流行病学调查、存档蜡块的回顾性诊断和致病机理的研究。

○ 防治措施

鸭瘟目前尚无有效的治疗方法,控制本病依赖于平时的预防措施。预防应从消除传染源、切断传播途径和对易感鸭进行免疫接种等方面着手。

1.不从疫区引进种鸭、鸭苗或种蛋。一定要引进时,必须先了解当地有无疫情,确定无疫情,经过检疫后才能引进。鸭运回后隔离饲养,观察两周。

2.避免接触可能污染的各种用具物品和运载工具,防止健康鸭到鸭瘟流行地区和有野生水禽出没的水域放牧。严格卫生消毒制度,对鸭舍、运动场、饲养管理用具等保持清洁卫生,定期用10%石灰乳和 5%漂白粉消毒。

3.病愈鸭以及人工免疫鸭能获得坚强的免疫力。免疫母鸭可使雏鸭产生被动免疫,但 13 日龄雏鸭体后母源抗体大多迅速消失。对受威胁的鸭群可用鸡胚适应鸭瘟弱毒疫苗进行免疫。20日龄雏鸭开始首免,每只鸭肌肉注射 0.2 mL,5 个月后再免疫接种 1 次即可,种鸭每年接种 2 次,产蛋鸭在停产期接种,一般在 1周内产生免疫力。也可选用鸭瘟鸭病毒性肝炎二联苗,效果很好。范存军等(1990)认为在 15 日龄以前的雏鸭含有母源抗体,此时可采用饮水免疫的方法进行鸭瘟弱毒疫苗免疫,免疫期可达 90 d 以上,从而排出母源抗体对预防接种效果的影响。

4.鸭群一旦发生鸭瘟,必须迅速采取严格封锁、隔离、消毒、毁尸及紧急预防接种等综合性防疫措施。紧急预防接种必须及早进行,各地实践证明,发现鸭瘟就应立即用鸭瘟弱毒疫苗进行紧急接种,一般在接种后一周内死亡显著降低,随后停止发病和死亡。如果时间拖延后再注射疫苗,或者不配合进行严格隔离,消毒等措施,则保护率就很差。同时严格禁止病鸭外调或上市出售,应停止放牧,防止扩大疫情。

5.在发病初期肌肉注射抗鸭瘟高免血清,每鸭注射 0.5 mL,有一定的疗效,聚肌胞也可防治鸭瘟,成年鸭每次肌肉注射 1 mg,3 日 1 次,用药 2～3 次,可收到较好的防治效果。聚肌胞是一种内源性干扰素诱生剂,能够刺激机体本身产生干扰素,从而阻断鸭瘟病毒在鸭体复制,并抑制其增殖,起着抗病毒的作用。

❷ 雏鸭病毒性肝炎

鸭病毒性肝炎(DVH)是由鸭肝炎病毒(DHV)引起雏鸭的一种急性高度致死性的传染病,其特征是发病急、传播迅速、病程短和死亡率高,其临床表现特点为角弓反张。病理变化特征为肝肿大和出血性斑点,是养鸭业的主要威胁之一。

本病最先发生于美国(1950),后来在英国、加拿大、德国、意大利、印度、法国、苏联、匈牙利、日本等国陆续报道了该病的流行情况。在我国是黄均建(1963)报道了上海地区某些鸭场于 1958 年秋和 1962 年春的流行情况。王平等(1980)在北京某些鸭场分离到病毒,此后全国各地陆续有该病发生,造成的损失是巨大的。

近年在我国大陆、中国台湾以及韩国等地发生了传统血清Ⅰ型不能中和或不能完全中和的新型雏鸭病毒性肝炎,使鸭病毒性肝炎的防治形式更加严峻。由于传统血清Ⅰ型鸭肝炎病毒所致的临床症状和病理变化与新型雏鸭病毒性肝炎无法从肉眼进行鉴别,这里主要介绍血清I型鸭肝炎病毒(DHV-1)引起的鸭病毒性肝炎。

○ 鸭病毒性肝炎的流行病学诊断

在自然条件下,病毒性肝炎发生于雏鸭,也偶有雏鹅发病的报道。

成年的种鸭即使在病源污染的环境中也不会发病,并且不影响其产蛋率。相反,感染成年种鸭可产生免疫应答,这种免疫保护作用可通过蛋黄传递给后代,获得母源免疫力。鸡、火鸡、鸽、雉、珍珠鸡、鹌鹑等禽类不是鸭肝炎病毒的自然宿生,自然条件下不引起这些动物发病,但人工感染成功的禽类包括:雏火鸡、雏雉、雏鹅、雏珍珠鸡等。

本病主要通过消化道和呼吸道而发生感染。在野外和舍饲条件下,本病具有极强的传染性,可迅速传播给鸭群中的全部易感雏鸭。无论是在实验条件下还是在自然条件下,本病可明显地发生同居感染。一般来说,本病总是由于从发病场或有发病史的鸭场购入雏鸭(带病毒)而传入一个新的鸭场中,通过外来人员的参观、饲养人员串舍以及污染的用具和车辆等的传播亦属可能。I型鸭肝炎病毒在粪便等物质中可存活数月。

本病的发生没有明显的季节性,一年四季均可发生,但似乎冬春季更易发生。鸭场饲养管理和环境卫生条件等应激因素的影响较大。未施行免疫接种计划的鸭场,发病率可高达100%,死亡率则差别很大,有的不足20%,有的95%以上。一般来说,1周龄内雏鸭死亡率最高,2~4周龄的雏鸭次之,4~5周龄的中雏鸭死亡率较低。5周龄以上鸭基本不发生死亡。

○ 鸭病毒性肝炎的临床诊断

I型鸭肝炎病毒所引起的鸭肝炎症状,其潜伏期为1~2 d。

该病流行过程短促,发作和传播快,一经发现,发病率急剧上升,短期内即可达到高峰,死亡常在 4～5 d 内发生,随即迅速下降以至终止,这是由于潜伏期及病程短,而雏鸭易感性又随日龄的增长而下降所致。雏鸭发病初精神委顿、废食、眼半闭呈昏睡状,以头触地,不久即出现神经症状,运动失调,身体倒向一侧,两脚痉挛踢动,死前头向背部扭曲,呈角弓反张状,两腿伸直向后张开呈特殊姿势。

○ 鸭病毒性肝炎病理学诊断

病毒性肝炎死鸭体况良好、绒毛外观亦较好,喙端和爪尖淤血而呈暗紫色。主要剖检病变在肝脏,表现为肿大、质脆、色暗淡或发黄,表面有大小不等的出血斑点。肝以外器官的表现为,胆囊肿胀呈长卵圆形、内充满胆汁;胆汁呈褐色、淡茶色或淡绿色。脾有时肿大呈斑驳状。多数病例肾肿胀、灰暗色,血管明显,呈暗紫色的树枝状。日龄较大的小鸭可能继发有细菌性败血症的变化,如小鸭传染性浆膜炎、雏鸭沙门氏菌病等。有些病例可能无任何外观变化,诊断时要多剖检一些死鸭。

○ 鸭病毒性肝炎的实验室诊断

△ 病原学诊断

1.病原特性

鸭肝炎病毒为微 RNA 病毒科的成员,历史上曾经将鸭肝炎病毒(DHV)分为三个血清型,即Ⅰ、Ⅱ和Ⅲ型。Ⅰ型在世界各国养鸭的地区多有发生,能抵抗乙醚和氯仿,主要发生于 1～4 周龄雏鸭,死亡率 50%～90%;Ⅱ型主要发生于英国,对乙醚和氯仿敏感,发生于 2～6 周龄雏鸭,死亡率 25%～50%;Ⅲ型主要发生于美国,发生于 2 周龄以内雏鸭,死亡率不超过 30%,3 个血清型之间无抗原相关性,没有交叉保护和交叉中和作用。

近年在我国大陆、中国台湾、韩国等地发生了传统血清Ⅰ型不能中和或不能完全中和的新型雏鸭病毒性肝炎,中国台湾、韩国等地发生的鸭病毒性肝炎分别被一些学者称为"台湾新型"鸭病毒性肝炎、"韩国新型"鸭病毒性肝炎。

随着对鸭肝炎病毒认识的不断深入,人们发现过去对鸭肝炎病毒的分类存在误差。根据国际病毒分类委员会(ICTV)的建议,将血清Ⅰ型、"台湾新型"和"韩国新型"划归一个新成立的病毒属微 RNA 病毒科禽肝病毒属,有学者根据其基因组特征建议血清Ⅰ型、"台湾新型"和"韩国新型"分别称为基因 A、B 和 C 型。

原血清Ⅱ型和Ⅲ型属于星状病毒。

Ⅰ型鸭肝炎病毒对氯仿、乙醚、胰蛋白酶、pH3、30％的甲醇或硫酸铵等都有抵抗力,并具有一定的热稳定性。有报道称,50℃加热 1 h 病毒活性不受影响;56℃加热 1 h 仍可存活;在 37℃条件下可存活 21 d;更有报道称,56℃加热 23 h 才能使该病毒完全失活。在－20℃条件下则可存活 9 a。

Ⅰ型鸭肝炎病毒可在鸭胚、鸡胚、鹅胚中增殖。进行病毒分离时,以非免疫鸭的鸭胚为最好,因为鸡胚有时需盲传几代才出现死亡。

2.病毒分离

无菌取病死鸭肝,常规处理接种 9～11 日龄鸡胚或 10～12 日龄鸭胚,观察 24～124 h 胚体死亡情况,收集死亡胚的尿囊液作为待鉴定病毒分离物。

△ 血清学诊断

1.中和试验

已知阳性血清能中和 DHV-1 致死鸡胚或鸭胚的能力。

2.血清保护试验

用 1～5 日龄易感雏鸭,每只皮下注射 1～2 mL 阳性血清,1～3 d 后用 0.2～0.5 mL 病毒分离物或处理好的病料肌肉注射。

接种 DHV-1 阳性血清的雏鸭保护率 80%～100%,而对照鸭死亡率 50% 以上。以上这两种试验实用、特异性高,但所需时间较长,是目前用于诊断或血清流行病学调查的常规方法。

3. ELISA 检测 DHV-1

应用单抗进行的 ELISA 夹心法,可用于鉴定鸭胚或鸡胚的 DHV 分离物。

4. ELISA 检测 DVH 抗体

应用 ELISA 和间接 ELISA 法检测 DVH 抗体,是一种敏感、快速、准确而简便实用的方法。

5. Dot-ELISA 诊断 DHV-1

应用单抗直接检测病死雏鸭肝、鸭胚及鸡胚尿囊液中 DHV 的斑点试验法,是一种微量、快速、特异、简便的诊断方法。

6. 胶体金免疫电镜技术检测 DHV-1

应用胶体金免疫电镜技术检测了 DHV 强毒和弱毒,具有简便、快速、灵敏、直观等特点,可作为检测 DHV 的常规方法。

7. SPA 协同凝集试验快速检测 DHV-1

应用 SPA 协同凝集试验检测 DHV,具有高度特异性。人工感染强毒致死雏鸭肝脏病料检出率为 100%,QL79 疫苗毒株致死鸡胚尿囊液的检出率为 100%,强毒样品中含毒量需达 $1\,000\,\mathrm{LD}_{50}/0.2\,\mathrm{mL}$(1 日龄雏鸭)时才出现阳性;弱毒疫苗样品中需含 $10\,000\,\mathrm{LD}_{50}/0.2\,\mathrm{mL}$(9 日龄鸡胚)才出现阳性。该法具有特异、简便、快速、敏感等优点,特别适合于临床应用及实践中对疫苗含毒量的检测。

8. 血凝和血凝抑制实验检测 DHV-1

被动血凝试验比中和试验更敏感,与中和试验的结果符合率为 84.6%～90%,可 100% 检出人工感染鸭肝炎的肝悬液。由于非特异性凝血因子影响,以及不同批次制备的红细胞在敏感性和稳定性方面有差异,使该方法的推广应用受到一定限制。

9. RT-PCR 检测 DHV-1

根据 DHV-1 的基因组设计引物建立的 RT-PCR 能检测 DHV-1 RNA,对脾、肺、脑病料的检出率显著高于病毒分离和 Dot-ELISA 的检出率,可快速定性检测 DHV-1。

10. 定量 RT-PCR 检测 DHV-1

敏感性比 RT-PCR 检测高,可快速定性检测 DHV-1。

11. 免疫荧光检测 DHV-1

应用荧光抗体检测感染鸭的肝脏等组织,可快速诊断鸭病毒性肝炎。但其费用较高,对设备有较高的要求,目前在基层应用有较大难度。

12. 免疫组化检测 DHV-1

陈海军等(2007)应用间接免疫酶染色方法于 DHV-1 在感染雏鸭组织细胞中的亚细胞定位研究,可观察到人工感染 DHV-1 抗原主要分布于肝、脾、肾、心、胸腺、腔上囊、胰腺、十二指肠、盲肠、空肠、回肠、直肠组织细胞的细胞质,呈阳性或强阳性反应。

○ 鸭病毒性肝炎的防治措施

本病的防治包含以下几个方面。

1. 主动免疫

(1)弱毒疫苗。DHV-1 在鸡胚多次传代后可失去对雏鸭的致病性却能够保留良好免疫原性,四川农业大学应用该法获得了一株具有良好免疫原性且安全的弱毒株,1~2 日龄雏鸭皮下注射或口服 3 d 后即可产生免疫力,可抵抗强毒攻击。

①种鸭免疫:在收集种蛋前 2~4 周注射疫苗,DHV 抗体经卵传递给雏鸭,雏鸭可获得母源抗体保护,一般免疫期 6 个月,5~6 个月后应考虑进行第二次免疫。

②雏鸭免疫:弱毒苗免疫 1 日龄雏鸭,3~7 d 可产生免疫力,2~7 日龄雏鸭母源抗体可影响免疫效果。

（2）灭活苗。国内外均有研制鸡胚和鸭胚组织灭活油剂苗的报道。但目前生产实践中，一般使用弱毒疫苗。

2.被动免疫

DVH暴发初期，每只鸭皮下注射0.5～1 mL高免血清或高免卵黄液，可有效地控制DVH的蔓延，如遇有沙门氏菌继发或混合感染，则加入2 000～4 000 U/mL庆大霉素等广谱抗生素，则效果更佳。

3.平时其他措施

①本病可用严格隔离的办法预防；②饲喂全价日粮；③实行严格的消毒是预防本病的一项重要措施，在每批鸭苗进入鸭舍前，鸭舍用20%烧碱水喷洒消毒，进出人员采取消毒措施，一旦暴发本病，应立即隔离并对鸭舍彻底消毒。

❸ 鸭坦步苏病毒感染

鸭坦步苏病毒感染是由鸭坦步苏病毒（DTV）引起的主要发生于产蛋鸭的急性传染病，临床表现主要是产蛋下降，临床病理变化主要是卵巢出血和坏死。该病的发病率很高，可达100%，死亡率与饲养管理因素密切，低者1%～2%，高的可达20%～30%。鸭坦步苏病毒感染又称"鸭出血性卵巢炎"、"鸭产蛋下降综合征"、"鸭、鹅脑炎-卵巢炎综合征"等。

2010年，我国浙江、江苏、山东、河北、北京、福建、广东、江西、河南、湖北、安徽等地饲养的产蛋鸭先后发生鸭坦步苏病毒感染，造成巨大经济损失。

○ 鸭坦步苏病毒感染的流行病学诊断

据有关资料记载，鸭坦步苏病毒感染最早于2010年4月发生在浙江，之后江苏、山东、河北、北京、福建、广东、江西、河南、湖北、安徽等地均有发生。不同的饲养管理条件、疾病防治水平,其死亡率差异较大,低者 1‰～2‰,高的可达 20‰～30‰。

很多品种的鸭可感染本病,如北京鸭、樱桃谷鸭、绍兴鸭、缙云麻鸭、山麻鸭、金定鸭、康贝尔鸭、野鸭等都有感染发病的报道。

该病可水平传播,呼吸道感染是本病的重要传播途径。感染和发病鸭群主要以产蛋鸭为主,也有报道称该病可感染雏鸭,发病年龄主要集中在 10～40 日龄。有报道称感染鹅后,该病可出现类似于鸭坦步苏病毒感染的症状和病变。

○ 鸭坦步苏病毒感染的临床诊断

临床上主要表现为采食量突然下降,随之出现产蛋量急速下降,通常在 5～6 d 之内,产蛋率下降至 15% 以下,一些鸭群甚至停产。发病鸭多排黄绿色粪便,趴卧或不愿行走,驱赶时出现共济失调。

雏鸭发病开始表现为采食量下降,排绿色稀粪,后期出现瘫痪以及神经症状。

攻毒后 1～2 d 日平均采食量开始下降,第 3、4、5 天均显著下降(下降 80%),第 6 天采食量恢复至正常采食量的 50% 左右,第 11 天恢复到正常水平;攻毒后第 1、2 天日平均产蛋量未见明显下降,第 3、4、5 天产蛋量明显下降,第 6、7、8 天鸭群停止产蛋,第 9 天鸭群又开始产蛋,第 9～15 天每天产 1 枚,蛋壳色泽发灰无光泽,平均蛋重 75 g,对照组的蛋形和色泽未见异常,平均蛋重 88 g。攻毒后第 1～5 天种蛋的受精率、孵化率与对照组相比均有所降低,但雏鸭的存活和健康状况未见有明显区别。第 36 天日平均产蛋率恢复到 60%,第 39 天日平均产蛋率达到 80%。攻毒后第 4～6 天,鸭群出现一过性反应迟钝,其中 1 只鸭于攻毒后第 6 天出现轻度的腿软或麻痹。

○ 鸭坦步苏病毒感染的病理学诊断

△ 肉眼剖检病变

感染鸭剖检最显著的病变主要见于卵巢,初期可见部分卵泡充血和出血,中后期则可见卵泡严重出血、变性和萎缩。部分鸭可见肝脏轻微肿大,有出血或淤血,胆囊充盈;脾脏肿大;胰脏有轻微的出血或坏死点;严重者出现卵黄性腹膜炎;有少部分鸭输卵管内出现胶冻物或干酪物。

雏鸭剖检可见肝脏出血坏死;少数腺胃有弥漫性出血;脾脏充血、坏死;胰腺出血;脑膜出血,脑组织水肿,呈树枝状充血。

林健等人工感染建立的疾病模型可以观察到攻毒后第 5 天攻毒组均出现一致的明显眼观病变,表现为卵巢变性、变形、充血和出血,第 7 天出现卵黄性腹膜炎,第 9 天出现个别新生卵泡,第 21 天卵巢和输卵管仍然处于萎缩状态,第 34 天尚有未被完全吸收的出血卵泡。睾丸体积缩小,重量减轻,双侧睾丸重约 30 g,输精管萎缩。攻毒后第 5～7 天个别鸭肝脏颜色发青,脾脏和肾脏轻度肿大,脾脏暗红色,脑轻度水肿,其他组织未见明显异常。

△ 病理组织学病变

组织检查可见病鸭卵巢出血,卵泡发育停止、闭锁或崩解,并有大量大小不等的圆形或颗粒状红染小体,充满已崩解的卵泡或间质。

雏鸭可见脑水肿、变性和坏死;肝实质变性、坏死,肝内血管充血,弥散大量单核细胞、浆细胞等炎性细胞。

林健等人工感染建立的疾病模型可以观察到卵泡膜、肝脏、脑和脾脏均有共同的病变;卵泡膜充血,出血,卵泡中充满大量的红细胞,部分病鸭的卵泡膜增厚,网状细胞和淋巴细胞浸润,呈急性出血性卵巢炎;感染后第 5、7 和 9 天肝脏汇管区网状细胞和淋巴细胞渗出与增生,呈间质性肝炎;攻毒后第 7~10 天,大脑血管外膜细胞活化、增生,血液中渗出的淋巴细胞和单核细胞聚集在血管周围形成管套,并出现卫星现象和噬神经元现象,呈非化脓性脑炎;脾脏白髓体积缩小,淋巴细胞数量减少(稀疏)。红髓网状细胞活化增生,静脉窦体积缩小,红细胞数量减少。死亡鸡胚的肝细胞大面最初的组织学病变发生于血管壁,特别是小静脉和毛细血管,由于管壁内皮遭到破坏,管壁的结缔组织显得疏松、出现分离,血液通过这些部位进入周围组织。而最常发生出血的部位是腺胃的小叶间小静脉,肝小叶边缘的肝小静脉和小门静脉,肺气管管旁空隙毛细血管,肠绒毛内毛细血管和星状的肾小叶内小血管。由于血管损坏,血管周围的组织发生退行性变性、坏死。这种显微镜下的变化可在任何内脏器官中见到,包括无剖检病变的器官。

○ 鸭坦步苏病毒感染的实验室诊断

鸭坦步苏病毒感染的主要发生于产蛋鸭群,其临床特征为鸭群突然出现采食下降,随之出现产蛋量急剧下降,剖检感染鸭可见明显的卵泡出血和变性。

临床上导致鸭产蛋下降的原因很多,因此,鸭坦步苏病毒感染的确诊需要开展病毒分离、鉴定等实验室诊断工作。

△ 鸭坦步苏病毒感染的病原学诊断

1. 病原学特性

DTV 具有典型的黄病毒形态,用磷钨酸负染,置电镜下观察,可见大多数病毒粒子呈圆形或椭圆形,病毒粒子大小约 50 nm,有囊膜,主要在感染细胞的胞浆内复制。病毒对氯仿和乙醚敏感。不能凝集鸡、鸭、鹅、鸽等的红细胞。

可以在鸭胚、鸡胚、鹅胚成纤维细胞(DEF)繁殖。DTV 接种可致产生病变(CPE),DEF 对于鸭源胚毒第 1 代就在 48 h 出现CPE。适应 DEF 后的病毒,通常在 36~48 h 产生 CPE,随时间延长,CPE更加明显,表现为细胞折光性增强,细胞变圆以及细胞融合,最终崩解死亡。

2.病原分离和鉴定

①标本采取和处理。可采集感染鸭的脑、卵巢、脾脏和肝脏组织作为分离病毒的材料,将组织材料用灭菌生理盐水制成10%～20%混悬液,反复冻融2～5次后,3 000转离心10 min,取上清过滤除菌,作为病毒分离的材料。

②病原分离和培养。将上述病毒分离的材料经尿囊腔径接种9～12日龄鸭胚或9～10日龄鸡胚,一般经过3～6 d内致死鸭胚体,死亡胚体有明显的出血,部分胚体肝脏可见有坏死灶(第一次接种发生死亡者可盲传1～3代)。

③病毒的鉴定。可结合病毒的分离培养,并可用已知血清作中和试验,以便进一步鉴定。

△ 鸭坦步苏病毒感染的血清学诊断

(1)ELISA。检测鸭坦步苏病毒感染的抗体。利用纯化的DTV作为包被抗原建立检测DTV血清抗体的间接ELISA方法,具有良好的特异性、较高的敏感性,可用于血清流行病学调查。

(2)中和试验。可在鸭胚、鸡胚中进行中和试验,鸭坦步苏病毒能够被相应的血清中和。

△ 鸭坦布苏病毒感染的分子生物学诊断

1.RT-PCR快速检测鸭坦布苏病毒

有学者根据鸭坦布苏病毒E基因序列,建立的RT-PCR可以直接检测感染鸭组织,该方法特异性强、敏感性好。

2.套式RT-PCR快速检测鸭坦布苏病毒

有学者根据鸭坦布苏病毒E基因序列,设计2对重叠引物P1、P2和P3、P4,建立了检测鸭坦布苏病毒的套式RT-PCR方法,该套式RT-PCR比一般PCR敏感性高10倍,具有快速、敏感、特异等优点,可用于鸭坦布苏病毒的流行病学调查及病毒的检测。

○ 防治措施

目前尚无有效疫苗用于鸭坦步苏病毒感染,也无有效的治疗药物。预防该病的发生和流行,关键在于进行良好的消毒、隔离的生物安全措施。鸭群一旦发病,可采取对症治疗,围绕增强鸭体抵抗力采取措施,包括在饮水中添加复合维生素、微量元素等,注意改善饲养环境,降低饲养密度,使鸭舍的温度、湿度和通风保持舒适状态。一般来说,只要措施得当,患病鸭群的采食量可逐渐恢复,产蛋量也可逐渐恢复,恢复得好的鸭群可达到原产蛋量的90%或更高。

❹番鸭细小病毒病

雏番鸭细小病毒病是由雏番鸭细小病毒引起雏番鸭的一种以腹泻和喘气为主要临床症状的急性、败血性传染病,其特点是具有高度传染性和死亡率。患病雏番鸭病变的主要特征是肠道严重发炎,肠黏膜坏死、脱落,肠管肿胀、出血。本病主要危害3周龄以内的雏番鸭,故又称雏番鸭"三周病",可造成雏番鸭大批死亡,即使耐过也成僵鸭。

1985年,我国的福建、广东等饲养番鸭的地区发现了该病的存在,多发生于3周龄以内的雏番鸭,发病率26%~62%,病死率22%~43%,病愈鸭大部分成为僵鸭。给养鸭业造成严重经济损失。

○ 番鸭细小病毒病的流行病学诊断

本病发生无性别差异,但与日龄有密切的负相关性。一般从

4～5 日龄初见发病,10 日龄左右达到高峰,以后逐日减少,20 日龄以后表现为零星发病。随着饲养年限增加,雏鸭发病日龄有延长的趋势,即 30 日龄以上的番鸭,偶也有发病的,但其死亡率较低,往往形成僵鸭。除番鸭外,实验室和自然条件下均未见其他幼龄水禽易感。

本病主要经消化道感染,孵场和带毒鸭是主要传染源。成年番鸭感染此病后不表现任何症状,但能随分泌物、排泄物排出大量病毒污染环境成为重要传染来源,该病也可垂直污染种蛋。带病毒的种蛋传染孵化场,随着工作人员的流动,工具污染等因素造成大面积传播。

本病的发生一般无明显季节性,特别是我国南部地区,常年平均温度较高,湿度较大,易于发生本病。散养的雏番鸭全年均可发病,但集约化养殖场本病主要发生于 9 月份至次年 3 月份,原因是这段时间气温相对较低,育雏室内门窗紧闭,空气流通不畅,污染较为严重,发病率和死亡率均较高;而在夏季,通风较好,发病率一般在 20%～30%。

本病的发病率和死亡率受饲养管理因素的影响较大,实践中,凡是管理适当、消毒严格、通风良好的,种鸭进行免疫接种且防污染控制较好者,本病发生率和死亡率可控制在 30% 以内。管理条件差、育雏室污染严重且通风不良,种鸭未进行免疫者,雏番鸭的发病率和死亡率可达 80% 左右。

○ 番鸭细小病毒病临床诊断

自然感染潜伏期为 4～16 d,最短 2 d。人工感染潜伏期为 21～96 h 不等。症状以消化系统和神经系统功能紊乱为主。根据病程长短,可分为最急性、急性和亚急性三型。

1.最急性型

多发生于出壳后 6 d 以内病雏,其病势凶猛,病程很短,只有数小时。多数病例不表现先驱症状即衰竭,倒地死亡。此型的病雏喙端、泄殖腔、蹼间等变化不明显,偶见羽毛直立、蓬松。临死时,两脚乱划,头颈向一侧扭曲。该型发病率低,约占整个病例的4%~6%。

2.急性型

多发生于7~21日龄,约占整个病例数的90%以上。病雏主要表现为精神委顿、羽毛蓬松、直立、两翅下垂、尾端向下弯曲,两脚无力,懒于走动,不合群,对食物啄而不吃。有不同程度的拉稀现象,排出灰白或淡绿色稀粪,内常混有絮状物,并常黏附于肛门周围。喙端发绀,蹼间及脚趾边有不同程度发绀。呼吸用力,后期常蹲伏于地,张嘴呼吸,临死前两脚麻痹,倒地抽搐,最后衰竭死亡,该型病例无甩头和喜欢饮水现象,鼻孔无黏液流出。病程2~4 d。

3.亚急性型

本型病例较少,往往是由急性型随日龄增加转化而来。主要表现为精神委顿,喜蹲伏,排黄绿色或灰白色稀粪。并黏附于肛门周围。此型死亡率随日龄增加而渐减,幸存者多成僵鸭,该型病例在6周龄鸭中也是极个别发生。

○ 番鸭细小病毒病病理学诊断

最急性型由于病程短,病理变化不明显,只在肠道内出现急性卡他性炎症,并伴有肠黏膜出血,其他内脏无明显病变。

急性型病理变化较典型,呈全身败血现象。肛门周围有大量稀粪黏着,泄殖腔扩张、外翻。心脏变圆,心房扩张,心壁松弛,尤以左心室病变明显,有半数病例心肌呈瓷白色。肝稍肿,呈紫褐色或土色,无明显坏死灶。胆囊显著肿大,胆汁充盈,胆汁呈暗绿色。肾、脾稍肿大。有些胰腺呈淡绿色,还有少量出血点。特征性病变在肠道,十二指肠在肠道前段有多量胆汁渗出,空肠前段及十二指肠后段呈急性卡他性炎症,大量出血点密布于黏膜表面。空肠中后段和回肠前段的黏膜前段的黏膜有不同程度脱落,有的肠壁可见到肌层。回肠中后段可见到外观呈显著膨大的肠带,剖开见有大量炎性渗出物,或内混有脱落的肠黏膜,少数病例中见有假性栓子,即在膨大处内有一小段质地松软的黏稠性聚合物,长度 3～5 cm,呈黄绿色,其组成主要是脱落的黏膜、炎性渗出物及肠内容物混在一起,也有的病例在肠黏膜表面附着有散在的纤维素性凝块,呈黄绿色或暗绿色。未见有真正的栓子形成。两侧盲肠均有不同程度的炎性渗出和出血现象,直肠黏液较多,黏膜有许多出血点,肠管肿大,脑膜无明显病变,个别有散在的出血点。鼻腔、喉头、气管及支气管无黏液渗出。食管、腺胃和肌胃也未见病变。全身脱水较明显。

○ 番鸭细小病毒病的实验室诊断

△ 病原学诊断

1. 病原特性

雏番鸭细小病毒(MPV)能抵抗乙醚、胰蛋白酶、酸和热,但对紫外线辐射敏感。在电镜下病毒呈晶格排列,有实心和空心两种病毒粒子,直径 24～25 nm,无囊膜,正二十面体对称。核酸为单链 DNA。尿囊腔途径接种 11～13 日龄番鸭胚、11～12 日龄麻鸭胚、12～13 日龄鹅胚能够感染并一定程度致死胚体。不感染鸡胚。能适应番鸭胚成纤维细胞(MDEF)、番鸭胚肾细胞(MDEF)生长并形成细胞病变,病毒对鸡、番鸭、麻鸭、鸽、猪等动物红细胞均无凝集作用。

2. 病毒分离

取濒死期雏番鸭的肝、脾、胰腺等组织,尿囊腔接种 11～13 日龄番鸭胚,一般初次分离时胚胎死亡时间为 3～7 d。随着传代代数的增加,胚胎死亡时间稳定在 3～5 d。死胚绒毛尿囊膜增厚,胚胎充血,翅、趾、胸背和头部均有出血点。收集鸭胚尿囊液作为待鉴定病毒。

△ **血清学诊断**

(1)酶联免疫吸附试验(ELISA)、荧光抗体试验(FA)和乳胶凝集试验(LA)均可用于检测番鸭细小病毒。胡奇林等(2000)比较了这三种方法后认为,ELISA、FA 和 LA 检测病鸭组织中病毒抗原均有很强的特异性和检出率,具有快速、操作简便、结果判定直观等优点,其中肝和脾组织是诊断雏番鸭细小病毒病的最佳材料。

(2)微量碘凝集试验(MIAT)检测雏番鸭细小病毒抗体。该法特异性强,敏感性高,所用血清量极少、简便、快速,在室温下1 min 内能显示结果,重复性好,实用可靠。

(3)琼脂免疫扩散试验检测番鸭细小病毒抗体。楼华等(2000)将分离的番鸭细小病毒通过正常发育的番鸭胚传代,分别取不同代次的病毒尿囊液经氯仿、聚乙二醇浓缩处理后制成不同代次的抗原,用琼脂免疫扩散试验检测番鸭血清中的抗体。可用于番鸭细小病毒病流行病学调查、免疫效果检测、母源抗体检测等。

△ **分子生物学诊断**

PCR 检测番鸭细小病毒。楼华等(2000)根据番鸭细小病毒(MDPV)全基因序列非结构蛋白基因序列区段,设计 PCR 引物,能够特异性地扩增 MDPV 约 720 bp 的长度序列,此法可区别MDPV 与鹅细小病毒。

○ **番鸭细小病毒病的防治措施**

1.加强环境控制措施,减少病原污染,增强雏番鸭的抵抗能力

孵坊的一切用具物品、器械等在使用前后应该清洗消毒,购入的孵化用种蛋也要进行甲醛熏蒸消毒,刚出壳的雏鸭应避免与新

购入种蛋接触,育雏室要定期消毒。如孵场已被污染,则应立即停止孵化,待育雏室等全部器械用具彻底消毒后再继续孵化。

2.做好疫苗接种

程由铨等(1994)对番鸭细小病毒进行诱变获得了符合疫苗标准的弱毒疫苗株。据称,该苗对 1 月龄雏鸭接种安全,接种疫苗后 3 d 部分鸭产生免疫,7 d 全部产生免疫,21 d 抗体水平达到高峰。可使雏番鸭成活率由注苗前的 60%~70%提高到 95%左右。

对种番鸭进行免疫是预防本病有效而又经济的方法,种番鸭在产蛋前 2 周免疫番鸭细小病毒疫苗 5~10 头份,在免疫后 4 个月内,后代雏番鸭能抵抗番鸭细小病毒的感染。

3.发病时高免血清的防治

利用鸭等制备免疫血清,收集琼扩效价为 1∶32 以上的鸭血清,用于雏番鸭(5 日龄)预防,可大大地减少发病率,用量为每只雏鸭皮下注射 1 mL。对发病鸭进行治疗时,使用剂量为每只雏鸭皮下注射 3 mL,治愈率可达 70%。

❺ 鸭病毒性肿头出血症

鸭病毒性肿头出血症是由鸭病毒性肿头出血症病毒引起鸭的急性败血性传染病。以鸭头肿胀、眼结膜充血出血、全身皮肤广泛出血、肝脏肿大呈土黄色并伴有出血斑点、体温 43℃以上、排草绿色稀粪等为特征临床,发病率在 50%~100%,死亡率 40%~80%甚至 100%,是严重危害养鸭业的一种新的传染病。

○ 鸭病毒性肿头出血症的流行病学诊断

程安春等(2003)报道了 1998 年四川省温江某种鸭场饲养的 33 周龄 5 000 只天府肉鸭种鸭暴发传染病,这批种鸭在开产前的 18~23 周龄时进行过鸭瘟、鸭病毒性肝炎、巴氏杆菌病和大肠杆菌病等疫苗的免疫,当时由于出现鸭头部肿大流泪的现象,按照鸭瘟进行处理,发病第 3 天对全群尚未出现症状的每只鸭肌肉注射 3 倍剂量的鸭瘟弱毒疫苗,并配合广谱抗菌药物进行治疗,发病率为 100%,流行期达 32 d,发病鸭 100%死亡。采集发病后期鸭血分离血清与禽流感抗原进行琼扩反应呈阴性。到 1999 年秋季,该病在周围地区开始流行,冬季达到高峰,2000 年春季仍然流行,到夏季自然平息,秋季又开始出现,2000 年冬季和 2001 年春季达到高峰,四川省几乎所有养鸭地区、贵州省和云南省养鸭地区发病也有发生,仅 2000 年 12 月至 2001 年 1 月成都市某镇饲养的商品肉鸭和种鸭死亡 700 余万只,造成了严重经济损失。

　　初次发病的鸭场的地区,呈急性暴发,发病率和死亡率常常达 100%,鸭群中突然出现少数病鸭,2~3 d,出现大量病鸭和死亡,4~5 d 死亡达到高峰,病程一般为 4~6 d,再次或反复发生的地区和鸭场,发病率在 50%~90%或以上,死亡率 40%~80%或以上,各种年龄阶段、各品种的鸭均可感染发病,经对四川省 18 个地区、重庆、贵州和云南涉及 300 多万种鸭、5 000 余万只商品肉鸭群的调查,涉及品种有天府肉鸭、奥白星鸭、樱桃谷鸭、北京鸭、四川麻鸭、四川白鸭、建昌鸭、番鸭、野鸭、花边鸭、各种杂交鸭等,最早 3 日龄开始发病,500 日龄仍然有发病的。使用抗菌药物如青霉素、链霉素、黏杆菌素、环丙沙星、氧氟沙星、氟甲砜霉素、二氟沙星、磺胺类药物等或抗病毒药物如病毒唑、金刚烷胺、板蓝根、抗病毒冲剂等进行治疗能够延长疾病的流行期而无有效治疗效果。使用分离毒制备的兔抗超免血清或康复鸭血清对发病鸭群中未出现临床症状的鸭紧急注射可预防疾病的进一步发展,对出现临床症状的鸭可获得 40%~90%的治愈率,而抗鸭瘟、鸭病毒性肝炎、多杀性巴氏杆菌(5:A)、小鹅瘟、番鸭细小病毒、禽流感的超免血清无此紧急预防或治疗效果。

　　岳华、蒋文灿等同期也报道了该病。目前该病仍然时有发生。

○ 鸭病毒性肿头出血症的临床诊断

自然感染潜伏期为 4～6 d，一个鸭场或地区引进病鸭后其他鸭经 4～6 d 开始出现临床症状；人工感染潜伏期为 3～4 d。病鸭初期精神委顿，不愿活动，随着病程发展卧地不起，被毛凌乱无光并沾满污物，不食却大量饮水，腹泻，排出草绿色稀便，呼吸困难，眼睑充血出血并严重肿胀，眼鼻流出浆液性或血性分泌物，所有病鸭头部明显肿胀，体温升高达 43℃ 以上，后期体温下降，迅速死亡。

○ 鸭病毒性肿头出血症的病理学诊断

1. 大体病理变化

各种年龄病死鸭头肿大，眼睑肿胀充血出血，头部皮下充满淡黄色透明浆液性渗出液，全身皮肤广泛出血，消化道和呼吸道出血，肝脏肿大质脆呈土黄色并伴有出血斑点，脾脏肿大，心脏外膜和冠脂肪有少量出血斑点，肺出血、肾肿大出血，肠浆膜面和其他浆膜有出血点，产蛋鸭卵巢严重充血出血。

2. 组织病理学变化

心脏内膜及心肌层中有出血灶，此处心肌纤维断裂，胞质红染，核消失，坏死。肝脏早期肝细胞脂肪变性及颗粒变性，后期局灶性坏死，肝细胞排列松散，胞质红染，核固缩，炎性细胞浸润。脾出血、出现坏死灶及动脉平滑肌变性。肺毛细血管充血，间质水肿增宽，其中有出血灶。肾小静脉淤血、毛细血管充血、肾小管上皮细胞颗粒变性。大脑组织神经元变性坏死，血管间隙增宽。十二指肠黏膜上皮完全脱落，固有膜炎性水肿，残存绒毛固有膜填满肠腔。直肠绒毛固有膜炎性细胞浸润，肠腺细胞核固缩趋于坏死，与基膜分离。

○ 鸭病毒性肿头出血症的实验室诊断

△ 鸭病毒性肿头出血症的病原学诊断

1.病原特性

经流行病学调查、临床症状和病理变化观察、病理组织学检查、病原的分离鉴定、人工感染实验、电镜观察、防治实验等确诊鸭病毒性肿头出血症为一种新病,鸭病毒性肿头出血症病毒初步认为是一种呼肠孤病毒。病毒粒子呈球形或椭圆形,直径约 80 nm,无囊膜,核酸为 RNA,不凝集鸡、鸭、鹅、鸽、黄牛、水牛及猪的红细胞,在 pH 4.0~8.0 稳定,对氯仿有抵抗力,中和实验和交叉保护实验证实与鸭瘟病毒和鸭病毒性肝炎病毒无抗原相关性,琼扩实验证实与番鸭细小病毒禽、流感病毒、鸡传染性法氏囊病病毒、禽病毒性关节炎病毒和鹅副黏病毒无抗原相关性。分离毒经口服、皮下注射、肌肉注射和滴鼻途径感染鸭均能成功复制出与临床病例一致的症状和病变,而不能感染 SPF 鸡(鸡胚)、鹅。

2.病原分离

取典型发病死亡鸭的肝脏、心脏、脾脏、脑组织等,经过常规处理并除菌后,接种鸭胚成纤维细胞,37℃培养。观察 10 d,有病变者作进一步鉴定;无病变者盲传 7 代。出现细胞病变的分离毒,经反复 3 次冻融后 8 000 rpm/30 min,上清液经负染后于 H-600 透射电子显微镜下观察。

3.人工感染鸭实验

60 日龄商品肉鸭 80 只随机分成两组,每组 40 只,试验组每只皮下注射 0.5 mL,对照组皮下注射 0.5 mL 灭菌生理盐水,隔离饲养,观察 30 d。感染鸭出现 90% 死亡,对照鸭存活。

△ 鸭流感的血清学诊断

1.中和实验和交叉保护实验

可利用鸭胚成纤维细胞或易感雏鸭进行。

2.免疫酶组织化学检测鸭病毒性肿头出血症病毒(DSHDV)

李传峰等(2010)以兔抗 DSHDV IgG 作为一抗建立了在石蜡切片中检测 DSHDV 间接免疫酶组织化学法,该具有较高的特异性和敏感性,肌肉注射、滴鼻和口服人工感染鸭后 4 h、12 h 和 24 h 可首先从法氏囊组织中检测阳性信号,随后抗原在多个组织中检出,包括免疫器官、消化腺、消化道、肾脏、心脏、肺脏和气管等。

3.间接 ELISA 检测鸭病毒性肿头出血症抗体

李传峰等(2010)以浓缩纯化的 DSHDV 作为包被抗原,建立了检测 DSHDV 抗体的间接酶联免疫吸附试验(ELISA),具有良好的特异性、稳定性、可重复性和较高的敏感性,可用临床样品 DVSHD 抗体的检测和鸭免疫后抗体水平的评估。

△ **区别诊断**

1.与鸭瘟的区别诊断

多年来人们把头肿大(即"大头瘟")作为诊断临床鸭瘟典型依据之一,在临床诊断和防治中惯性思维把"肿头流泪"不假思索地按照鸭瘟处理,实则二者存在重大区别:鸭瘟病毒属于疱疹病毒,有囊膜,对氯仿敏感;本病近 100％病例出现头肿大,鸭瘟仅有部分病鸭头颈肿大;二者均有消化道黏膜出血病变,但本病缺乏鸭瘟消化道黏膜坏死和纤维索性假膜覆盖等特征性病变;肝脏大体变化与组织学变化具有明显区别,本病缺乏鸭瘟肝脏的灰白色坏死点而呈土黄色肿大质脆并有出血斑点,鸭瘟肝脏的组织学变化有明显的包涵体而本病无;鸭瘟在自然流行中以成年放牧鸭群发病和死亡较为严重,圈养的 1 月龄以下的雏鸭鲜见大批发病,而本病各种年龄段的发病和死亡都很严重,尤以雏鸭更甚。

在生产实践中,值得重视的是本病与鸭瘟混合感染的发生频率较高,特别是在广大农村散养没有进行鸭瘟疫苗免疫的鸭群,应用本实验室建立的聚合酶链反应(PCR)检测鸭瘟病毒的方法确证有 40％是二者的混合感染或流行后期鸭瘟继发感染,其特点是凡是有鸭瘟病毒的混合或继发感染病例都能于食道和直肠观察到坏死灶和黄色纤维素性假膜以及肝脏的灰白色坏死点和组织学光镜下的包涵体,1月龄以下雏鸭死亡后常常能于小肠浆膜面发现4条环状出血带,表明食道和直肠坏死灶、黄色纤维索性假膜和肝脏的灰白色坏死点以及雏鸭小肠环状出血带是鸭瘟具有诊断意义的病变。

2.与鸭病毒性肝炎的区别诊断

本病的肝脏呈土黄色肿大,质脆并有出血斑点,易与鸭病毒性肝炎混淆,但鸭病毒性肝炎病毒属微 RNA 病毒科成员,直径约25 nm,发病具有明显年龄特点(主要侵害 3 周龄以下雏鸭),肝脏的组织学变化表现为坏死、炎性细胞浸润和胆管上皮细胞增生。

3.与禽流感的区别诊断

禽流感病毒可引起鸡、火鸡、鸭和鹌鹑等多种家禽和鸟类发病,属正黏病毒科成员,有囊膜和血凝性;而本病的发病鸭群与鸡群混养时未见发病,流行区域的鸡群也未见禽流感发生,分离的病毒无血凝性且不感染 SPF 鸡胚(雏鸡)、雏鹅等。

○ 鸭病毒性肿头出血症的防治措施

根据本研究和临床实践,常见的广谱抗菌和抗病毒药物对本症无确实的疗效,但由于在一定程度上控制了细菌的继发感染而使得疾病的流行期延长。加强兽医卫生措施和环境的消毒是控制该病发生的不可或缺的有效措施,兔抗超免血清或康复鸭血清对发病鸭群中未出现临床症状的鸭紧急注射可预防疾病的进一步发展,对出现临床症状的鸭可获得 40%～90% 的治愈率。应用病死鸭内脏器官制备组织灭活疫苗和分离毒制备的 1 000 余万羽份油剂灭活疫苗在该病流行地区应用,获得了良好的预防效果。由于组织和油剂灭活疫苗产生有效免疫力常在 15 d 以上,所以在疫情严重地区发病日龄较早的鸭群,常常需要超免血清与灭活疫苗同时使用才能获得良好的预防效果。

❻ 鸭流感病毒感染

鸭流感病毒感染又称鸭流感、鸭流行性感冒,是由 A 型流感病毒引发的各品种鸭的呼吸道感染,高致病毒株往往可致临床上出现呼吸道症状、神经症状、多实质器官出血和病变的综合征,发病和死亡严重。

○ 鸭流感的流行病学诊断

从世界许多国家和地区的患病与无症状感染的鸭群中都曾分离出禽流感病毒。最早是在加拿大发生窦炎的家鸭中分出一种类似新城疫的病毒,后被证明是一种 A 型流感病毒,它曾引起很高的发病率和 25% 死亡率。其后在当时的捷克斯洛伐克发现发病率与死亡率均很高的 A 型流感病毒(H4N4),引起严重的窦炎。在乌克兰的家鸭的窦炎中分离出流感病毒,在英国、意大利、德国、匈牙利、美国和我国的台湾等地都从患有窦炎或呼吸道症状的鸭群中分离到病毒,此外中国香港于 1975 年曾从中国大陆引进的鸭中多次分出 A 型流感病毒(H4N6)但是都没有临床症状。当时的捷克斯洛伐克和英国科学家于 1956 年从家鸭体内首先分离到流感病毒 A/domestic duck/England/56 (H11N6)。接着在 6 年之后,在英国的鸭场中,从患有慢性呼吸道疾病的鸭体内分离到亚型不同的禽流感病毒 A/domestic duck/England/62(H6N2)。1979年,Alexander 等在德国的牧场发病鸭体内分离到 4 株流感病毒,亚型为 H6N2、H4N6、H4N1 和 H3N8。次年,又从该地区的屠宰场的 60 份样品中分离到 31 株流感病毒,亚型分别为 H3N1、H3N2、H3N6、H3N8、H4N2、H4N8 和 H9N8。日本科学家从 1977 年北海

道的病鸭体内分离到两株病毒,分别为 A/duck/Hokkaido/5/77
(H3N2)和 A/budgerigar/Hokkaido/1/77(H4N6)。1972 年,中国
台湾学者谢快乐等人,从台北县肉鸭体内分离到 H8N4 亚型禽流
感病毒。1980 年,中国科研人员从南京鸭加工厂的健康待宰鸭体
内分离到 15 株鸭流感,其中 3 株为 H5 亚型。但这些 H5 亚型毒
株未作毒力试验。20 世纪中叶至 20 世纪末,虽然科学家们从家
鸭体内分离到了许多不同亚型的鸭流感病毒,但是由于其低致病
性没有引起人们的重视,忽略了家鸭在禽流感病毒生态学和流行
病学中的重要地位。1996 年,中国科学家从广东大范围死亡的水
禽体内分离到高致病性的禽流感病毒 A/Goose/Guangdong/1/96
(H5N1)。随后香港地区于 1997 年暴发大量鸟类死亡及人感染
高致病性禽流感 H5N1。1999—2002 年,鸭流感病毒引起各种日
龄的番鸭死亡和蛋鸭出现产蛋量下降及产畸形蛋。随着,高致病
性禽流感对水禽生产养殖危害的加大以及对公共健康卫生的影
响,使得各国科学家更加重视对禽流感病毒的流行情况监控和免
疫防治。

　　近年研究发现禽流感病毒的宿主范围呈现扩大的趋势,不仅
在家禽(鸡、鸭、鹅、火鸡、鸵鸟、鹌鹑等)体内分离到该病毒,在野生
水禽(天鹅、白鹭等)和孔雀等体内也有分离报道。有观点认为,鸭
和野鸭是禽流感病毒最佳的储存宿主,鸭感染禽流感病毒之后不
会出现任何临床症状,但是会向外界环境排出具有感染力强且滴
度很高的禽流感病毒,从而感染其他易感家禽(鸡),最终引起大范
围的发病及死亡。通过大范围流行病学调查发现哺乳动物(猪、马
等)也是禽流感病毒的储存宿主。

　　就传播方式而言,低致病性禽流感病毒(LPAI)主要侵染野生
水禽的肠道组织,从而导致带毒水禽通过肠道排泄物向外界排毒,
使得大量的具有感染力的病毒粒子漂浮在共同觅食的水面。因
此,粪口传播途径为其主要方式,使得病毒能够在易感水禽之间进

行高效的传播。

相对野鸭而言,鹅和某些天鹅种群则更趋向于在农田和牧场觅食,使得鹅和天鹅感染病毒的机会降低,这也是从这两个物种体内分离到的 AIV 亚型较少的原因。

高致病性禽流感(HPAI)一年四季均可发生,但是冬季和春季较多发。HPAIV 也可在呼吸道进行复制,当肠道排泄物传播较困难时,则可能会通过呼吸道途径来传播。虽然呼吸道传播途径并非病毒传播的主要途径,但其在禽流感病毒的生态学中发挥着重要的意义。

本病的感染与传播途径,主要还是通过粪-口途径传播(带毒的粪便污染水源再经口感染鸭),因为不少学者从鸭的泄殖腔很容易分离到流感病毒,并且其分离率比从呼吸道要高,被粪便污染的水塘也可分离到病毒。有些国家从外观健康野生飞翔的水禽的泄殖腔中分离到病毒,而且分离率亦很高。因此认为,它们可能是病毒的携带者以及从甲地传播到乙地的病毒散播者或传染来源。

一般认为禽流感病毒具有很强宿主特异性,易于在种内传播而种间传播较困难。究其原因,科学家们推测种间障碍主要来源于感染不同物种流感病毒的基因结构及受体蛋白构象不同,以及受地理位置和宿主生活特性等因素所影响。

流感病毒在家养水禽中传播的方式较野生水禽简单,主要存在着三种不同的模式:①由于邻近的其他易感家禽(如鸡群)感染高致病性禽流感病毒,则病毒可能通过气溶胶或者共同的水源方式传播到相邻的同种或异种鸭群中;②家养水禽群体中暴发流感,最有可能的感染来源为迁徙性的水禽。由于某些带毒、排毒的野生水禽迁徙过程中,与家养水禽在同一水域觅食或休息,而通过水源或者粪便将病毒传播至家养水禽,引起大规模的发病;③其他易感动物,如猪或者其他水禽,由于国内养殖场规划不规范,存在着某些水禽与猪或者其他动物共同饲养的情况。因此可能使得其他带毒的动物,通过粪便或者水源等方式传播给水禽。

　　到目前为止,大多数的报道称鸭流感病毒的流行为通过水平传播的方式来实现,垂直传播的证据较少。

　　高致病毒株感染商品肉鸭在临床上出现呼吸道症状、神经症状和多实质器官病变的综合征,具有发病率高和死亡率高的特点;高致病毒株也会引起种鸭和蛋鸭产蛋量急剧下降和产畸形蛋的症状,表现为高发病率和较低死亡率。鸡、火鸡、鹅、鹌鹑等家禽及野生鸟类均可感染鸭流感病毒。根据病毒表面的主要抗原蛋白神经氨酸酶蛋白(NA)和血凝素蛋白,可以将禽流感病毒分为 16 种HA 亚型和 10 种 NA 亚型。根据禽流感病毒致病性来分类,分为高致病性禽流感(HPAI)、低致病性禽流感(LPAI)和无致病性禽流感(NPAI)。

○ 鸭流感的临床诊断

　　潜伏期差异变化很大,可由几小时到几天。这取决于感染的毒株毒力强弱、剂量、感染途径或是否有合并症等有关,还与鸭的品种、年龄、外界环境条件等密切相关。针对不同用途和品种的鸭群,禽流感病毒对其危害和表型也各不相同。

△ 急性败血型

　　1996 年,中国地区暴发鸭感染高致病性禽流感病毒之初,感染鸭群大多出现急性败血型死亡,有的鸭群甚至未出现败血症即引发死亡,且该病毒对鸭群感染率和致死率都很高。雏鸭发病率可高达 100%,死亡率也可高达 90%以上;其他日龄鸭发病率达到90%,死亡率达 80%以上。感染 H5N1 亚型禽流感病毒后,病鸭出现咳嗽等呼吸道症状,食欲废绝和拉绿色稀粪,患病鸭迅速消瘦,病程短促。

　　鸭群感染发病 2～3 d 内出现大批死亡,一些病程较急的感染当天出现大批死亡。

△ 脑炎型

近年来在部分地区,鸭群感染高致病性的禽流感病毒之后,以急性及败血型死亡的病例逐渐减少,而神经症状病例明显增加。绝大多数患病鸭精神委靡,拉白色或绿色稀粪,且具有典型的神经症状,如间隙性转圈、转圈后倒地滚动、腹部朝天、两腿划动等神经症状。该脑炎型症状,大多患病率高、死亡率较低。

△ 减蛋型

各种日龄种鸭和蛋鸭感染禽流感病毒后,有 40%～50% 发病率和 30%～40% 死亡率。最初阶段出现轻度的咳嗽或者喘气症状,但是并未影响鸭群食欲、饮水、粪便及精神状况,更无死亡现象发生。经历数天的潜伏期之后,鸭群产蛋量迅速下降,有的鸭群产蛋率由原来的 95% 降至 10% 甚至停蛋,初产期的鸭群患病后则无法达到产蛋高峰,并且伴有小型蛋和畸形蛋的产生。在减蛋期内,小型蛋和畸形蛋仅为正常蛋重量的 1/4～1/2。鸭群康复后一般要 30 d 左右才能恢复较高的产蛋量。

○ 鸭流感的病理学诊断

△ 败血型

患病鸭全身皮肤充血、出血,以喙、头部皮肤和蹼最为明显,呈紫红色。皮下肌肉出现广泛性出血,且脂肪中有散在性出血点。肝脏肿大,质地较脆且有条纹状或斑点状出血。脾脏肿大、出血,偶见灰白色坏死灶或坚硬如石的坏死。心脏冠状脂肪有出血点,心肌有灰白色条纹状坏死,心内膜有刷状或条纹状坏死、出血。腺胃出现乳头状出血,十二指肠黏膜充血,空肠、回肠黏膜有 2～5 cm 环状带。直肠和泄殖腔黏膜常见有弥散性针头大出血点。脑膜充血、出血。胰腺充血和出血,伴有针尖状大小的坏死灶。肾脏肿大,呈花斑状出血。呼吸道(气管环黏膜和肺脏)均有出血现象发生。

△ 脑炎型

患病鸭解剖大体肉眼病变集中在脑和心脏。脑膜充血,脑组织充血,尤其是在不同部分其出血点、大小不一的灰白色坏死灶,小如芝麻绿豆,大如蚕豆。心肌颜色苍白,有块状或条纹状坏死。肺充血、出血,其他内脏器官病变不典型或不明显。

△ 减蛋型

患病鸭主要病变集中在卵巢,较大的卵泡膜充血、出血,有的卵泡萎缩。输卵管蛋白分泌有凝固的蛋清,部分大卵泡破裂于腹腔,但未有不良异味。

○ 鸭流感的实验室诊断

△ 鸭流感的病原学诊断

1.病原特性

(1)基本特征。流感病毒属于正黏病毒科(*family Ortho-myxoviridae*)流感病毒属病毒,为不连续的单股负链 RNA,其基因组包含 8 个片段。禽流感病毒由一层细胞衍生类脂膜包被,其 8 个基因片段至少拥有 11 个开放阅读框(ORFs)编码着病毒的各个蛋白,分别为 PB1、PB2、PA、HA、NP、NA、M、NS 和最近鉴定出的 N40。

电子显微镜下,禽流感病毒粒子的形态特征和结构具有多样性,如人源 H5N1 病毒呈球形、长丝状。研究发现,经过传代培养繁殖的病毒粒子呈球形平均直径为 100 nm 左右,但是有些亚型的流感病毒粒子直径则能达到 300 nm。禽流感病毒由囊膜和内部的核衣壳两部分构成,囊膜表面含有 3 种呈放射状的蛋白纤突,即血凝素蛋白(HA)、神经氨酸酶蛋白(NA)和 2 型基质蛋白(M2)。其中血凝素蛋白呈棒状,神经氨酸酶蛋白呈蘑菇状,而 2

型基质蛋白则是病毒脂质内膜的重要组成部分。病毒粒子核蛋白有一个直径为40～60 nm的电子密度较高的锥状核心蛋白，其基质蛋白(M1)是病毒粒子内部的主要蛋白，形成的基质膜紧贴在类脂双层表面，包围着核衣壳，以维持病毒的结构形态。

禽流感病毒对外界环境抵抗力较弱，如对高温、紫外线、各种消毒药物敏感，外界条件的骤变易导致其丧失感染性；普通消毒药物，如卤素化合物、十二烷基磺酸钠(SDS)、福尔马林等均能使其灭活。流感病毒可在自然环境下，存活较长的时间，对低温抵抗力较强。

(2)血凝素蛋白。血凝素蛋白是构成流感病毒囊膜的主要成分之一。HA由片段4编码，为典型的Ⅰ型糖蛋白。它包含信号肽、胞浆域、跨膜域和胞外域4个结构域。根据对不同亚型毒株HA的氨基酸序列测定分析推测，HA含有562～566个氨基酸组成。从其三级结构来讲，禽流感病毒表面的纤突是三个HA单体聚合在一起形成的三聚体。它分为两部分，一部分是呈球状的头部，含有受体结合位点和抗原决定簇，另一部分为柄，与囊膜相连，长约7.6 nm。禽流感病毒的细胞受体是位于靶细胞膜上的唾液酸糖脂或唾液酸蛋白，其位点呈袋状结构。

血凝素的受体蛋白在宿主特异性上发挥着巨大的作用，比如H1和H3亚型人源季节性流感病毒的血凝素蛋白主要与受体末端为 α-2,6构象的唾液酸残基结合，而该种残基主要集中于人类上呼吸道的支气管上皮细胞。相比而言，鸭流感病毒的血凝素蛋白则更倾向于与 α-2,3构象的唾液酸残基结合，该种构象的残基则主要集中于禽类的肠道组织和下呼吸道上皮细胞表面。有趣的是，猪的气管上皮细胞内同时含有以上两种不同构象的唾液酸残基受体，所以猪被视为人源和禽源流感病毒的混合器。

鸭流感病毒的感染过程是由血凝素蛋白吸附于靶细胞表面的病毒受体介导，然后通过HA2氨基端的作用使得病毒粒子释放于细胞质内。要完成这一过程,HA 必须通过蛋白酶的作用裂解为 HA1 和 HA2。因此,HA 对蛋白酶切割的敏感性直接影响到病毒的毒力作用。如果 HA 易于被切割,则病毒具有较高的致病力。反之,则致病力低。

通过反向遗传和蛋白质生化方面的研究表明,HA 切割位点的结构主要受以下几方面影响:①切割位点插入特殊的碱性氨基酸序列,使其易于切割;②切割位点插入细胞的多肽序列,使其对切割的敏感性增强;③切割位点只含有 1 个 Arg,对切割的敏感性较低,仅能被少数细胞内的蛋白酶切割。

(3)神经氨酸酶蛋白。神经氨酸酶(NA)是一种糖蛋白,其蛋白部分由片段 6 编码。NA 为一种外切糖苷酶,可以从 α-糖苷键除去唾液酸(N-乙酰神经氨酸)。因此,NA 能从病毒和感染的细胞上去除唾液酸残基。这一功能对病毒粒子的释放以及防止病毒粒子聚集是很重要的,且 NA 不直接参与病毒的装配和出芽。病毒囊膜上的 NA 纤突是 NA 单体形成的四聚体,它包括一个盒子状的头部和一个颈部。颈部的主要功能是帮助形成 NA 四聚体,当四聚体形成后,用链霉素蛋白酶可将其颈部切下,而剩余的四聚体头部仍可保持正常的结构,并且抗原性和酶活性都不受影响。研究表明,每个 NA 纤突有 4 个抗原位点,每个位点含有多个抗原决定簇。

(4)A 型流感侵染靶细胞机制。在 A 型流感病毒复制的初期,病毒粒子表面的血凝素蛋白(HA)与靶细胞表面的 α-2,6 或者 α-2,3 两种构象的唾液酸残基结合,当成功结合以后诱发细胞表面受体发生内吞现象,使得病毒粒子成功地进入靶细胞体内。为了使病毒体内的遗传物质能够完全释放于细胞质中,主要是通过蛋白酶来裂解血凝素蛋白实现整个融合的过程。同时,为了使得核糖核酸酶复合物能够完全释放出来,病毒通过酸性物质介导的 M2 离子通道,让病毒粒子内部形成酸性的环境有利于病毒粒子的裂解和遗传物质的充分释放。释放的遗传物质被转运至细胞核内,运用细胞的 RNA 聚合酶进行转录及首先合成病毒负链 RNA [viral RNA(-),vRNA],接着合成病毒正链 RNA(cRNA)用于合成大量的病毒遗传物质;同时,病毒遗传物质也会指导合成一些微小 RNA 用于调控和指导遗传物质的合成。病毒遗传物质指导合成的 mRNA 被转运至细胞质中进行蛋白的合成,然后又将合成的蛋白转运回细胞核内进行 RNP 的装配和修饰。再将成熟的 RNP 蛋白转运至细胞质中,进行 M1 和 NEP 蛋白的装配,而血凝素蛋白、神经氨酸酶蛋白和基质 Ⅱ 型蛋白则是通过高尔基体转运至细胞膜内膜表面进行装配。当成熟的病毒粒子形成后,病毒粒子的释放和出芽主要借助于神经氨酸酶蛋白对细胞表面唾液酸蛋白的破坏来实现。

2.病原分离

咽喉(泄殖腔)棉拭子、气管(肺、气囊等)适于作病毒分离。病料接种 9～11 日龄 SPF 鸡胚尿囊腔,可分离到流感病毒。

△ 鸭流感的血清学诊断

1.血凝和血凝抑制试验

可用于鉴定流感病毒及其亚型和血清流行病学调查。

2.琼脂扩散试验

本试验可用于检测禽类血清中的抗核蛋白抗体,效果较好,但不能分辨病毒的亚型或毒株。通常于 24～48 h 判定结果。

3.病毒中和试验

中和试验的结果与血凝抑制试验的结果相似。

4.其他诊断方法

酶联免疫吸附试验和免疫荧光技术等,也可用于鸭流感的检测。

随着分子生物学技术在病原微生物诊断中的广泛应用,许多不同的核酸扩增及检测技术被用于禽流感病毒的诊断及亚型鉴定，如 RT-PCR 技术、实时荧光定量 PCR 技术、核酸探针技术、NASBA 扩增技术、环介导等温扩增技术和基因芯片技术等。分子生物学诊断方法虽然对实验环境及实验仪器要求相对较高，但是耗时短、敏感性高和特异性等优点有利于其在鸭流感流行病学调查中的广泛运用。

○ 鸭流感的防治措施

该病禽流感灭活疫苗进行免疫预防，具体参见疫苗说明书。

鸭流感主要由野生飞翔的水禽污染了水源，而使家鸭受到感染的，所以圈舍饲养的鸭群比放牧饲养的鸭群更有利于防止疾病的发生。

另外，防治传染病的一般防疫措施也对防治本病的发生有积极的作用，因为该病常继发细菌感染或与其他细菌混合感染，所以应加强饲养管理，保证饲料和饮水的供应，高温季节降温、通风、干燥、寒冷季节注意保暖，以便提高鸭的抵抗力。

一旦发现疑似高致病性禽流感的感染，须立即报告相关主管部门。

❼ 番鸭呼肠孤病毒病

番鸭呼肠孤病毒病是由番鸭呼肠孤病毒引起的主要发生于雏番鸭的一种以软脚为临床特征的急性传染病，其发病率高、致死率高。临床病变特征为肝脏和脾脏肿大、出血并有坏死点，肾脏肿大、出血并有黄色条状斑纹。本病也叫番鸭"白点病"或"花肝病"。

南非于 1950 年报道本病，法国学者 Gaudry 1972 年从患病番鸭中分离到番鸭呼肠孤病毒，此后以色列、意大利、德国等也报道了该病的存在。

1997 年我国福建、广东等番鸭养殖集中地区发生和流行本病,此后广西、河南、江苏、江西和浙江等省(区)相继发生,给番鸭养殖业带来严重的经济损失。

○ 番鸭呼肠孤病毒病的流行病学诊断

自然条件下,本病主要发生于雏番鸭、雏半番鸭,多见于10~25日龄的番鸭,也有小于7日龄、大于50日龄发病的报道。本病可以通过接触传播,一年四季均可发生,但在冬春季节较少见,天气炎热、潮湿时发病率明显升高。本病发病率30%～90%或100%,死亡率60%～95%甚至出现全群死亡,具有发病年龄愈小病死率愈高的特点。患病康复番鸭生长发育受阻。

○ 番鸭呼肠孤病毒病的临床诊断

番鸭呼肠孤病毒病的潜伏期一般为3~11 d,病程长短不一。病雏番鸭临床表现为精神委靡、打堆、软脚或不愿走动或现跛行、头下垂食欲减少或不食,饮水量减少,呼吸困难,排白色或绿色稀粪。濒死雏番常以头部触地,部分鸭头向后扭转。此病发病后5~7 d出现死亡高峰,病程一般为2~14 d,2周龄病番鸭发病很难耐过,耐过鸭往往成为僵鸭。

○ 番鸭呼肠孤病毒病的病理学诊断

△ 肉眼剖检病变

剖检病死雏番鸭,可见肝脏、脾脏、肾脏、胰腺、心脏、腔上囊等有多量坏死点,其中肝脏和脾脏最为明显,简要介绍如下:

肝脏:肝脏肿大、出血,整体褐红色、质脆,表面及实质有大量肉眼可见灰白色、针尖大小的坏死点。

脾脏:脾脏肿大、暗红色,脾表面及实质有灰白色坏死点,部分病例坏死点连成一片而呈现花斑状。

肾脏:肾脏肿大、出血,部分病例有针尖大小的白色坏死点,部分病例有尿酸盐沉积。

胰腺:胰腺有白色小坏死点,部分病例周边坏死点连成一片。

心脏:心外膜、心冠有点状出血。

腔上囊:囊腔内常有胶样或干酪样物。

△ 病理组织学病变

病死番鸭的组织病变以器官局灶性坏死最为显著,坏死灶近圆形,周边有透明空隙与周边组织隔开,形成明显界限,外围有多量吞噬细胞,形成细胞结节;坏死灶中心细胞轮廓消失,胞浆内布满细小颗粒状物,并有大量细胞碎片。

○ 番鸭呼肠孤病毒病的实验室诊断

△ 番鸭呼肠孤病毒病的病原学诊断

1.病原学特性

番鸭呼肠孤病毒是一种 RNA 病毒,病毒粒子呈球形,二十面体对称,无囊膜,双层衣壳结构,外壳直径 75 nm,内核直径 50 nm。对氯仿、乙醚、胰蛋白酶和 50 ℃处理 1 h 不敏感,不凝集豚鼠、鸡、鸭(半番鸭、番鸭、樱桃谷鸭)、鹅、猪、山羊的红细胞,番鸭胚成纤维细胞和鸡胚成纤维细胞接种番鸭呼肠孤病毒能够生长并产生病变。番鸭呼肠孤病毒接种 12～13 日龄的番鸭胚后 2～5 d 可致死鸭胚,其中以卵黄囊接种最为敏感,尿囊膜接种次之,尿囊腔接种最不敏感。死亡胚体出血,尿囊膜混浊增厚,尿囊液清澈。另外,番鸭呼肠孤病毒还可感染半番鸭胚、樱桃谷鸭胚、鹅胚和鸡胚。番鸭呼肠孤病毒与番鸭细小病毒、鹅细小病毒无抗原相关性。

2.病原分离和鉴定

无菌采集有灰白色坏死点的发病死亡雏番鸭的肝、脾匀浆,加 2 000 U/mL 青、链霉素,反复冻融、离心,取上清液除菌处理后接种 12 日龄番鸭胚 5 枚,每胚 0.2～0.2 mL,37 ℃继续孵化,记录接种胚死亡时间,分别收获死亡胚尿囊液,用血清学方法鉴定。

△ 番鸭呼肠孤病毒病的血清学诊断

1. 乳胶凝集试验检测番鸭呼肠孤病毒

吴异健等(2005)用纯化的抗番鸭呼肠孤病毒病抗体致敏乳胶立了检测番鸭呼肠呼病毒的方法,检测人工攻毒雏番鸭粪便,雏番鸭感染病毒后第 3 天直至攻毒鸭全部死亡都可从粪便中检测到病毒抗原。病死鸭脾和肝均为阳性。

2. ELISA 检测番鸭呼肠孤病毒病抗体

耿宏伟等(2006)以番鸭呼肠孤病毒 σNS 表达蛋白为抗原建立检测番鸭呼肠孤病毒病抗体的间接 ELISA 方法,具有良好的特异性和敏感性。

3. 免疫组化法检测番鸭呼肠孤病毒

包汉勋等(2009)建立免疫组化法检测人工感染番鸭呼肠孤病毒的方法,人工感染后 24 h,可从肝脏、肠道、大脑测到阳性;144 h 各脏器均呈强阳性;感染后 204 h,脾脏、肺脏及胸腺的阳性反应强度仍持续。该法可用于病毒抗原定位的研究等。

△ 番鸭呼肠孤病毒病的分子生物学诊断

1. 半套式 RT-PCR 检测番鸭呼肠孤病毒

林锋强等(2007)参考番鸭呼肠孤病毒 S1 基因设计引物建立半套式 RT-PCR 检测番鸭呼肠孤病毒,该方法可特异从番鸭呼肠孤病毒扩增出 300 bp 特异片段,该方法灵敏度高,重复性好。对人工感染和病例与病毒分离方法符合率为 100%,可以用于番鸭呼肠孤病毒病的临床快速检测。

2. TaqMan 探针荧光 RT- PCR 检测番鸭呼肠孤病毒

严进等(2009)根据番鸭呼肠孤病毒 σNS 基因设计引物及 TaqMan 探针,建立了检测番鸭呼肠孤病毒的 TaqMan 探针实时荧光 RT-PCR 检测方法。该法特异性好、灵敏度高(比普通 PCR

至少高 100 倍),对人工感染番鸭肝脏组织检出率达到 100%,可用于快速检测和分子流行病学的调查。

○ 防治措施

目前对该病没有有效的治疗方法,防治措施以预防为主。

1.加强消毒和管理

注意平时需要加强饲养管理,切实做好强消毒工作,保持场地清洁干燥,饲喂营养全面的全价饲料。

2.搞好疫苗免疫接种

陈少莺等(2007)应用番鸭胚成纤维细胞和鸡胚成纤维细胞(CEF)交替传代选育出适应 CEF 繁殖的番鸭呼肠孤病毒弱毒疫苗株。该弱毒株已失去对 1 日龄雏番鸭的致病性,1 日龄雏番鸭免疫后 7 d 攻击番鸭呼肠孤病毒强毒,保护率均在 88% 以上。

❽ 鸭的法氏囊病

多年来人们一直认为鸭对传染性法氏囊病毒(IBDV)是不易感的,后来从鸭血清中发现了抗 IBDV 抗体的存在以及分离到病毒后认为鸭可自然感染法氏囊病毒但并不发病。但近年来的许多报道指出,鸭不但能自然感染法氏囊病毒且可出现临床症状并引起死亡。

○ 鸭法氏囊病流行病学诊断

该病发生于 20~35 日龄雏鸭,目前的报道见于麻鸭、康贝尔鸭和樱桃谷鸭,雏鸭发病多与当地流行鸡法氏囊病有关,而雏鸭与发病鸡群有明显的直接或间接接触,其发病率可高达 100%,死亡率 34.4%~60%。

○ 鸭法氏囊病临床诊断

病鸭初期采食减少,精神委顿,羽毛蓬乱,有些怕冷堆集,呆滞,高热拉稀便,后期卧地不起或站立不动,排白色或黄绿色水样粪便。粪中混有尿酸盐,泄殖腔周围羽毛被粪便污染。有的病鸭从口腔流出多量黏性分泌物,以后逐渐消瘦,最后衰竭而死。病程3~5 d。

○ 鸭法氏囊病病理学诊断

病死鸭胸肌、腿肌有明显出血点,呈斑驳状,有的甚至全腿、全胸肌都出血,腹腔积有多量淡黄色液体。肌胃和腺胃交界处有出血带,腺胃乳头肿胀,整个肠道黏膜均有密集的出血斑点。盲肠扁桃体肿大、出血。心、肝、脾多无异常,但部分病例有肿大、出血。肾脏肿大、出血,肾脏表面及输卵管内有尿酸盐沉积,形成花斑肾。长形的法氏囊外周胶样浸润,肿大 2~3 倍,外形变圆或有的外观呈紫葡萄状,浆膜水肿呈淡黄色胶冻状,切开后可见腔内有黏状渗出物或干酪样物,或有出血或呈紫黑色。发病后期,法氏囊。

○ 鸭法氏囊病的实验室诊断

实验室诊断常包括以下工作:

1.涂片镜检和细菌分离培养

取脾、肝组织直接涂片经革兰氏染色后镜检,不见细菌。用肝、脾组织接种普通培养基后,置 37℃培养,8~24 h 后观察,常无细菌生长。

2.琼脂扩散试验

无菌采发病鸭心血分离血清,与鸡传染性法氏囊病琼扩抗原作琼脂扩散试验,如鸭发生的是传染性法氏囊病则可产生明显的沉淀线。

3. 生物学试验

①取病鸭法氏囊接种鸡胚,可复制出法氏囊病毒感染鸡胚的典型病变。

②取病鸭的法氏囊,称重后加等量生理盐水,剪碎研磨,取混悬液 0.5 mL 经滴鼻感染 25 日龄的鸡,被感染鸡经 48 h 后出现症状,死亡后进行剖检,可出现传染性法氏囊病的特征性病变。

○ 鸭法氏囊病防治措施

由于该病的发生不是普通的,所以在该病的防治措施上尚无丰富的资料。但由于鸭感染传染性法氏囊病毒可能与外界环境中 IBDV 的大量存在以及 IBDV 在鸡鸭之间交替传代有关,所以加强环境消毒,避免鸡鸭混养,尽量减少鸡和鸭的直接和间接接触的机会,这样有利于防止鸭传染性法氏囊病的发生。

鸭子一旦发生传染性法氏囊病后,就停止外出放牧,由于传染性法氏囊病毒抵抗力强,在患病鸭舍内的病毒可较长时间存在,对鸭舍周围环境及用具用 5%～10% 漂白粉、0.3% 过氧乙酸或 5% 福尔马林进行严格消毒,也可用 1%～2% 氢氧化钠对饮水器及料槽等进行浸泡。

加强饲养管理,注意鸭舍的温度和通风,在饲料中增加维生素含量,饮水中加入适量的葡萄糖,同时对病鸭每只肌肉注射鸡传染性法氏囊病高免卵黄液 1.5 mL,往往具有显著疗效,特别是发病早期,其治愈率很高,可达 100%。

❾ 鸭腺病毒感染

人们用血凝抑制试验,发现了鸭群感染减蛋综合征(EDS$_{76}$)病毒的比例很高,阳性率很高,从而推断鸭是 EDS$_{76}$ 病毒的天然宿主。Calnek(1978)曾用血凝抑制(HI)试验检查了不同来源的 9

群 85 只 8～25 月龄的北京鸭血清,结果证明所有被检血清都有不同滴度的特异抗体。郭玉璞(1984)在美国用间接荧光抗体法与 HI 试验检查了纽约州长岛 3 个鸭场采集的成年产蛋鸭血清 30 份,结果有 28 份阳性。Badstue,P. B(1978)、Bartha,A. J. (1982)、Firth,G. A. (1981)、Lu,Y. S. (1985,台湾)、Malkinson,M. (1980)、Schloer,G. M. (1980)等发现家鸭中普遍存在抗体,于红鸭、环纹颈鸭、森林鸭、浅黄色头鸭、较小的斑背潜鸭、秋沙鸭、赤膀鸭和番鸭中发现有 EDS_{76} 抗体的存在。郑厚旌等(1994)对郑州地区 9 个鸭场鸭群进行 EDS_{76} HI 抗体检测发现阳性率为 66%～100%。程安春等(1994)对四川地区的麻鸭、建昌鸭、樱桃谷鸭、天府肉鸭、奥白星鸭的血清进行 EDS_{76} HI 抗体的检测,发现阳性率为 43.3%～44.9%,可见鸭群感染 EDS_{76} 病毒是相当普遍的。

　　从现有资料看,鸭感染 EDS_{76} 病毒是普遍的,该病毒引起鸭群产蛋下降和蛋质量降低需要一定条件的。Bartha,A(1984)从表现产蛋下降和严重腹泻的鸭中分离到 EDS_{76} 病毒,但未见薄壳蛋或软壳蛋而有畸形蛋。Liu,M. R. S(1986)认为 EDS_{76} 病毒在鸭中可引起产蛋下降和蛋壳变粗变薄。徐镔蕊等(1994)报道了一起鸭感染腺病毒引起产蛋量下降 50%～60%,病鸭产出软壳蛋、畸形蛋、小个子蛋,有的蛋清稀薄如水样,病鸭很少有死亡,发病鸭群 EDS_{76} HI 抗体滴度为 1∶128～1∶512,用 EDS_{76} 油乳剂灭活苗紧急接种有效,产蛋量逐渐恢复接近正常水平。程安春报道(1996)樱桃谷鸭种鸭感染腺病毒可引起种鸭产蛋率由 80%降到 15%,引起严重经济损失。

　　舒刚等(2003)报道某樱桃谷鸭 250 日龄左右场产蛋鸭产蛋率由 88%～94%突然下降至 50%～60%,发病鸭血清 EDS_{76} 凝抑制抗体效价达 1∶(64～256),产出软壳蛋或畸形蛋,诊断为鸭腺病毒感染,采取了如下措施:①加强对鸭舍、用具、运动场、饮水等进行消毒,集蛋筐应放在固定的消毒桶内消毒,阳光下暴晒 2 h 以上；②紧急接种鸭传染性减蛋症疫苗；③全群投服左旋氧氟沙星10 mg/kg 饲料；④中药拌料，其主要成分：虎杖、地榆、丹参、川芎、山楂、大云、罗勒、丁香等，研成末，按 1‰量拌饲料治疗 5 d。结果鸭群在注苗后第 17 天产蛋率开始明显回升，到注苗第 25 天鸭产蛋率恢复至接近正常水平。

总之，鸭感染 EDS_{76} 腺病毒的现象非常普遍，并在一定条件下才出现发病，对种鸭的危害尤其严重。

对该病的预防，可使用鸭腺病毒制备灭活疫苗于种鸭开产前10～15 d 注射 0.5 mL，具有良好的预防效果。

❿ 鸭冠状病毒感染

我国 1989 年有学者在国内外首次报道了冠状病毒引起鸭急性腹泻，由于其具有重要经济意义，现简要介绍如下。

○ 鸭冠状病毒感染的流行病学及临床诊断

发病鸭以 20 日龄左右为多，发病 1～2 d 后出现死亡高峰，持续 1～2 d，死亡率几乎可达 100%。鸭发病急，发病初期采食量减少，不爱运动，精神委靡，稀便，进而拒食，闭眼昏睡，缩头，凸背，畏寒怕冷，打堆，腹泻，粪便呈白色或黄绿色。濒死前，嘴壳由淡黄变淡紫色，部分鸭嘴壳上皮脱落，出现破溃（俗称烂嘴壳），眼有黏性分泌物，部分病鸭出现神经症状，脚向后伸直，头颈向后弯曲，呈现出星状姿态。病鸭怕骚动，不予捉摸，尚可存活一段时间，驱赶后很快死亡。

○ 鸭冠状病毒感染的病理学诊断

突出病变表现在肠道，尤以十二指肠段病变更为明显，表现为十二指肠段肠系膜血管扩张、充血并有出血点，十二指肠充血、出血、水肿明显,整个十二指肠外观呈红色、紫色或紫红色,管腔变窄并充满黏性或血性内容物,肠黏膜呈深红色,绒毛脱落,肠壁形成溃疡。盲肠盲端部黏膜见有斑状或条状的白色附着物,刀刮有硬感,直肠段充血、水肿,泄殖腔也呈现不同程度充血和水肿变化,但都没有十二指肠段严重。

其他脏器无明显病变,主要是咽喉黏液增多并黏稠,上皮脱落。肺脏、气囊无病变,心无明显病变,食道、气管正常,少数鸭的胸腺有点状出血,肝无明显肿大,但胆囊肿大,胆汁充溢呈黑绿色。肾脏未见异常。腺胃、肌胃未见出血。

○ 鸭冠状病毒感染的实验室诊断

1. 直接电镜观察

取十二指肠内黏性分泌物及泄殖腔内粪液,适当处理后,于电镜下可观察到典型冠状病毒粒子:病毒粒子内有一电子密度较一致的核心,直径 70~140 nm,外有囊膜,囊膜外面有许多突起,长度 20 nm 左右,排列规则,颇似日晕。

2. 免疫电镜诊断

将鸭冠状病毒(DCV)经初步提纯后,感染鸭制备高免血清,然后用于免疫电镜诊断,可大大提高检出率。

3. 动物试验

取病死鸭十二指肠内黏性分泌物,以原液或 1∶5 稀释液口服 18~20 日龄健康雏鸭,第 4 天开始发病,出现明显腹泻。

○ 鸭冠状病毒感染的防治措施

由于关于本病的报道罕见,是发病不常见还是未被人们普遍认识,尚未清楚,因为导致鸭腹泻的原因是很多的。在实践中可试用传染病的一般防治措施。

第9章 鸭细菌性传染病的
诊断和防治

❶ 鸭巴氏杆菌病

　　鸭巴氏杆菌病是由多杀性巴氏杆菌引起的鸭急性、败血性、接触性传染病,具有高度的发病率和死亡率。其病理变化特征主要是浆膜和黏膜上有小点出血,肝脏有大量坏死病灶。慢性型主要表现为关节炎。本病又称鸭霍乱或鸭出血性败血症。

○ 鸭巴氏杆菌病的流行病学诊断

各种家禽包括鸡、鸭、鹅、鸽、火鸡等都对多杀性巴氏杆菌有易感性,野禽中的野鸭、海鸥、天鹅和飞鸟都能感染。

生产中,鸭、鹅、鸡最为易感,且多表现为急性经过,鸭群中发病多呈流行性。

本病的传染源为病鸭、带菌鸭以及其他带菌的禽类。病禽的排泄物污染饲料、饮水,经消化道而传染。亦可经病禽的咳嗽、鼻腔分泌物排出细菌,通过飞沫进入呼吸道而传染。本病也可经损伤的皮肤而传染。鸭巴氏杆菌病病死鸭污染的池塘、湖泊、水洼、沟渠等放牧鸭群、运输工具、野生鸟类或动物等都可能成为传播本病的媒介。

内源性传染是本病一种情况,许多正常健康鸭可携带多杀性巴氏杆菌,一些不利的应激因素如长途运输、饲养管理发生突然改变、环境卫生条件太差等可使鸭抵抗力减低而暴发本病。

本病的流行无明显的季节性,由于各地气候条件不同,有的地区以春、秋两季发病较多,有的多发生于秋冬,如在我国的南方,本病发生在炎热的 7～9 月份。此时为小鸭的生产旺季,鸭群多,数量大,而且多为幼龄小鸭,加上气温高、雨量多、气候骤变,以及饲养管理不良等因素,常促进本病的发生与流行。

各种日龄的鸭均可发病,通常情况下以 1 月龄以内的鸭发病率更高,可在几天内大批发病死亡。青年鸭、成年种鸭以散发为主。

○ 鸭巴氏杆菌病的临床诊断

本病的潜伏期为 12 h 至 3 d。按病程长短可分为最急性、急性和慢性三型。

1.最急性型

常见于流行初期,无明显可见症状,常在吃食时或吃食后,突然倒地,迅速死亡。有的种鸭在放牧中突然死亡。

2.急性型

病鸭精神委顿,不愿下水游泳,即使下水,行动缓慢,常落于鸭群的后面或独蹲一隅,不愿行动。羽毛松乱并且易被水沾湿,体温42.3～43℃,食欲减少或不食,口渴。嗉囊内积食或积液,将病鸭倒提时,有大量恶臭污秽液体从口和鼻流出。病鸭咳嗽、打喷嚏、呼吸加快,常有张口呼吸,并常摇头,企图排出积在喉头的黏液,故有"摇头瘟"之称。病鸭排出腥臭的白色或铜绿色的稀粪,少数病鸭粪中混有血液。还有些病鸭两脚发生瘫痪,不能行走,常在1～3 d内死亡。

3.慢性型

在病的流行过程中,常遗留部分慢性病例。占发病总数的2%～10%。病鸭消瘦,一侧或两侧局部关节肿胀,局部发热、疼痛、行走困难、跛行或完全不能行走,穿刺时见有暗红色液体,时间较久则局部变硬,切开见有干酪样坏死或机化。慢性型病例亦有转为急性而死亡。

○ 鸭巴氏杆菌病的病理学诊断

病死鸭尸僵完全,皮肤上有少数散在的出血斑点。

解剖可见心包液增多,呈透明橙黄色,部分病例内含纤维素凝集形成的絮片。心外膜、心耳、心冠有弥漫性出血斑点。

全身浆膜往往可以看到许多出血斑点。

肝脏略肿大,呈黏土色,质度柔软,易碎裂,表面有针尖大出血点,肝脏发生脂肪变性致表面往往布满针尖大小灰白色坏死灶。胆囊充盈、肿大。肠道以十二指肠和大肠黏膜充血和出血最严重并有轻度卡他性炎症,小肠后段和盲肠较轻。

雏鸭为多发性关节炎,关节囊增厚,内含有暗红色、混浊的黏稠液体,有坏死灶。

○ 鸭巴氏杆菌病的实验室诊断

1. 直接镜检

血液作推片,其他脏器等剖面作涂片各若干片,一些片子用甲醇固定作革兰氏染色,另一些片子作瑞氏染色或碱性美蓝液染色,如发现大量的革兰氏染色阴性、两端钝圆、中央微凸的短小杆菌,即可作出初步诊断。

本菌为无鞭毛,不能运动,不产生芽孢,能形成荚膜。用瑞氏或美蓝染色镜检,菌体多呈卵圆形,两端着色深,中央着色浅,似并列两个球菌,故有两极杆菌之称。标本涂片用印度墨汁等染料染色,可见清晰的荚膜。

2. 分离培养

最好有麦康凯琼脂和血液琼脂平板同时进行分离培养,本菌在麦康凯琼脂上不生长,而在血液琼脂平板上生长,培养 24 h 后,可长成淡灰白色、圆形、湿润、不溶血的露珠样小菌落。涂片染色镜检,为革兰氏阴性小杆菌,需再进一步做生化试验鉴定。

3. 生化反应

本菌在 48 h 内可分解葡萄糖、果糖、单糖、蔗糖和甘露醇等,产酸不产气,一般的乳糖、鼠李糖、菊糖、水杨苷和肌醇等不发酵。可产生硫化氢和氨,能形成靛基质,MR 和 VP 试验均为阴性。接触酶和氧化酶均为阳性。石蕊牛乳无变化。不液化明胶。

4. 动物试验

①小白鼠致病性试验:取标本在灭菌乳钵中加生理盐水 1∶10 制成乳剂。如作纯培养的毒力鉴定,用 4% 血清肉汤 24 h 培养液或取血平板上菌落制成生理盐水菌液皮下或腹腔接种小白鼠 2～4 只,每只 0.2 mL。强毒株在 10 h 左右可致死,一般在

24～72 h 死亡,死亡小鼠呼吸道及消化道黏膜有出血小点,脾脏常不肿大,肝脏常充血、肿大和坏死灶;取心血及肝脏涂片染色镜检,见大量两极浓染的细菌,即可确诊。有人介绍作皮内或皮下接种 20 h 后,从局部抽出组织液作检查,可缩短时间提早诊断。

②雏鸭致病性试验:将分离菌株感染 10～20 日龄雏鸭,强毒株在 10 h 左右可致死雏鸭,死亡雏鸭剖检可见肝脏表面散布有大量灰白色、针头大小的坏死灶;十二指肠呈卡他性和出血性肠炎,肠内容物含有血液。染色镜检肝脏可见革兰氏阴性短小杆菌,美蓝和瑞氏染色均见两极浓染。

5.血清学检查

血清学检查对急性病鸭没有多大实际意义,而对慢性病鸭都有一定的意义。目前较常用的是琼脂扩散试验。

6.PCR 检测鸭巴氏杆菌

可参照巴氏杆菌荚膜血清特异性基因 hyaD-hyaC、bcbD、dcbF、ecbJ 和 fcbD 合成引物,扩增荚膜血清型特异性基因,能够对巴氏杆菌进行荚膜分型。该方法特异、快速。

○ 鸭巴氏杆菌病的防治措施

△ 治疗

多种药物都可用于本病的治疗,并且都有不同程度的治疗效果,疗效的大小在一定程度上取决于治疗是否及时、药物是否恰当。任何一种药物,长期服用后都会使细菌产生抗药性,影响到治疗效果,所以在开始治疗之前,应从死鸡中分离出病菌进行药敏试验,筛选一种最佳的药物用于治疗。

1.抗生素

许多抗生素可用于治疗本病,如用于肌肉注射时:链霉素每千克体重 2 万～3 万 μg,每天注射 1～2 次,连用 2 d;金霉素每千克体重 40 mg,每天注射 1 次,连用 2 d。

按上述剂量和疗程用药,若无抗药性都可收到满意的效果,但捉鸭和注射较麻烦。若将金霉素、土霉素按 0.1% 量混在饲料中喂给,连用 3～5 d,也可收到满意的治疗效果。青霉素和链霉素混在饲料中喂给则无效。

2. 磺胺类药物

磺胺二甲基嘧啶、磺胺二甲基嘧啶钠等混在饲料中用量为 0.1%～0.2%,混在水中用量为 0.04%～0.1%,连喂 2～3 d,有良好疗效。磺胺嘧啶和磺胺噻唑的疗效则差些。大剂量(0.5%)的磺胺连用 3 d 以上则有毒性作用,影响鸭的食欲,随后将发生肉鸭增重慢,蛋鸭产蛋量下降等。磺胺类药物若同增效剂混用(按5∶1混合),则可降低磺胺用量为 0.025%,可服用较长时间。

任何一种药物都不能长期应用,长期应用则疗效降低,需要不断地增加药物用量,这将使生产成本增加,同时可能引起鸭中毒而导致生产性能下降和死亡。因此需经常更换治疗药物,更换某种药物之前,需作药敏试验,以选择一种疗效较高的药物。药物治疗常是不彻底的,往往在停止用药后,鸭又发病。因此,在对病鸭群治疗的同时,死鸭与粪便要及时清除,鸭舍、运动场及用具要彻底消毒,每天都应进行 1 次消毒,直至疫情得到控制为止。

此外,红霉素、庆大霉素、喹诺酮类药物(如氟哌酸、环丙沙星等)均有较好疗效。

△ **预防**

可选用鸭巴氏杆菌 A 苗,菌株来源于鸭子,针对性强,免疫鸭后可产生 4～4.5 个月的免疫力,效果良好。一个免疫剂量为 2 mL,根据临床使用结果认为,这 2 mL 隔 1 周分成 2 次注射,效果更好些,同时应注意搞好鸭舍环境的清洁卫生和消毒工作。

另外,禽霍乱蜂胶疫苗具有安全可靠、易于注射、不影响产蛋、无毒副作用等特点,鸡、鸭、鹅 1 月龄后每只肌肉注射 1 mL,每年免疫 1～2 次。

❷ 鸭传染性浆膜炎

　　鸭传染性浆膜炎是由鸭疫里默氏杆菌引起的鸭的一种接触性、急性或慢性、败血性的传染病，主要侵害1～8周龄的小鸭，病的特征为纤维素性心包炎、肝周炎、气囊炎、干酪性输卵管炎、关节炎及麻痹。此病是造成小鸭死亡最严重的传染病之一。

　　本病病原最早于1904年分离自鹅，1932年在美报道引起鸭群发病，至今世界各养鸭地区几乎都有流行。本病自从郭玉璞(1982)首次报道北京发生鸭传染性浆膜炎后，在广东、黑龙江、湖北、上海、广西、海南、四川、浙江、江苏等地养鸭地区也先后有本病发生的报道。

　　本病在易感雏鸭群中的发病率和死亡率都很高，常引起小鸭大批死亡以及导致鸭的发育迟缓，是危害养鸭业的主要传染病之一，常常造成严重经济损失。

○ 鸭传染性浆膜炎的流行病学诊断

　　1～8周龄的鸭对自然感染都易感，但尤以2～3周龄的小鸭最易感，一般常发病的鸭群中1周龄以内的幼鸭很少有发病者，原因可能是有母源抗体的影响，8周龄以上者亦很少见。近年鸭传染性浆膜炎发病年龄有向两极化（年龄进一步降低和进一步增高的趋势）。

　　本病在感染群中的污染率很高，有时可达90%以上。本病一年四季都可发生，但以冬、春季节更为严重。由于育雏室饲养密度过大，空气不流通，潮湿，卫生条件不好，饲养粗放，饲料中缺乏维生素与微量元素以及蛋白水平过低等，均易造成疾病的发生与传播。地面育雏也可因垫草潮湿不洁，污染了细菌，反复使用，一旦小鸭脚掌擦伤则亦可感染。

　　鸭传染性浆膜炎的发生和流行与应激因素有着密切的关系。据报道,被本菌感染而没有应激的鸭通常不表现临诊症状,幼鸭在育雏室移至鸭舍饲养后,由于受寒冷、环境温度剧变、淋雨等应激导致本病的暴发。同时,如果有其他疾病的存在或并发感染常能诱发和加剧本病的发生和死亡。常并发的有鸭大肠杆菌病,有时也有沙门氏杆菌病、葡萄球菌病和雏鸭病毒性肝炎等。

　　本病主要感染鸭,外来品种鸭常较本地品种鸭的易感性稍高,小鹅也可感染发病。还有报道认为可从火鸡、雉野水禽、鹌鹑及鸡中分离到本病原菌。死亡率受饲养管理、卫生条件及其他应激因素的影响差异很大,从 1%～80% 或 90% 不等,一般为 10%～20%。

　　本病可以通过污染的饲料、饮水、飞沫、尘土等经呼吸道、消化道和损伤的皮肤等途径传播。取上述途径的人工感染试验可成功地复制此病。另外,一般认为本病也可经蛋垂直传播。据资料记载,广东地区某鸭场场地原来并无此病存在,但在引进外来种蛋后约半年就陆续发生此病,而提供这个场种蛋的澳大利亚和北京地区都有本病流行,因此,这个场发病可能与澳大利亚和北京地区的鸭病有关,即此病可能通过鸭胚或雏鸭进行垂直传播,然而还没有从死胚和 1 日龄雏鸭卵黄囊中分离到鸭疫里默氏杆菌。

　　该病常表现明显的"疫点"特征。一般本病较为严重的鸭场,其周围的鸭场也多有此病流行。

○ 鸭传染性浆膜炎的临床诊断

根据病程长短可分为最急性型、急性型、亚急性或慢性型。

1.最急性型

患鸭往往看不到任何明显症状突然死亡,常误判为中毒或意外死亡。

2.急性型

常出现在发病初期,以鸭群突然采食量减少或少食开始,主要临床表现为嗜睡、缩颈或嘴抵地面,两腿软弱无力,不愿走动或行动蹒跚与共济失调,不食。眼有浆液或黏液性分泌物,常使眼周围羽毛粘连脱落。鼻孔流出浆液或黏液性分泌物阻塞鼻腔使呼吸困难。粪便稀薄呈绿色或黄绿色,气味恶臭,肛门周围羽毛多被粪便污染,部分小鸭腹部膨胀。濒死出现神经症状,如痉挛、摇头或点头,背脖两腿伸直呈角弓反张状,尾部轻轻摇摆,不久抽搐而死。亦有部分小鸭出现阵发性痉挛,在短时间发作 2~3 次后死亡。病程一般为 1~3 d。

3. 亚急性或慢性型

往往见于日龄较大的小鸭(4~7 周龄或更大日龄),病程可达一周或一周以上。临床主要表现为沉郁、困倦、少食或不食、伏卧、腿软弱、不愿走动、站立呈犬姿势、共济失调、痉挛性点头运动或摇头摇尾,前仰后翻,翻倒后仰卧不易翻转。少数病例出现头颈歪斜,遇有惊扰时,小鸭不断鸣叫,颈部弯转 90°左右转圈或倒退。当安静蹲卧或采食饮水时,头颈稍弯曲,伸颈,犹如正常,这样的病例能长期存活,但发育不良、消瘦。此外,亦有少数病例呈呼吸困难,张口呼吸,病鸭消瘦后死亡。还有的病例出现附关节肿胀,多伏卧不愿走动。

○ 鸭传染性浆膜炎的病理学诊断

1. 心脏

急性病例可见心包液增加并呈透明淡黄色,心外膜表面覆有纤维素性渗出物。病程较慢者,则心包有淡黄色纤维素充填,使心包膜与心外膜粘连,渗出物干燥。病程较久者,纤维素性渗出物机化或干酪化。

2. 肝脏

肝表面包盖一层灰白色或灰黄色纤维素膜,极易剥离。剥开纤维素膜后看见肝脏呈土黄或棕红色,急性死亡病例的肝脏多肿大,多呈橙红色,肝实质变脆,胆囊肿大,肝细胞浊肿或脂变,肝门静脉周围一般见单核细胞、异嗜白细胞及浆细胞浸润,病程较慢的亚急性病例可观察到淋巴细胞浸润。病程较久的病例肝表现渗出物呈淡黄色干酪样团块。

3.气囊

多数病例气囊上均有纤维素渗出物凝固后形成的膜,在纤维素性渗出物中有单核细胞成分。在慢性病例中可观察到多核巨细胞和成纤维细胞,渗出物可部分钙化。

4.脾

脾多肿大或肿胀不明显,可见有纤维素渗出物凝固后形成的膜包裹。脾白髓萎缩消失,所有包绕小动脉系统的淋巴组织全不见淋巴细胞,仅有网状细胞。红髓充血,淋巴细胞减少,网状细胞增多,并可见单核细胞。脾肿大明显者一是充血显著,二是红髓中出现大量的吞噬细胞。日龄较大的小鸭,脾脏肿大多呈红灰斑驳,表现可见发灰色的滤泡。

5.输卵管

少数病例见有输卵管炎,见输卵管膨大,内有干酪样物蓄积。

6.关节

部分病例跗关节肿胀,触之有波动感,关节液增多,呈乳白色,质地黏稠。

7.皮肤

被感染的部分育肥肉鸭在屠宰时可见腹部见有腹中皮下脂肪或毛囊感染,皮肤或脂肪呈黄色,切面呈海绵状,似蜂窝状变化。

○ 鸭传染性浆膜炎的实验室诊断

△ 病原学诊断

1.培养基和标本采取

最适合的培养基是巧克力琼脂平板培养基、鲜血(绵羊)琼脂平板、胰酶化酪蛋白大豆琼脂培养基等。以无菌操作采集心血、脑、肝、关节液以及有病变的气囊材料,对上述任何一种培养基作画线分离、培养。

2.镜检

在巧克力琼脂平板培养基上成长的菌落表面光滑,稍突起,呈奶油状,菌落的直径为 1～1.5 mm,用瑞氏法染色,菌体两端浓染,经墨汁负染色见有荚膜。

3.生化特性

不能利用碳水化合物。靛基质试验、甲基红试验、尿素酶试验和硝酸盐还原试验均阴性。不产生硫化氢。液化明胶,过氧化氢酶试验阳性。

4.动物接种试验

取被检鸭的肝、脑等病料或其培养的菌落,经注射或足底刺种易感小鸭,隔离观察 20 d,看其是否出现典型的病变,必要时再作病原的分离、培养和鉴定。

△　血清学诊断

1.荧光抗体法

可取病鸭的脑、肝组织和渗出物作涂片,火焰固定,用特异荧光抗体染色,在荧光显微镜下检查,本菌为黄绿色环状结构,多为单个散在,个别呈短链排列,其他细菌不着色。此法快速、准确,并可区分大肠杆菌、多杀性巴氏杆菌和沙门氏菌等。

也可将病变组织做成切片,用特异荧光抗体染色,在荧光显微镜下检查。

2.琼脂扩散试验

此法多用于分离物的血清学定型,具体操作方法按常规进行。

3.平板凝集试验

此法是一种快速特异的方法,可作血清型的鉴定。

4. 间接 ELISA 检测鸭传染性浆膜炎抗体

间接 ELISA 检测鸭传染性浆膜炎抗体,是一种快速、敏感、特异性强的检测方法,可用于鸭群血清流行病学调查及疫苗免疫效果的监测。

5. 免疫组化检测鸭疫里默氏杆菌

应用鸭疫里默氏杆菌(RA)作为抗原,免疫家兔制备兔抗 RA 的 IgG 来建立检测雏鸭感染 RA 的间接免疫酶组织化学法,检测 RA 发病死亡雏鸭,可在心脏、肝脏、肺脏、肾脏、十二指肠、盲肠、直肠、脾脏、法氏囊、胸腺、胰脏、脑和腺胃检测到 RA 抗原,RA 抗原分布于胞浆、组织间隙和血液。该法具有特异、直观和敏感的特点,可用于雏鸭 RA 人工感染和临床感染的诊断、检测及 RA 抗原定位和 RA 致病机理的研究。

△ 分子生物学诊断

1. PCR 检测鸭疫里默氏杆菌(RA)

根据 RA 的 gyrB 基因序列设计引物建立检测 RA 的 PCR 方法,具有很好的特异性,可用于 RA 感染的临床诊断、流行病学调查和 RA 分离物的初步鉴定。

2. 环介导等温扩增(LAMP)检测鸭疫里默氏杆菌(RA)

根据 RA 的 gyrB 基因序列设计引物建立检测 RA 的 LAMP,其特异性、敏感性比 PCR 更具优势,可用于 RA 感染的临床诊断、流行病学调查和 RA 分离物的初步鉴定。且不需电泳和特殊设备,凭肉眼即可观察、判断。

○ 鸭传染性浆膜炎的防治措施

△ 良好的饲养管理和消毒是有效控制本病最为重要的环节

在养鸭实践中,应该注意处理好鸭舍的通风、防寒和保暖之间的关系,保持鸭舍环境清洁干燥,保证养鸭基本环境卫生条件,做到勤换垫料,防止反复使用污染的垫料。

保证使用营养全面的饲料,注意防止因环境潮湿等因素导致饲料霉变,霉变饲料产生的黄曲霉毒素可降低鸭体的免疫力和抵抗力,从而诱发鸭传染性浆膜炎等疾病的严重发生。当霉变饲料产生的黄曲霉毒素达到一定量时还可引起鸭子的死亡。

按照饲养手册控制好鸭群的饲养密度,采取措施防止或降低气候突变、突然更换饲料、转舍等应激因素的影响,防止促发鸭传染性浆膜炎。

"全进全出"饲养方式有利于彻底消毒和降低环境中的病原菌,各地可因地制宜搞好消毒工作,如使用水面饲养的南方地区,可用漂白粉或新鲜生石灰对水体进行消毒,每 2 周进行 1 次。

△ 疫苗接种是预防本病的关键措施

四川农业大学研制的"鸭传染性浆膜炎灭活苗"研究获国家一类新兽药证书,这是国际上第一个政府批准用于鸭传染性浆膜炎免疫预防的疫苗,1~7 日龄皮下注射 0.25 mL,能够有效预防该病的发生。种鸭在产蛋前 2~4 周皮下注射 0.5 mL,下一代雏鸭在 1~10 日龄期间可获得较好保护。

△ 药物防治需注意耐药性问题

由于鸭传染性浆膜炎对许多抗菌药物(如氨苄西林、阿莫西林、棒酸、氨曲南、头孢呋辛、头孢曲松、头孢克洛、头孢唑林、头孢吡肟、头孢哌酮、头孢噻肟、头孢他啶、亚胺培南、苯唑西林、哌拉西林、青霉素、阿奇霉素、红霉素、呋喃唑酮、呋喃妥因、阿米卡星、卡那霉素、妥布霉素、新霉素、奈替米星、庆大霉素、壮观霉素、链霉素、环丙沙星、萘啶酸、诺氟沙星、氧氟沙星、多西环素、四环素、克林霉素、利福平、复方新诺明、磺胺类等)敏感,在生产实践中应用非常广泛,许多地区出现滥用的现象,因此我国目前鸭传染性浆膜炎的抗药性在很多地区非常普遍。为防止上述药物长期使用产生抗药性,各地应根据使用效果及时更换或交替使用;当本病突然发生并有继(并)发感染时,在混料喂服的第 1～2 天可同时肌肉注射,结合清洁卫生和消毒工作,可较快地减少死亡和缩短疗程。

❸ 鸭大肠杆菌病

由致病性大肠杆菌感染鸭引起的一类疾病总称。

大肠杆菌是条件性病原菌,也是一个多能性的病原菌。鸭感染大肠杆菌往往是由于环境大肠杆菌污染严重、鸭体受应激因素的影响致抵抗力降低以及没有免疫力时容易感染而导致发病,鸭感染大肠杆菌后发病的类型较多,现分述如下。

○ 鸭大肠杆菌败血症的临床诊断

大肠杆菌引起雏鸭的感染和发病是雏鸭饲养阶段常见、多发的败血性传染病,病鸭病变的特征为心包炎、肝周炎、气囊炎等,近年随着规模化养鸭业的不断发展,雏鸭大肠杆菌病的发生有越来越严重的趋势,成为目前危害养鸭业最严重的传染病之一。鸭大肠杆菌败血症又叫新鸭病或鸭疫症候群等,可侵害各种日龄鸭,其中以 2～6 周龄的小鸭或中鸭多发,与鸭传染性浆膜炎的病理变化难于肉眼区别。

△ 流行病学特点

各品种都可感染,各年龄的鸭都有发病,其中以 2～6 周龄多见。发病鸭场常常是由于卫生条件差、潮湿、饲养密度过大、通风不良等诱发。

发病季节以秋末和冬春多见,感染途径经人工感染试验证明小鸭经皮肤的创伤而感染可能性最大,并可引起败血症。经消化道感染未成功。

刚孵出的雏鸭感染往往是由于种蛋被污染所致。

　　常发鸭大肠杆菌病的鸭场往往也是鸭传染浆膜炎的多发场，且多数情况下为两种疾病并发感染。

　　△ **临床表现特点**

　　本病常突然发生，死亡率较高，其临床症状与鸭传染性浆膜炎相似，表现为精神沉郁、运动减少、采食量减少、嗜睡，眼、鼻常有分泌物。部分病例可见有下痢，拉灰白色或绿色稀粪。

　　刚孵出的雏鸭感染可表现衰弱、缩颈，往往腹部膨大，常因败血症而死。或因衰弱，脱水致死。

　　成年鸭常表现喜卧，不愿行动。站立或行走时见腹部膨大，下垂有时呈企鹅状，触诊腹腔内有液体。

　　△ **病理剖检特点**

　　大肠杆菌性败血症的病理学特征是浆膜渗出性炎症，主要在心包膜、心内膜、肝和气囊表面有纤维素性渗出。呈浅黄绿色松软湿性，凝乳样或网状，厚度不等。此种渗出无机化倾向，不形成层状。肝脏常肿大呈青铜色或胆汁色。脾脏肿大发黑且呈斑纹状，剖开腹腔时常有腐败气味。渗出性腹膜炎和肠炎。成年鸭常见卵巢出血。

○ 鸭大肠杆菌生殖器官病的临床诊断

　　该病以侵害种鸭（尤其是优良品种鸭）的生殖器官为特征。该病能降低鸭的种用性能和产蛋性能，致病菌血清型主要是 O8（73.4%）、O1（10.7%），此外还有 O158 和 O28，可致零星死亡。而且该病主要发生于成年种公鸭和产蛋鸭（尤其是产蛋高峰期）表现为患病母鸭突然停止产蛋，体温正常或稍偏低，精神委顿，不愿走动，羽毛松乱，食欲减少或完全废绝，排灰白色黄绿稀粪，泄殖腔有 1～2 个硬或软壳蛋滞留，鸭康复后多不能恢复产蛋功能。剖解时病变局限于生殖器官，输卵管黏膜有大小不一的出血斑点，并附有多量淡黄色或黄色纤维素性凝块,卵泡膜充血,有的卵泡变形变色,少数病例有卵黄性腹膜炎和肝脏轻度肿大,其他脏器无明显异常。患病公鸭阴茎充血、肿大,严重者露出体外,不能缩回体内,露出的阴茎呈鲜红色,有大小不一的结节或溃疡。病鸭失去交配能力,此外,精神、食欲无异常,也无死亡病例。在有该病流行的种鸭场,产蛋率40%～50%或以下,孵化过程中大量出现死胚,孵化率极低,常在10%以下。

○ 鸭大肠杆菌病实验室诊断

最常使用的是病原的分离和鉴定。

1.病原分离

常用麦康凯琼脂、伊红美蓝琼脂(EMB)等选择性培养基,选择典型菌落,可做初步诊断的标准,也可作进一步鉴定的材料。本菌菌落在 EMB 平板上的最大特征是中等大小、圆形微凸、表面湿润发亮、带有紫黑色的金属光泽的菌落,凭此特征可作出初步诊断。

2.病原鉴定

(1)生化试验。结果显示分离的大肠杆菌对甘露醇、蔗糖、葡萄糖、麦芽糖、乳糖、赖氨酸、葡磷酸、靛基质、MR、吲哚、精氨酸脱羧酶结果阳性,V2P 试验、枸橼酸盐、尿素、苯丙氨酸结果阴性,不产生 H_2S。

(2)以 O 血清的玻片凝集法为佳,血清学鉴定,应先多价再单价。

(3)鉴定是否是侵袭性大肠杆菌还需作豚鼠角膜结膜试验,方法是将新分离到的菌株接种于固体培养基上,待生长后用铂耳钩取菌苔夹入豚鼠结膜囊内,如是侵袭性大肠杆菌,则引起角膜结膜炎。因为侵袭性大肠杆菌与志贺氏菌在生化反应、血清学和毒力基因方面都很接近,所以必须做此实验。

3. 实验动物

可选临床健康的 7 日龄雏鸭 5 只，每只经腿部肌肉接种 2×10^9 个大肠杆菌。接种后 7 h 普遍出现症状：精神委顿、食欲废绝、站立不稳、呼吸困难、下痢，于接种后 10 h 开始出现死亡，对照组健康无死亡情况。剖检死亡鸭，24 h 内死亡的雏鸭可见肝脏出血，脾脏有轻微出血点，肾脏出血。24 h 以后死亡的雏鸭心包积液、心包膜增厚混浊；肝脏肿胀、质脆、充血并浸染胆汁；胸膜、腹膜和气囊膜都增厚，有湿润的颗粒状或凝乳样渗出物；脾和肾脏肿大、出血。未死亡的鸭子攻毒后第 7 天扑杀，可观察到不同程度的心包炎、肝周炎和气囊炎，从死亡和剖杀雏鸭的肝脏样品中能分离出大肠杆菌。

4. 分子生物学诊断

根据 GenBank 大肠杆菌属 16 S rDNA 基因序列设计并合成 PCR 引物及针对大肠杆菌属的特异 Taqman 探针，以大肠杆菌标准菌株的 PCR 扩增产物作为阳性模板制定标准曲线，建立大肠杆菌属 16 S rDNA 实时荧光定量 PCR 检测方法。该法具有较好的特异性和敏感性，可用于大肠杆感染的临床诊断、流行病学调查和大肠杆分离物的初步鉴定。

○ 鸭大肠杆菌病的防治措施

1. 加强饲养管理，增强鸭体抵抗力

鸭大肠杆菌病是一个条件性疾病，因此加强饲养管理，增强鸭体抵抗力是有效预防该病的重要措施。

2. 加强兽医卫生管理，搞好平时的消毒工作

减少环境中大肠杆菌的数量是有效预防该病的关键措施，因此经常打扫养鸭环境，保持清洁卫生，勤换垫料，保持干燥的环境，改善通风条件，避免多尘、充满氨气的空气，防止饲养密度过大，避免饲料突然改变、潮湿等应激因素的影响。饲料、饮水也要更加注

意,杜绝其他动物和人员进入房舍等。保证鸭不接触或尽量少接触病原菌,减少发病的机会。

3. 鸭大肠杆菌疫苗接种

(1)种鸭接种。可以种鸭大肠杆菌疫苗,含有常见致病血清型,并按血清型的分布频率进行配制,针对性强,具有 4～5 个月免疫力,安全,免疫原性良好。鸭群在产蛋高峰期注射也不影响产蛋率,经过多年大面积临床应用,能提高种鸭产蛋率和种蛋孵化率,以及雏鸭成活率,深受用户欢迎。

(2)商品肉鸭接种。本病常常与鸭传染性浆膜炎混合感染,可结合鸭传染性浆膜炎的预防一起注射疫苗。即"鸭传染性浆膜炎-鸭大肠杆菌病二联灭活苗",于 1～7 日龄皮下注射 0.5 mL,能够有效预防该病的发生。对于发病时间在 6～14 d 的雏鸭,则免疫时间可提前至 1～3 日龄。在本病流行严重地区,在第一次免疫后10～15 d,可加强免疫 1 次。

4. 治疗

可参照鸭传染性浆膜炎的药物使用。为提高药物疗效,实践中应注意在药敏实验的基础上使用药物。

有资料报道称,大肠杆菌很容易产生耐药性,可由染色体或质粒介导,它可以通过菌毛将耐药质粒传递给其他大肠杆菌,再加上临床上用药的不合理致使大肠杆菌的耐药性日益严重。由于第 3代头孢类新药没有用于禽用,所以头孢类药物最为敏感,耐药率大部分在 10% 以下,但是已用于禽用的头孢呋新的耐药率虽然低(3.54%),但中敏已达到(50.44%),如果临床上不加以控制很可能会导致更加严重的耐药。氨基糖苷类抗生素中的链霉素、新霉素等是治疗禽类大肠杆菌感染很好的药物,但链霉素、新霉素的耐药率都达到 60% 以上。近几年刚用于临床的阿米卡星、奈替米星和壮观霉素的高敏率可达 90% 以上,可作为临床治疗用药很好的候选品种。氟喹诺酮类药物近几年的耐药率也在逐年上升,第 1

代的萘啶酸耐药率高达 91.15％,已经不能用于临床了;第 3 代的
环丙沙星、氧氟沙星、诺氟沙星的耐药率已经达到了 59％～70％,
敏感率只有 25％～35％。其他类药物中,氨曲南、亚胺配能、痢特
灵的敏感性较好,复方新诺明、利福平、氨苄青霉素、强力霉素、四
环素的耐药率都在 70％以上,已不能用于临床。多数菌株产生了
较强的耐药性,并且多重耐药性相当严重,耐药最多的达 21 种,以
耐 13、耐 15、耐 11 居多。因此,这些地区雏鸭感染的大肠杆菌的
耐药性以多重耐药为主,不再停留在对同一类中数种抗生素的交
叉耐药。通过食物链摄入,不但能将致病性耐药菌传递给人类,而
且能将内源耐药菌群的耐药基因扩散到环境和传递给人类致病
菌,使抗菌药对人类疾病的治疗效果下降或消失。所以,兽药在使
用之前,进行对人类可能产生危害的系列评估和测试提出敏感性、
及时性和结论性的监察和报告,建立人药、兽药的系统管理体系是
很有必要的。

❹ 鸭沙门氏菌感染(鸭副伤寒)

　　鸭副伤寒是由沙门氏菌属的一种或几种沙门氏菌(临床上以
肠炎沙门氏菌、鼠伤寒沙门氏菌、鸭沙门氏菌等多件)引起的鸭的
常见多发性传染病,呈急性或慢性感染。它可引起小鸭大批死亡,
严重影响雏鸭存活率,尤其是与大肠杆菌或鸭疫里默氏杆菌混合
感染时,其发病率和死亡率都会更高,给养鸭业构成很大的威胁。

　　成年鸭多为慢性或隐性感染,多不表现明显的临床症状而是
导致生产性能下降。本病在世界分布广泛,几乎所有养鸭国家都
有本病存在,是鸭子常发病。沙门氏菌具有广泛的宿主性,也是污
染食品及引起食物中毒的主要病原菌,具有非常重要的公共卫生
意义。

　　国内外对食用动物的沙门氏菌病的研究主要集中在猪和鸡，关于鸭沙门氏菌病的研究资料很少。近年来在鸭病的研究和防治中发现，沙门氏菌感染在鸭的原发、继发或混合感染中越来越严重，由于其临床症状和病理变化与鸭大肠杆菌病、鸭疫里默氏杆菌病等相似常常被误诊。沙门氏菌对许多抗菌药物敏感，长期以来我国养鸭业习惯于依赖使用抗菌药物来预防和治疗沙门氏菌感染，忽略生物安全措施，其滥用和不合理用药造成的公共卫生威胁应该引起高度重视。

○ 鸭副伤寒的流行病学诊断

　　雏鸭对鸭副伤寒非常易感，特别是 3 周龄以下者常易发生败血症而死亡，种蛋被污染可导致孵出第一天即开始出现死亡，随着日龄的增长，则对副伤寒的抵抗力亦增强，成年鸭感染后多成为带菌者。

　　本传染来源为发病的鸭与带菌鸭。鸭副伤寒可直接经卵传播、经蛋壳被污染传播、在污染的孵化器内散播、经被污染的鸭饲料传播以及其他动物与人类携带而传播。如鸭副伤寒继发雏鸭肝炎病毒感染则往往导致更高的死亡率。

○ 鸭副伤寒的临床诊断

　　不同年龄阶段的鸭感染沙门氏菌后，其临床表现不尽相同。

　　①胚胎：往往由于种蛋被污染带菌或在孵化中被感染，常常出现死胎，也可出现啄破壳后即死亡。

　　②雏鸭：1 周龄以内，发生较多。主要表现绒毛松乱，腿软，拉稀粪，腥臭，肛门周围羽毛常被粪尿黏着。眼半闭，两翅开张或下垂，不愿走动，渴感，腹部膨大，卵黄吸收不全，脐炎，常于孵出数日内因败血症或脱水或因鸭群打堆窒息死亡。

③幼龄鸭:2～3周龄的幼龄鸭发病后常表现为精神不良,采食量减少,羽毛松乱,眼有分泌物,下痢或正常,颤抖,共济失调,最后抽搐,角弓反张而死,少数慢性病例可能出现呼吸道症状,表现呼吸困难,张口呼吸,部分病例有出现关节肿胀。

④青年鸭:很少出现急性病例,常成为慢性带菌者。如继发或混合感染病毒性肝炎、大肠杆菌或鸭传染性浆膜炎,往往可使病情加重,加速死亡。

⑤成年鸭:常成为不表现临床症状的带菌者。

○ 鸭副伤寒的病理学诊断

刚孵出雏鸭感染鸭沙门氏菌后的主要病变是卵黄吸收不全和脐炎,俗称"大肚脐",卵黄呈黏稠,色深,肝脏有淤血。日龄大的小鸭常见肝脏肿胀,表面见有坏死灶或无。特征变化是盲肠肿胀,呈斑驳状,内有干酪样的团块。直肠和小肠后段亦有肿胀呈斑驳状。有的小鸭气囊混浊,常附有黄色纤维素的团块。腿关节主要是膝关节和臀关节肿胀有炎症;亦有出现心包炎、心外膜或心肌炎的病例。脾脏肿大显著,色暗淡,斑驳状。

由得克萨斯沙门氏菌引起的败血症还可见到皮下、胸肌、心内外膜、肾广泛出血,肝青铜色,有针尖大灰白色坏死点,胆囊肿大,胆汁浓稠呈黑绿色。

组织学检查见有异嗜细胞浸润和局灶性坏死。中枢神经系统见脑膜不透明,增厚,组织学变化为软脑膜炎。肠道黏膜变性和坏死。肾脏发白和含有尿酸盐。

○ 鸭副伤寒的实验室诊断

根据临床表现和病理变化可做出初步诊断,确诊主要是依靠病原的分离和鉴定等实验室手段。

△ 病原的分离和鉴定

常以死亡鸭胚、未吸收的卵黄、病死鸭的肝脏（心血、脑组织、脾脏等）等作为鸭副伤寒病原分离的材料，接种于琼脂培养基或蛋白胨大豆琼脂（TSA）上，经 24 h 后取出观察结果，根据菌落的形态怀疑为沙门氏菌时，可用沙门氏菌多价 O 型抗血清进行玻片凝集反应，如为阳性可继续进行生化特性的检查。根据葡萄糖、麦芽糖、甘露醇产酸、产气，蔗糖和乳糖阴性，柠檬酸盐或不能产生硫化氢，即可确定为沙门氏菌。为了进一步确定沙门氏菌的种，则必须进行血清鉴定。

传统的沙门氏菌分离和鉴定方法往往需要 4～5 d 时间，包括预富集、选择性富集和生化鉴定等步骤，较为费时费力。

△ 分子生物学诊断

1.PCR 检测鸭沙门氏菌感染

根据沙门氏菌 invA 等基因设计引物，可以建立检测鸭沙门氏菌感染的 PCR 方法，具有特异、敏感、快速等优点。

2.巢式 PCR 检测鸭沙门氏菌感染

在 PCR 基础上建立的巢式 PCR，敏感性更高。

3.荧光定量 PCR 检测鸭沙门氏菌感染

可定量检测鸭沙门氏菌感染，敏感性比 PCR 高。

4.LAMP 检测鸭沙门氏菌感染

敏感性比 PCR 高，不需要特殊设备，用肉眼即可观察判断，可用于临床样品检测和流行病学调查。

○ 鸭副伤寒的防治措施

△ 预防措施

沙门氏菌对鸭感染的途径和来源较多，生产实践中需要采取综合性的预防措施才能有效预防该病的发生。

1. 切断种蛋被污染的各个环节

(1) 保持产蛋槽的干燥卫生。鸭舍应在干燥清洁的位置设立足够数量的产蛋槽,槽内勤垫干草或木屑等垫料,以保证产出的蛋不被粪便等污染。一定要高度重视此项工作,它是保证蛋减少污染的关键环节,如果鸭蛋被细菌污染并浸入蛋壳内,则任何消毒措施都无济于事。

(2) 及时收集种蛋。应尽量采取各种措施以保证种蛋的清洁干净,那些产在水池内、运动场的蛋多被细菌污染,应禁止入孵。细菌侵入蛋壳后,在孵化过程中往往能够发生爆炸,污染孵化器并殃及其他同期入孵种蛋,进而导致孵出的雏鸭被感染而发病。

(3) 科学储蛋。储蛋库(室)应该恒温恒湿。收集的种蛋应及时入储蛋库或储蛋室,并用福尔马林进行熏蒸消毒。

(4) 科学洗蛋。种蛋入孵前应该使用专门的洗蛋机器、含消毒液的洗蛋液对种蛋进行充分的冲洗,以清除蛋壳表面可能残存的细菌。

(5) 搞好孵化器消毒。消毒孵化器是防止种蛋被细菌污染的重要环节,孵化器的消毒应在出雏后或于入孵前各进行 1 次,一般不在入孵期间进行消毒,特别是入孵后 24～96 h 内禁止进行消毒,因该时段鸭胚对甲醛敏感。福尔马林熏蒸消毒的药用量为每立方米空间用 15 g 高锰酸钾、30 mL 福尔马林(含甲醛 36%～40%),消毒 20～60 min 后,然后充分通风换气。

2. 防止雏鸭被污染,增强雏鸭对感染的抵抗力

搬运雏鸭用的各种工具应于使应前或使用后进行消毒,防止被污染。雏鸭进场后须尽早地供给饮水或饲料,可在饲料内加入适当的广谱抗菌药物防止发生细菌感染。

3. 供给充足饮水

雏鸭感染沙门氏菌后,出现败血症或脱水引起死亡。生产中,被沙门氏菌感染的雏鸭往往体质较弱,如果饮水器放置不当或数量太少,使雏鸭饮水量不足而导致脱水死亡。生产中应将饮水器放置靠近料槽、靠近热源处,便于雏鸭容易找到饮水处。

4. 保持育雏室恒温恒湿和良好的通风换气

5. 定期灭鼠

鸭场饲料丰富,常是鼠害泛滥之处,而鼠常是本病的带菌者或传播者,它可以污染饲料、饮水等,成为传染来源,应该定期灭鼠,减少鼠群密度,降低被污染的风险。

△ 治疗措施

很多抗菌药物对鸭感染沙门氏菌均具有很好疗效,但决定使用何种药物治疗之前最好进行细菌分离和进行药敏试验,选择最有效的药物用于治疗。以下举例,仅供参考。

①磺胺甲基嘧啶和磺胺二甲基嘧啶,将两者混在饲料中投喂,用量为 0.2%～0.4%,连用 3 d,再减半量用一周。0.05%～0.1% 磺胺喹恶啉也有较好的效果,连用 2～3 d 后,停药 2 d,再减半量用 2～3 d。

②呋喃唑酮。将其混在饲料中,用量为 0.02%～0.04%,连用一周,再减量至 0.01%～0.015%,连用 1～2 周。

③土霉素、四环素和金霉素等混入饲料中,用量为 0.02%～0.06%,可连续应用数周。

④磺胺甲基嘧啶与复方新诺明,按 0.3% 拌料饲喂,饮水中加入 0.04% 呋喃唑酮连喂 5 d。

如上述药物治疗无效时,可试用一些较新的抗生素,往往会获得满意的结果。

❺ 鸭链球菌病

鸭链球菌病是由链球菌感染鸭所致的一种急性、败血性传染病,雏鸭与成年鸭均可感染。此病的临床特征是腿软弱,步履蹒跚。病理变化为肝脏有弥漫的局限性的小出血点和脾脏肿大。

○ 鸭链球菌病的流行病学诊断

本病见于各种日龄的鸭,雏鸭、青年鸭、年鸭均可感染,不同年龄临床表现有差异。

本病多发生在养鸭环境潮湿、通风不良导致空气污浊、管理不善、消毒措施不到位的鸭场,多见于圈养的鸭群,其发病率与死亡率与饲养管理水平密切相关。

本病传播途径为消化道、呼吸道、受伤的局部等,可经皮肤创伤感染;由于孵化器被污染常导致刚出孵的雏鸭经脐带感染,蛋壳被污染后孵出的种蛋入孵,孵化后的雏鸭成为带菌者。本病的季节性不明显。

○ 鸭链球菌病的临床及病理学诊断

患病鸭出现精神委顿,采食减少或食欲废绝,羽毛松乱,卧地不起,嗜睡,强行驱赶,步履蹒跚,共济失调,腹泻,粪便是绿色或灰白色,病程短,发病后 1～2 d 死亡。

剖检后可见全身败血症变化,以实质器官出血较明显。发病初期心包腔积有少量淡黄色液体,病程稍长者,可见心冠脂肪、心外膜及心内膜弥漫性小出血点。心内膜出血主要集中于房室瓣。肝大,砖红色或粉红色,质软,切面结构模糊,表面可见病灶性密集小出血点或出血斑。一侧或两侧肺出血、淤血、水肿、脾微肿、暗红色、淤血。有的病例可见胰小点出血,肾肿大、出血。肌胃中混有血迹,角质膜糜烂、出血、易剥离;角质下层有出血斑点。少数病例可见腺胃乳头出血。肠呈卡他性炎症,少数病例可见十二指肠出血,有的病例可见胸腺小出血点。

○ 鸭链球菌病的实验室诊断

1. 分离培养

鸭链球菌在普通培养基中生长不良。在血清肉汤中,长链的菌株呈颗粒状,粉状或絮状沉淀,培养基透亮。在血琼脂平板上形成灰白色、半透明或不透明、表明光滑、有乳光的圆形突起、微小菌落。多数菌株有溶血能力,本菌在常用的绵羊血琼脂平板上,形成 β 溶血,即在菌落周围有一个 2~4 mm 宽、界限分明、完全透明的无色溶血环。

2. 生化反应

鸭链球菌能分解乳糖、蔗糖、水杨苷,不分解棉籽糖、菊糖和山梨醇等。不液化明胶。不能在 0.1% 美蓝牛乳中生长,但能在 pH 9.6 肉汤和 6.5% 氯化钠肉汤中生长。

3. 动物试验

将新分离菌株在鲜血琼脂培养基上传代 2 次,然后接种于 0.2% 葡萄糖肉汤中,37℃ 培养 18 h,静注小鼠 0.3 mL,应于第 4 天死亡;另取 2 只小鼠腹腔注射 0.2 mL,经 2~3 d 再补注 0.5、1.0 mL,于第 9 天扑杀,2 只小鼠剖检时均见肝脏有针尖大黄色坏死点。取心血、肝、脾、肾接种于血液琼脂平板,37℃ 培养 48 h,所有标本中均可再分离出鸭链球菌。动物试验也可选用家兔进行。

○ 鸭链球菌病的防治措施

1. 预防

雏鸭的脐炎与败血症的预防重点是防止种蛋、孵化器及育雏环境的污染,所以应该注意保持种鸭舍、孵化器及育雏室的干燥和清洁卫生,把消毒措施切实落到实处,注意育雏室的保温。

育成鸭、青年鸭的败血症与成鸭感染的预防重点是注意鸭舍内的垫料和运动场等的清洁卫生,避免鸭皮肤、脚掌等部位被刺伤而感染。

2. 治疗

很多抗菌药物对鸭感染链球菌均具有很好疗效(如青霉素、新霉素、呋喃唑酮、四环素等药物),急性感染采用注射的办理效果更为理想。由于存在抗药性的问题,在决定使用何种药物治疗之前最好进行细菌分离和进行药敏试验。

❻ 鸭葡萄球菌病

鸭葡萄球菌病是由金黄色葡萄球菌引起鸭的急性或慢性传染病。本病的临床表现多种,主要为关节炎、脐炎、腹膜炎以及皮肤炎症,可造成死亡,是鸭的常见病。本病在多数养鸭国家都存在。

○ 鸭葡萄球菌病的流行病学诊断

金黄色葡萄球菌是环境常在菌,也是各种禽类皮肤表面的常在菌,常可从养鸭环境、用具分离出鸭葡萄球菌。养鸭环境坚硬的垫料、带铁丝的网床等可在鸭体局部造成损伤,金黄色葡萄球菌极易侵入,导致关节、皮肤等的局部感染。

种鸭圈舍内潮湿的垫料、污染的粪便等使种蛋被污染,如种蛋清洗和消毒不及时使金黄色葡萄球菌侵入蛋内,造成孵化中死亡或成为带菌者。

金黄色葡萄球菌感染是造成弱雏、雏鸭早期死亡的重要原因之一。

○ 鸭葡萄球菌病的临床及病理学

1. 关节炎型

多见于青年鸭、育成鸭或种鸭,病变多发生于趾关节和跗关节,被感染的关节及其临近腱鞘肿胀,病变部位初期发热,后变软,按压局部疼痛,跛行不愿行走,随着时间的延长于肿胀处变硬,切开病变部位可见有干酪样物蓄积。常有感染病灶蔓延至病肢侧腹腔内发生化脓性、局限性病灶。

2. 内脏型

临床常发于产蛋种鸭,常见不到明显变化。部分患病鸭出现有腹部下坠,俗称"水裆"。患病鸭精神委靡,食欲降低。病死鸭剖检常见的病理变化包括腹膜炎、腹水和纤维素性渗出物。肝脏肿胀,质地变硬,呈黄绿色或有小的坏死灶,脾脏正常或肿胀,心外膜常见有小点出血,泄殖腔黏膜有时见有坏死和溃疡。因败血症而造成死亡。

3. 脐炎型

主要发生于 1 周龄、特别是 1~3 日龄的鸭雏。临床表现为羸弱、畏寒、嗜睡、翅下垂等,腹部膨大,脐部肿胀坏死,常于数日内因败血症死亡或由于衰弱被挤压致死。病理变化主要为脐炎和蛋黄吸收不全,且蛋黄多呈稀薄水状。

4. 皮肤型

由于皮肤被刺伤而发生局部感染,多发部位是胸部,表现为皮下化脓病灶或发生局部坏死。种母鸭常因种公鸭交配时趾尖划伤背部皮肤也可造成感染。

○ 鸭葡萄球菌病的实验室诊断

1. 病原的分离

金黄色葡萄球菌的诊断需要进行细菌的分离培养,可无菌操作取肿胀关节的渗出物、未吸收卵黄、腹腔化脓灶等,接种于血液琼脂(绵羊血或牛血),培养 18～24 h,可形成直径达 1～3 mm 菌落。大多数金黄色葡萄球菌是 β 溶血,而其他葡萄球菌不溶血。如果病料有污染,可用选择培养基,如甘露醇-高盐或苯乙基乙醇琼脂培养基,以抑制革兰氏阴性细菌的生长。

2. 镜检

挑取菌落进行革兰氏染色,葡萄球菌为革兰氏阳性球菌。

3. 生化反应

致病性金黄色葡萄球菌凝固酶和甘露醇均为阳性,而非致病性的表皮葡萄球菌二种试验都为阴性。

○ 鸭葡萄球菌病的防治措施

1. 预防

鸭葡萄球菌病预防关键是环境的清洁和消毒,特别是防止种蛋、孵化器及育雏环境的污染,切实抓好种鸭舍、孵化器及育雏室的干燥和清洁卫生工作,把消毒措施切实落到实处,注意育雏室的保温。

防止脚掌、皮肤等部位局部被刺伤是预防鸭葡萄球菌病的重要环节。

2. 治疗

对于刚出孵的雏鸭,可用土霉素等混入饲料喂饲,用量按饲料量的 0.04% 连续喂服 2～4 d,可提高成活率,达到有效防治的效果。

出现局部感染的鸭,可用碘酊棉擦洗病变部位,以加速局部愈合吸收。同时可用硫酸庆大霉素肌肉注射,每千克体重 3 000 U,每天 3～4 次,连续 7 d,效果较好。也可以选用青霉素、红霉素、卡那霉素等进行注射。

❼ 鸭肉毒梭菌中毒症

肉毒梭菌中毒病是人和畜禽的一种食物中毒病,是由肉毒梭菌所产生的毒素引起的,主要特征为运动神经麻痹和迅速死亡。家禽中这种中毒病流行广泛,鸭、鸡、鹅均可发生,特别是对大群饲养的鸭、放牧鸭群有时会引起大批患病和死亡。鸭的肉毒中毒又叫"西方鸭病"、"软颈病"等。

○ 鸭肉毒梭菌中毒症流行病学诊断

鸭肉毒中毒主要发生于浅的碱性水域,特别是在美国的西部和加拿大。发生于家鸭和野鸭,故有"西方鸭病"之称。

鸭肉毒梭菌中毒症在我国也时有报道,多发生于夏秋季节。当天气干旱少雨,水浅,由于鸭吃了死亡而腐败的鱼类或动物尸体中的肉毒梭菌毒素,或采食了被肉毒梭菌污染的饲料而中毒。有时在水生植物中,昆虫幼虫在腐败厌氧条件下,亦可产生毒素,在碱性水域由于有绿脓杆菌的存在,亦可促进产生毒素。另外在腐败的动物尸体上的蝇蛆也可能含有大量毒素。当被鸭采食后,亦可造成疾病的暴发。该病还常见于我国农村中干塘捕鱼,大鱼捉去后,小鱼虾因塘水混浊,窒息而死,肉毒梭菌在其身体上生长繁殖,产生毒素,当放鸭进塘,鸭采食死鱼虾后即可产生中毒现象;稻田杀虫用农药杀死昆虫,或在中耕时施用石灰,田里的小鱼虾、青蛙等被杀死后腐败,鸭采食后也能中毒。此病病情的轻重取决于食入毒素量的多少,肉毒梭菌毒素的毒力很强,较能耐热,但煮沸5～20 min 其毒性即可被破坏。

○ 鸭肉毒梭菌中毒症的临床诊断

本病潜伏期长短不一,依据摄入毒素量的多少而不同,一般在采食腐败动植物 1～2 h 或 1～2 d 后出现病状。

部分病例症状出现迅速，常见正在塘内觅食的鸭子短暂时间内即开始出现症状，很快死亡。主要症状与运动神经受到损害有关，如两脚麻痹、瘫软，行走困难；翅膀无力下垂、眼睑遮盖半只眼睛；头颈不能抬起，故又称为"软颈病"，具有临床诊断意义。

患病鸭目光呆迟、虚弱，羽毛松乱，无法进食。病的初期常见呼吸急促，甚至张口呼吸，后期呼吸慢而加深。随着病情发展，患病鸭全眼闭合而呈昏迷状态，体温降至常温以下。

感染较轻的病鸭即使可漂浮于水面，但游动困难；感染严重者可因头颈下垂被水淹死。

感染鸭常见下痢，可见泄殖腔黏膜经外翻。

鸭肉毒梭菌中毒症的死亡率与中毒毒素的剂量有关，严重的可在几小时内死亡；轻者可耐过，如护理良好则经 2～3 d 可恢复。

◯ 鸭肉毒梭菌中毒症的病理学诊断

解剖病死鸭可见肠道充血、出血，特别是小肠黏膜广泛的弥漫性出血，以十二指肠最为严重，盲肠较轻或无病变。部分鸭心脏冠状沟、心外壁有大小不一的出血点。部分病例肝脏呈淡黄色，边缘有小出血点，个别胰脏有出血点。其他器官无特征性病变。

◯ 鸭肉毒梭菌中毒症的实验室诊断

常常以从患病鸭体内检出肉毒梭菌毒素以及患病鸭临床症状和病理变化来进行确诊。

值得一提的是，本病的致病因素是肉毒梭菌毒素而非肉毒梭菌本身，所以如果从标本检出饲料或鸭体内检肉毒梭菌，还需具体问题具体分析，不能作为诊断本病的唯一确切依据。

○ 鸭肉毒梭菌中毒症的防治措施

鸭肉毒梭菌中毒症有明显的中毒源,生产中应避免鸭采食腐败动植物尸体,放牧时慎选水域,避免与死鱼烂虾接触,从而防止本病的发生。

放牧过程中,如果发现鸭群中有肉毒中毒的鸭,则应该及时将鸭群驱离,更换放牧地。对患病鸭要加强护理,将鸭身体擦干,分开摆放,防止打堆。

治疗上可用轻泻剂,成鸭可用注射器配适合大小的塑料管灌服硫酸镁溶液,每只 2～3 g 硫酸镁,并给予葡萄糖生理盐水。

重症患病鸭,用塑料管灌服投药或葡萄糖生理盐水后,需将头颈部垫高,防止液体倒流误入气管致窒息死亡。

有条件者可用抗 C 型肉毒梭菌毒素血清治疗,注射剂量为每只成鸭 2～4 mL,有一定疗效。

❽ 鸭结核病

鸭结核病是由禽结核杆菌引起鸭的一种慢性传染病。主要发生于种鸭,病的特征是渐进性消瘦、贫血、产蛋率降低或停产,剖检见肝或脾脏有结核结节。

本病在国内外均有报道,其危害养鸭业的程度不同,在我国南方养蛋鸭较多,饲养日龄较长,故本病易于发现。该病的发病率很多,尚未形成严重威胁。

○ 鸭结核病的流行病学诊断

鸟类通常可感染禽结核,其中家禽比野禽更易受到感染。鸭、鹅、天鹅、孔雀、鸡、火鸡、鸽、鹦鹉、金丝雀等均能感染。

本病的传染来源为患病或带菌禽。

消化道、呼吸道是本病的传播途径。患病禽肠道的溃疡性结核病变可排出大量结核杆菌,被污染的环境、饲料、饮水、土壤、垫料等被易感鸭采食后,结核杆菌经消化道侵入而感染。易感鸭也可通过吸入带结核杆菌的尘埃、结核杆菌病禽与易感鸭经同群饲养等经呼吸道感染。

由于鸭结核病的潜伏期较长(通常 2 个月以上),所以本病主要发生于成年鸭、老龄鸭。

○ 鸭结核病的临床诊断

临床上鸭结核病无特征性症状,鸭被感染初期常无任何临床表现,随着病程的发展,感染鸭出现精神委靡、消瘦和贫血,不愿下水。种鸭产蛋率下降或停产。患病鸭所产的蛋受精率与出雏率均较低。

○ 鸭结核病的病理学诊断

解剖鸭结核病死亡鸭,其特征性病变是病鸭消瘦、内脏器官有黄灰色干酪样结节,结节可能是单个的或呈多发性的。结节易切开,无钙化,结节切面见有坚实的纤维素包囊。

肝脏是鸭结核病最易观察到病变的器官,可见表面有针尖到绿豆大小不等结节,一些病例可见大几个结节,一些病例可见结节密密麻麻地布满肝脏表面。另外,脾、肺和肠道也可看到结核结节。

○ 鸭结核病的实验室诊断

1. 样本采集

感染鸭病变器官。

2. 直接镜检

是本病最可靠的诊断依据。用 Ziehl-Neelsen 氏法作抗酸染色,镜检呈红色的细菌为抗酸菌,其他细菌为蓝色。菌体为棒状、串珠状,单个排列,偶尔成链,有时分枝,不形成芽孢,无鞭毛,不运动。涂片亦可用金色胺染色,在荧光显微镜下检查。涂片固定后,加入金色胺溶液(金色胺 0.1 g,5% 苯酚水溶液 100 mL),不加温,染色 30 min,水洗,用盐酸酒精(95% 酒精 1 000 mL,纯盐酸 4 mL,氯化钠 0.04 g)脱色,水洗,复染后即可观察结果。在荧光显微镜暗视野中,如发现有黄色或银白色明亮的条状影,即为抗酸菌。用荧光法检查,虽其阳性率比抗酸染色法高,但结核菌与易被金色胺染色的许多物质不易鉴别。

3. 分离培养

初次分离时,可用罗文斯坦-钱森二氏培养基作培养。

4. 动物接种

分离结核菌最可靠的方法是动物接种,阳性检出率一般比直接培养法高。通常用豚鼠做试验,标本一般做皮下接种,剂量为 1~1.5 mL,每份标本最好接种 2~3 只豚鼠。发病病死或经 4~6 周不死的豚鼠都要进行剖检,观察病变,并取病变组织直接接种在罗文斯坦-钱森二氏培养基斜面上,做分离培养,检出率高。

○ 鸭结核病的防治措施

平时注意养鸭环境的清洁和消毒,充分强调和执行良好的饲养管理和生物安全措施。

一旦出现病鸭,立即采取严格措施处理患病鸭,最好是焚烧,也可深埋。同时及时彻底消毒环境。

❾ 鸭伪结核病

鸭伪结核病是家禽和野禽的一种接触性传染疾病,病的特点是持续期短暂的急性败血症,随后出现慢性局灶性感染,在许多脏器中产生类似禽结核病变的干酪性肿胀和结核。

本病在鸭群中很少发生，研究资料也很少。刘尚高（1986）曾报道于1985年在北京郊区某麻鸭群暴发本病，发病率为22.7%，死亡率为13.6%。

○ 鸭伪结核病的流行病学诊断

本病可发生于鸭、鹅、火鸡、鸡、珍珠鸡以及一些鸟类特别是幼禽，此外还可发生于多种哺乳动物。实验动物中豚鼠、小白鼠、家兔、猴和狒狒亦十分敏感。

鸭伪结核病传播途径为消化道、破损的皮肤或黏膜等，常通过被伪结核杆菌污染饲料、饮水等感染进入血液引起败血症，可在肝、脾、肺或肠道等内脏器官形成感染灶，出现结核样病变。一些应激因素如严重受寒、饲养管理差等，可诱发本病的严重发生。

○ 鸭伪结核病的临床诊断

症状表现差异很大。最急性的病例往往看不到任何临床症状而突然死亡。

急性病例可见患病鸭精神沉郁，采食量减少或停止采食。羽毛凌乱，鸭体衰弱，两腿无力，卧地不愿行走，垂头缩颈，常表现嗜睡状，可见眼泪流出，呼吸困难，有腹泻症状。病后期精神委靡、嗜眠、消瘦和极端衰弱和麻痹。

○ 鸭伪结核病的病理学诊断

解剖可见肝、脾和肺肿胀，表面均见有小米大小的黄白色坏死灶。一般可出现严重的肠炎变化，表现为肠壁增厚、黏膜充血或出血。气囊增厚，可见黄白色坏死灶。心内外膜出血、心包积液。有时可见其他浆膜腔内液体增多。

○ 鸭伪结核病的实验室诊断

1. 病原分离鉴定

①标本采取。对急性病例要采取血液检查,慢性病例可采病变组织检查细菌。

②直接镜检。将混有黏液、血液、黏膜的粪便标本或病变肠段的黏膜及其淋巴结作直接涂片数张,萋-尼抗酸染色法染色,镜检发现抗酸阳性菌者,具有肯定的诊断意义。但镜检为阴性,也不可排除本病,因本菌有周期性排菌的特性,故应经间隔反复几次粪检,以提高检出率。本菌呈多型性,但多数为棒状小杆菌。长 $0.5 \sim 1~\mu m$,宽 $0.2 \sim 0.5~\mu m$。革兰氏染色阳性。在病料标本或培养基上,常成丛排列。无运动力,无芽孢。

③分离培养。取粪 $1 \sim 2~g$,加入生理盐水 40 mL 充分混匀,用 4 层纱布滤过,滤液中加入等量的含有 10% 草酸和 0.02% 孔雀绿水溶液,混匀,置于 37℃ 水浴中 30 min,取出经 3 500 ~ 5 000 r/min 离心 30 min,去上清液,将沉淀物接种于马铃薯汤培养基上,置于 37℃ 中培养,并制作涂片,镜检。

2. 血清学检查

一般常用的方法如凝集反应、血凝反应(包括血凝溶血反应)、凝集反应、絮状反应、补反、琼扩、荧光抗体检查、对流电泳等。其中以补反和荧光抗体检查较好。

○ 鸭伪结核病的防治措施

对本病尚无特异预防办法,只是采取一般预防措施。治疗可采用本病原的敏感药物如磺胺-5-甲氧嘧啶进行防治,喂药量按 0.05% ~ 0.2% 混于饲料或其钠盐则按 0.025% ~ 0.05% 混于饮水连用 3 ~ 4 d,可迅速控制疫情的发展。

⑩ 鸭关节炎

　　鸭关节炎是由许多种微生物在一定条件下感染鸭引起的一种全身或局部感染所致的急性或慢性疾病,病的特征是关节肿胀、跛行,严重感染者可引起死亡。

　　由于感染病鸭局部关节肿胀、疼痛,不愿行走、活动,如果感染蔓延至全身感染,可导致采食减少而逐渐消瘦,严重者常需大量淘汰,加上死亡等,常常造成严重经济损失。

　　在鸭关节炎病例中,沙门氏菌常常是重要致病因素,对公共卫生安全具有一定的威胁。

○ 鸭关节炎的流行病学诊断

　　除鸭以外,鸡、火鸡、鸽、鹅等都可发生,没有明显的季节性,疾病的发生与饲养管理和生产方式密切相关。

　　鸭关节炎主要有两个感染途径,一是经消化道感染,而关节炎是属继发感染,如正常鸭群在户外散养或放养,卫生条件差,饲料污染,常是鼠伤寒沙门氏菌感染的条件,消化道是侵入门户;二是经局部感染,由于皮肤擦伤或抓伤使细菌侵入,如葡萄球菌、链球菌、假单胞杆菌、鸭疫里默氏杆菌、多杀性巴氏杆菌等。发病年龄以育成鸭和种鸭以及填鸭多发,特别是快大型优质肉鸭,在较短的生长期内体重迅速增大,皮肤较柔嫩,脚掌、腿部皮肤比较容易被擦伤而导致局部感染。

　　另外,2~4 周龄小鸭发生鸭副伤寒(病原主要是肠炎沙门氏菌、鼠伤寒沙门氏菌)、鸭传染性浆膜炎(鸭疫里默氏杆菌)等全身感染耐过之后,往往也可出现关节炎。

　　本病全身感染者,多由采食污染鼠伤寒沙门氏菌或肠炎沙门氏菌的饲料,特别是常见被沙门氏菌的鱼粉之故。如果种蛋被污染,则可经蛋垂直感染或出壳后感染而成为带菌者,当有适当的应激条件而发病并继发关节炎。

○ 鸭关节炎的临床诊断

主要表现为关节的炎性肿胀,发病关节以跗关节多见,肿胀局部发热,早期有波动感,病程较长之后变硬,肿胀关节有痛感、活动受限。患病鸭表现为不愿行走、跛行。患病鸭采食、饮水受影响逐渐消瘦或死亡。

○ 鸭关节炎的病理学诊断

被感染的关节囊局部因大量渗出物蓄积而肿大,渗出物为混浊,呈纤维素性或脓性,也可见混有血液呈淡红黄色,病程较长者蓄积物呈灰黄色干酪样。

○ 鸭关节炎的实验室诊断

由细菌引起的关节炎可采集病料进行细菌分离。

引起关节炎的病原比较复杂,包括鼠伤寒沙门氏菌、肠炎沙门氏菌、金黄色葡萄球菌、链球菌、大肠杆菌、假单胞菌等。

○ 鸭关节炎的防治措施

本病可以说是一个饲养管理不佳导致的疾病,所以本病的有效预防首先从饲养管理着手,平时注意养鸭环境的清洁和消毒,充分强调和执行良好的饲养管理和生物安全措施,采取措施预防脚掌、腿部皮肤出现如外伤。

治疗可采用土霉素、呋喃唑酮混于饲料服用 3 d 并结合局部外科处理。如果有条件者根据所分离的细菌以及药敏试验结果而确定选择治疗药物效果更佳。

⓫ 种鸭坏死性肠炎

鸭坏死性肠炎是发生在种鸭的一种传染病。临床表现为体弱、采食量减少或不食、站立困难、突然死亡。病理变化的特征是坏死性肠炎。

○ 种鸭坏死性肠炎的流行病学诊断

本病主要发生于种鸭,公鸭和母鸭都可发生,一年四季均可发生,以深秋和冬季多发,春夏发病率明显降低。在一些饲养管理不良、气候以及饲料突变等应激因素极易发本病。

○ 种鸭坏死性肠炎的临床诊断

产蛋蛋鸭群表现为产蛋量急剧下降。

患病鸭临床表现为体弱、采食量减少或不食、站立困难。可见头部、背部与翅羽毛脱落,忽然死亡。死亡率可低于 1%,也有高达 40% 的。

○ 种鸭坏死性肠炎的病理学诊断内

解剖后可见十二指肠和空肠部分暗红色以及空肠后部和回肠前部相邻处严重膨胀,颜色苍白易破裂,肠内有大量液体,部分病例液体中含血液。部分病例肠内有黄色颗粒样物。病程较长者可见肠道黏膜面发生黄白色的坏死。坏死物紧贴肠壁,特别是回肠后部更为严重。患病母鸭部分病例的输卵管中可见干酪样物质积聚。

○ 种鸭坏死性肠炎的防治措施

不良的饲养管理,特别是污染严重的水源是诱发本病的重要

因素,所以改善饲养管理条件、改善环境卫生是有效预防种鸭坏死
性肠炎的根本。

⓬ 鸭慢性呼吸道病

鸭慢性呼吸道病又名鸭窦炎,其临床特性是出现眶下窦炎,发
病率随着饲养管理水平不同有较大差异,死亡率较低,大多病例可
自愈,本病主要是影响鸭的生长发育,致产蛋量下降。

○ 鸭慢性呼吸道病的临床诊断

本病的发病日龄可以早至 4~5 日龄,临床症状主要是患病鸭
一侧、部分病例两侧眶下窦肿胀,形成鼓起的包,感染初期触摸质
地柔软,有波动感,包内充满浆液性渗出物,随病程发展逐步形成
浆液、黏液性以及脓性渗出物,病后期形成干酪样物。鼓包变硬,
渗出物明显减少。

部分病例的病鸭可见鼻腔有分泌物,致鸭出现甩头症状。部
分病例的病鸭眼内可见布满分泌物致病鸭眼睛失明。

患病鸭多自愈不死亡,但精神不佳,生长缓慢,商品鸭的品质
下降,产蛋率减少。

○ 鸭慢性呼吸道病的病理学诊断

解剖可见眶下窦肿胀,内充满透明或混浊的浆液、黏液或有干
酪样物蓄积,窦黏膜充血增厚,气囊混浊、增厚、水肿。眼和鼻腔有
分泌物。

○ 鸭慢性呼吸道病的防治措施

鸭慢性呼吸道病与饲养管理及其环境卫生密切相关,本病的
预防重点应该紧紧围绕饲养管理及其环境卫生展开,特别是处理

好通风、保温，防湿、饲养密度等的关系，做好环境卫生和消毒，力争做到"全进全出"式饲养。

⓭ 鸭衣原体病(鸟疫)

鸭衣原体病是由鹦鹉热衣原体感染鸭引起的一种接触传染性疾病。

多数情况下为隐性感染，如遇其他疾病感染、突发严重应激（气候突变、饲料突然改变、长途运输等）可诱发严重发病并出现较高死亡率，造成经济上的损失。

○ 鸭衣原体病的流行病学诊断

通常情况下鹦鹉热衣原体对鸭的毒力较低，现有资料分离到的菌株多属于中低毒力菌株，不容易在鸭群中造成流行暴发，多数情况下感染并无临床症状。

严重应激如饲养密度太大、气候突变、空气污浊通风不良、饲料突然改变或营养不良、长途运输、感染其他病原微生物（如多杀性巴氏杆菌、鸭疫里墨氏杆菌、沙门氏菌、大肠杆菌等），也可促使鸭衣原体病的发生和流行。

呼吸道是鸭衣原体病的主要传播途径，带菌鸭可以通过空气传染给敏感鸭。

雏鸭比成年鸭有更高的易感性。

○ 鸭衣原体病的临床诊断

雏鸭感染鸭衣原体病可出现较为明显的临床症状，急性病例表现为颤抖，行走摇晃，病鸭严重消瘦，不食不饮。部分病例可出现发生腹泻，腹泻物呈绿色水样。病鸭眼和鼻孔周围常有浆液性或脓性分泌物使眼周围羽毛被粘连，随着病程延长形成结痂、脱落。病鸭常消瘦死亡。

青年鸭和成年鸭感染鸭衣原体病多无临床症状,血清学检测可出现抗体阳性。

病鸭死亡率因饲养管理水平不同有较大差异,饲养管理不良可使死亡率增高。种蛋被污染可使孵化率降低,新生雏鸭死亡率增高。

○ 鸭衣原体病的病理学诊断

外表可见眼、鼻孔周围有渗出物形成的结痂,鼻腔有多量黏稠的分泌物,表现为结膜炎、角膜炎,部分病例可见鼻炎或眶下窦炎,部分病例可见眼球萎缩、肌肉萎缩。

多数病例解剖可见胸腔、腹腔、心包腔有混浊的炎性渗出液,心包、肝周以及气囊的浆膜面有多量纤维蛋白渗出形成的絮片。

部分病例脾脏肿大。部分病例的肝、脾脏可见黄色或灰白色的坏死灶。

○ 鸭衣原体病的实验室诊断

1. 标本的采取

最适合的检查材料可从有症状或有病变的部位采取。如气囊炎病例取变厚的气囊和渗出物、气管分泌物、肿大的脾脏、有黄色或灰白色坏死灶的肝脏、结膜炎处的分泌物等。

2. 直接镜检

在新鲜渗出物或器官压片胞浆中的鹦鹉热衣原体能在显微镜下检出。以姬姆萨氏法染色镜检。

3. 病原分离和鉴定

用于分离鹦鹉热衣原体的实验动物是鸡胚、小鼠或豚鼠。也可用细胞培养。

(1)鸡胚接种。衣原体的所有菌株均能在发育鸡胚卵黄囊中分离和繁殖。受感染的鸡胚常在5~12 d内死亡,胚胎和卵黄囊表现出血或充血。此时如将卵黄囊制成抗原,并在补体结合(CF)试验中能与衣原体阳性抗血清起反应,则可确认卵黄囊已受衣原体感染。

(2)小鼠和豚鼠。来源于禽类的鹦鹉热衣原体菌株无论以脑内、鼻腔内或腹腔内途径接种,均能在幼龄小鼠中分离和繁殖。根据接种病菌的数量和毒力,小鼠可在5~15 d内出现衣原体感染的典型症状和病变。强毒菌株能引起严重的全身性感染使小鼠竖毛、厌食、呆滞,可在5~7 d内死亡。剖检可见器官充血,尤其是肺;肝、脾大,表面可覆盖一层纤维蛋白;胸腹腔积有黏性渗出物,所有这些渗出物以含有大量单核细胞为特征,其中很多细胞的胞浆内有衣原体。

弱毒力衣原体可不致死小鼠,但衣原体在腹膜细胞里的生长繁殖损害了血管内皮,使血浆从腹膜微血管漏出,使含有炎性细胞的纤维蛋白性液体大量积聚于腹腔中。在6周龄的小鼠,其积液量可增至10 mL,其液体中单核细胞常为衣原体所严重感染。

来源于禽类的强毒致死性菌株可用豚鼠分离,豚鼠对少量强毒衣原体比鸡胚更为易感。

(3)细胞培养。来源于禽类的衣原体菌株能适应并在鸡胚原代细胞培养物或小鼠传代细胞培养物中生长良好。

4. 血清学检查

检测衣原体病抗体的血清学方法较多,国内外最常用的方法是补体结合试验、酶联免疫吸附试验、琼脂免疫双扩散试验和间接血凝试验等。

○ 鸭衣原体病的防治措施

根据衣原体对抗菌药物的敏感性,选用敏感的药物进行治疗,如用纯土霉素粉按饲料量的 0.2% 拌料每天两次,连喂 4 d,往往具有较好疗效。

无衣原体污染的种蛋是预防鸭衣原体病的重要环节,刚孵出的雏鸭进行有效的隔离饲养是控制本病的关键措施。

第 10 章　鸭真菌性疾病的诊断和防治

❶ 鸭黄曲霉毒素中毒病

鸭黄曲霉毒素是由黄曲霉毒素引起的一种霉菌中毒病,是以损害肝脏为主要特征,临床表现为逐渐食欲减退,生长缓慢,脱毛,跛行,抽搐,死前呈角弓反张。

黄曲霉毒素(Aflatoxin,AFT)是一组具有强毒性和致癌性的次级真菌代谢产物,全球性污染粮食及其制品、饲料等,给人类和动物的健康造成严重的威胁。据世界粮农组织(FAO)报告,全球每年约有 2% 的农作物因污染严重而失去营养和经济价值。

○ 鸭黄曲霉素中毒的临床诊断

本病因采食了含有黄曲霉毒素的饲料而发生,发病与否取决于采食毒素的量、鸭的年龄等多种因素。病鸭最初症状为采食量减少和生长缓慢,羽毛脱落,常见跛行,腿和指部可出现紫色出血斑点。雏鸭于死前常见有共济失调、抽搐。死时呈角弓反张,死亡率可达 100%。根据江苏农学院用 2.5 月龄的鸭只作霉玉米诱癌试验,在开始喂霉玉米的三个月内,试验鸭先后死亡 12 只,最早在第 26 天即中毒死亡。病鸭的症状是:精神委顿,衰弱无力,步态不稳,倒地后常不能站立,叫声嘶哑,排绿色粪便。

○ 鸭黄曲霉毒素中毒的病理学诊断

△ 肉眼病理变化

刘艳丽等(2006)将含黄曲霉毒素的饲料饲喂雏鸭后第 24 小时,雏鸭食欲减退,精神委顿,虚弱,腿软不能站立或跛行;第 72 小时病鸭出现有明显的神经症状,运动失调,脚弓反张,生长停滞。第 192 小时病鸭共济失调,严重呼吸困难,雏鸭开始死亡。第 24 小时剖检可见肝脏肿大,色淡苍白,第 72 小时可见肝脏肿大呈土黄色,质地变脆,肾脏肿大色淡,质地变脆。心脏有出血斑点。

△ 组织病理学变化

刘艳丽等(2006)将含黄曲霉毒素的饲料饲喂雏鸭,急性中毒病变主要见于肝、肾、脾、脑、心、十二指肠、胰和肺。

1. 肝

中毒组第 12 小时肝细胞排列紊乱,结构模糊;肝细胞肿胀,发生颗粒变性和空泡变性;由于空泡的融合变大,将细胞核挤向一侧;肝窦受压贫血;肝小叶内和汇管区有小灶性的浆细胞浸润和嗜酸性粒细胞浸润;汇管区和肝小叶内胆管上皮细胞呈条索状或团块状增生。第 24 小时汇管区和肝小叶内胆管上皮细胞形成胆管即胆管增生,肝小叶局部肝细胞重度肿胀,核偏位,发生气球样变。第 72 小时重度肿胀的肝细胞范围进一步扩大。

2. 肾

中毒组第 12 小时肾血管球肿大,充满球囊,毛细管表现淤血,肾小囊体积减小;肾小管上皮细胞发生弥漫性的颗粒变性;肾小管小灶性浸润假嗜伊红白细胞。第 24 小时个别肾小管上皮细胞发生核固缩,胞浆深染伊红;极少数散在的肾小管上皮细胞发生脱落。第 96 小时更多肾小管上皮细胞出现核固缩,胞浆深染伊红现象;仍然出现有极少量的肾小管上皮细胞脱落和肾小球系膜基质增厚。

3. 脾

中毒组第 12 小时红髓脾窦轻度淤血。第 24 小时红髓脾窦淤血严重,脾窦扩张成近圆形空腔,部分脾窦内有少量浆液,红髓小灶性浸润嗜酸性粒细胞。第 120 小时红髓有轻微出血现象。

4. 脑

中毒组第 12 小时被膜水肿增宽,被膜下血管扩张淤血;脑实质毛细血管扩张充血。第 24 小时脑实质内毛细血管间隙水肿增宽以及神经元周围间歇扩大。以后时间段组织病理变化均表现相似。

5. 心

中毒组第 12 小时心外膜水肿增厚,局灶性出血,其中有少量浆细胞和嗜酸性粒细胞浸润;心肌纤维间质水肿增宽,血管扩张充血,肌纤维肿胀发生颗粒变性,肌浆内充满大量红染颗粒,或见空泡变性。第 24 小时局部心肌纤维浓染伊红,细胞核浓缩。第 72 小时心肌纤维浓染细胞核浓缩的范围扩大。

6. 十二指肠

中毒组第 12 小时黏膜上皮脱落进入管腔;腺上皮细胞发生轻微颗粒变性;环形肌纤维水肿增宽,部分肌纤维细胞发生空泡变性。第 24 小时腺上皮细胞颗粒变性较重。第 48 小时环形肌纤维肌层肌浆着染伊红不均成竹节状。

7. 胰

中毒组第 12 小时局部外分泌腺腺上皮细胞发生轻微颗粒变性,第 48 小时外分泌腺腺上皮细胞发生颗粒变性,分泌颗粒减少淡染。第 72 小时有散在外分泌腺腺上皮细胞细胞核浓缩,胞浆深染伊红。

8. 肺

中毒组第 24 小时肺毛细管壁增厚,毛细管管腔体积减小甚至消失;红细胞进入部分毛细管腔;毛细管壁散见有假嗜伊红白细胞浸润;毛细血管扩张严重淤血;局部三级支气管腔出血;肺动脉扩张充血;肺间质水肿增宽。以后时间段组织病理变化均表现相似。

○ 鸭黄曲霉毒素中毒的实验室诊断

1. 动物实验法

确诊是用可疑饲料饲喂 1 日龄雏鸭,进行黄曲霉毒素的生物鉴定;即通常给 1 日龄雏鸭饲喂 5 d 可疑含有黄曲霉毒素的饲料浸出液,第 7 天剖杀,取其肝脏作组织学检查,可以测定是否有黄曲霉毒素。一般可以测出总剂量为 2.5 μg 的毒素。

2. 紫外光检测法

可用色谱分析法检测可疑饲料浸液在紫外光照射下发出不同强度的荧光,因而可用光度计进行光密度的微量测量。

3. 免疫组化检测肝脏中黄曲霉毒素

利用抗黄曲霉毒素单抗、免疫组化理论和方法,结合石蜡切片技术,建立检测黄曲霉毒素感染雏鸭组织器官的免疫组化方法。7 日龄樱桃谷鸭饲喂含黄曲霉毒素 B1(AFB1)含量为 150 μg/kg 的全价饲料,雏鸭采食含 AFB1 饲料后,24 h 可在肝脏和肾脏中检测到 AFB1,随后在脾脏(48 h)、胰腺(96 h)、十二指肠(120 h)、心肌(144 h)及法氏囊(168 h)检测到 AFB1,其中肝脏和肾脏的阳性结果最强;AFB1 分布于肝脏肝窦及汇管区周围炎性反应带的肝细胞,肾脏肾小管、集合管上皮细胞以及肾小球毛细血管,脾脏白髓及炎性细胞,胰腺腺上皮细胞,十二指肠脱落的黏膜上皮细胞,心脏血管周围和心脏发生空泡变性的心肌纤维中;AFB1 主要集中分布于细胞核内,而细胞膜和细胞质内也有少量的分布。

4. 酶联免疫吸附法（ELISA）检测曲霉毒素

测定食品和饲料中黄曲霉毒素主要采用了间接竞争酶联免疫吸附法，其原理是将黄曲霉毒素特异性抗体包被于聚苯乙烯微量反应板的孔穴中，再加入样品提取液（未知抗原）及酶标黄曲霉毒素抗原（已知抗原），然后加酶底物显色，颜色的深浅取决于抗体和酶标黄曲霉毒素抗原结合的量。ELISA 测定黄曲霉毒素技术先进，灵敏度高，特异性强，精确度高，重复性好，测定速度快，成本低，污染少，一次可测定大批样品，已被列入测定食品、饲料中黄曲霉毒素的国标方法，适于推广应用。

○ 鸭黄曲霉毒素中毒的防治措施

对已经发生黄曲霉毒素中毒的病例，目前尚无有效药物治疗。

生产实践中，鸭群及时更换含有黄曲霉毒素的饲料，很快即停止发病死亡。

本病平时预防的重点是加强饲料的保管工作，特别是温暖多雨季节要采取切实措施防止饲料霉变，保证饲料中没有黄曲霉毒素的生成。

❷ 雏鸭念珠菌病

雏鸭念珠菌病是由白色念珠菌所引起的一种霉菌性传染病，其特征是消化道黏膜发生白色的假膜和溃疡；气囊混浊、呼吸困难、气喘。

雏鸭念珠菌病的其他名称较多，如消化道真菌性感染、念珠菌口炎、霉菌性口炎、念珠菌病、碘霉菌病、念珠菌病以及酸嗉囊等。

○ 雏鸭念珠菌病的流行病学诊断

本病主要见于鸡、火鸡、鹅、鸽、野鸡，松鸡和鹌鹑也有发病报道。鸭很少有报道。

幼禽的易感性和死亡率均较成禽为高。实验动物中豚鼠与家兔经静脉注射皆可发病。人也可感染。

本病主要通过消化道感染,也可通过蛋壳感染。

恶劣的卫生条件、不良的饲养管理等机体抵抗力降低后可诱发本病的发生,也可因其他疾病降低机体抵抗力后继发本病。

生产中滥用抗菌药物,可导致消化道正常菌群的紊乱,也是诱发本病的一个重要因素。

○ 雏鸭念珠菌病的临床及病理学诊断

雏鸭生长发育不良,羽毛松乱,精神委靡,不愿活动,常打堆、聚集在一起。

患病鸭表现呼吸急促,频频伸颈张口,呈喘气状,时而发出咕噜声,叫声嘶哑,抽搐。

剖检可见尸体消瘦,口、鼻腔有分泌物,口、咽、食道有黏膜覆盖一层白色或灰色假膜,部分病例出现溃疡状斑。胸、腹气囊混浊,可见小米粒大小的淡黄色结节。

○ 雏鸭念珠菌病的实验室诊断

1. 直接镜检

取病变部的棉拭或刮屑、痰液、渗出物等做涂片,可见到革兰氏染色阳性,有芽生酵母样细胞和假菌丝。

2. 分离培养

将上述样品培养在沙氏培养基上,置于室温或 37℃培养,然后检查典型菌落中的细胞和芽生假菌丝。

3. 动物接种试验

将病料或培养物制成 10‰混悬液给家兔肌肉注射 1 mL,经 4～5 d 死亡,剖检可见肾肿大,在肾的皮质部散布许多小脓肿。

○ 雏鸭念珠菌病的防治措施

加强卫生管理至关重要,防止出现环境潮湿,保证干燥的环境,保持良好通风。加强饲养管理,减少各种应激因素,增强鸭体抗病力。

在其他疾病的防治工程中,防止滥用抗菌药物,保障消化道正常微生物生态结构的稳定。对患病鸭可使用制霉菌素进行治疗,药物按每千克饲料加 0.2 g 药,连用 2～3 d 即可。

❸ 鸭曲霉菌病

鸭曲霉菌病是由曲霉菌感染鸭引起的一种真菌性传染病,主要发生于幼龄雏鸭,多表现为急性经过,发病率很高,造成大批死亡。成年鸭多为散发。本病又名鸭霉菌性肺炎。鸭曲霉菌病在我国南方地区多见,北方多见于地面育雏的寒冷季节。曲霉菌可使多种禽类和哺乳动物感染。

○ 鸭曲霉菌病的流行病学诊断

各种家禽和野生禽类对曲霉菌都有易感性,年龄越小易感性越高。鸭曲霉菌病的主要传染来源或传播途径是被曲霉菌污染的垫草和饲料。当温度和湿度适合时,曲霉菌大量增殖,可经呼吸道感染,也可能经消化道感染。

被污染的孵化器可充当传播媒介,雏鸭孵出后即可发病,出现呼吸道症状。

另据谢盛璧等(1981)对鸭烟曲霉菌性肺炎的调查,此病多发于群体较大的鸭群,且以当年培育的青年鸭多发,老母鸭和小鸭很少,在夏、秋季和天气闷热时容易发生和流行。

○ 鸭曲霉菌病的临床诊断

谢盛璧等(1981)对鸭烟曲霉菌性肺炎的临床症状的描述:主要表现为急性型,也有少数呈慢性经过。急性型病例发生很急,几天内能引起全群发病。病初体温无变化,但精神沉郁,缩颈嗜睡,不喜行动,不愿游水,常蹲在一边不动,与此同时,食欲减少,不久则完全废绝,但好饮水。两眼常有透明泪水流出,鼻孔也有浆样鼻滴,有时咳嗽,有时摆尾,粪便稀薄初带白色,其后很快变为铜绿色粪汁。病状逐渐严重,完全废食,羽毛失去光泽,体重急剧下降,并发展为下列较为突出的病状:

①头部水肿,30%～40%的病鸭头、眼睑和上颈部均发生明显水肿。

②两眼病变:多发生于一侧,先流泪,并由内眦部流出带有小气泡的透明水样液,后则口下眼睑黏着闭锁,眼结膜囊内有灰白色或黄色干酪状物阻塞,角膜混浊,逐渐失明。

③口腔内有白喉样膜状物,于口角、咽喉、口盖等处均可见附有较厚的灰白色或黄色伪膜状物,剥离后常见有出血烂斑。

④呼吸道症状:病鸭常发咳嗽,单咳一声或连咳数声不止,每分钟呼吸 30 次以上。当呼吸困难时,病鸭将头向上伸直,把口张开,用力吸气,并发出咯咯叫声和粗大喘鸣声,在数十步之外都能听到。

⑤跛行:此为慢性病型主要病症之一,约占 10%,以左脚发病较多,有时也发生于两脚。病鸭患肢不能重负,行动困难,以致出现跛行,严重者将患肢向后伸直,拖着而行,趾间膜收缩,针刺无痛感。如发生于两脚时,则见两脚均向后伸展,张开两翅,俯伏地上鼓翅前进。

⑥濒死表现:病鸭一般经 3～4 d 死亡,临死时头颈向上后方弯曲,两脚向后方伸直,全身痉挛,2～3 min 而死。也有用力鼓动两翅,头向后仰,在地上旋转数周而死者。而少数慢性病例则拖延数 10 d 瘦弱死亡。

○ 鸭曲霉菌病的病理学诊断

谢盛璧等(1981)对鸭烟曲霉菌性肺炎的病理变化是这样描述的。

(1)头颈部、两翅和尾部皮肤都有暗红色出血斑,切开头颈部皮下有黄色胶样浸润,全身皮下和肌肉出血,口腔内和左右两颊部黏膜均有灰白色或黄色的麸皮状伪膜附着,剥离后常见出血或烂斑。

(2)呼吸道病变最明显,大部病例都在鼻黏膜上覆盖有浓厚的污灰色坏死伪膜,或黄色伪膜将鼻道完全阻塞;伪膜剥离后鼻道黏膜呈弥漫性出血,喉头出血,也有坏死伪膜附着。全气管的病变也很特殊,气管上2/3部位黏膜严重出血,并有3~4个圆形灰白色或稍带黄色膜状物生长其上,难以剥离。部分病例气管中部或下部严重出血,并有数个同样的灰白色圆形膜样物生长。此外还有少数病例的全部气管均发生此种病变,或在气管外侧生长灰白色圆形膜状物和圆形结节状物。肺和胸腔以及气囊中有结节状物和霉菌团生长,是此病最可靠的诊断依据。其特异之处,在左右肺的边缘与胸膜相连接的部分,发生有黄白色高粱粒大或黄豆大的结节状物,质地较硬,与干酪相似,少者数个结节相连,多者十多个结节聚集发生,常与周围肺组织密接不易分离,而初发病例,此种结节周围的肺组织呈鲜红晕圈。此外肺表面失去光泽,常有出血斑或灰白色病灶。霉菌团集结常发生于体腔内气囊中和胸膜腔浆膜上,或胃和肠管浆膜上,常为灰白色或浅蓝色,或稍带黄色的圆形或不正圆形,有的呈覃子形或纽扣状的霉菌集落,其大者有蚕豆大,小者也有黄豆或高粱粒大,并有相当厚度,质硬如橡胶状,与周围组织密连生长,很难分离。

(3)其他脏器的病变也很严重。心外膜带有出血,严重者整个心外膜都呈暗红色出血,食道和膨大部分常发现有麸皮状膜附着于黏膜口,但容易剥离。腺胃黏膜常有出血烂斑,或与肌胃交界处发生大小不同的出血溃疡。小肠、直肠黏膜出血,脾出血病例也很多,肝质脆弱,呈古铜色,有中等程度肿胀,并有暗红色出血斑点。胆囊肿大,充满深绿色胆汁。肾无变化。

○ 鸭曲霉菌病的实验室诊断

病原检验

(1)标本采取。主要采取病灶的霉菌结节或霉菌斑。

(2)直接镜检。标本置于载玻片上,加 20% 氢氧化钾溶液 1～2 滴,混匀,加盖玻片后镜检,可见典型的曲霉菌:大量霉菌孢子,并见有多个菌丝形成的菌丝团,分隔的菌丝排列成放射状,直径为 7～10 μm,向另一个方面呈 45°角分枝。在病变组织切片中找到本菌,即可确定诊断。

(3)分离培养。取肺组织典型标本点播接种于萨布罗琼脂平板培养基上,37℃培养 36 h 后,出现肉眼可见中心带有烟绿色、稍凸起、周边呈散射纤毛样无色结构菌落,背面为奶油色,直径约 7 mm,有霉味。培养至第 5 天,菌落直径可达 20～30 mm,较平坦,背面为奶油色。镜检可见典型霉菌样结构,分生孢子头呈典型致密的柱状排列,顶囊呈倒立烧瓶样。菌丝分隔。孢子呈圆形或近圆形,绿色或淡绿色,直径为 1.5～2.0 μm,有刺。

(4)动物试验。取 3 日龄雏鸡 4 只,以本菌分子孢子生理盐水悬液注入胸气囊每只 0.1 mL,经 72 h,试验组全部死亡,剖检病变与自然死亡相同,并从标本中分离出本菌。对照组 4 只,全部健活。

○ 鸭曲霉菌病的防治措施

1. 搞好环境卫生,加强饲养管理,是有效预防本病的根本措施

鸭曲霉菌病的致病因子是曲霉菌,因此采取切实有效措施消除环境中的曲霉菌至关重要。尤其是搞好鸭舍的通风和防潮湿工

作。不用发霉的垫料、禁喂发霉饲料。鸭舍可用福尔马林熏蒸消毒，或用 0.5% 新洁尔灭和 0.5%～1.0% 甲醛消毒。注意孵化器的消毒；孵前或已入孵鸭蛋者应在 12 h 内用福尔马林熏蒸消毒，以杀灭孵化器和蛋壳表面的霉菌或霉菌孢子以及其他细菌和病毒，并能提高雏鸭的成活率。如果鸭群已被感染发病，则应及时隔离病雏，消除垫草和更换饲料，消毒鸭舍，并在饲料中加入 0.1% 硫酸铜溶液，以防再发病，南方放牧鸭群发病后应更换牧地，脱离污染环境。

2. 本病无特效疗法

可试用制霉菌素气溶胶吸入，有较好的防治效果，或在饲料中拌入制霉菌素，按每 80 只雏鸭 1 次用 50 万 U，每天 2 次，连用 3 d 进行防治。口服碘化钾有一定的疗效，每升饮水加碘化钾 5～10 g。还可将碘 1 g、碘化钾 1.5 g 溶于 1 500 mL 水中，进行咽喉注入。另据报道用两性霉素 B 或克霉唑（三苯甲咪唑）治疗亦有一定效果。口服灰黄霉素，每只鸭服 500 mg，每天 2 次，连服 3 d 亦有疗效。

3. 用 2% 金霉素溶液治疗

每天注射 3 次，每次 2 mL，连续 3 d，有较好疗效。

4. 中药治疗

用鱼腥草、水灯芯、金银花、薄荷叶、枇杷叶、桑皮、甘草等各 90 g，并配明矾 30 g，煎水拌在饲料内，给 100 只鸭连续服用，至治愈为止，其效果也较好。

第 11 章　鸭寄生虫病的诊断与防治

❶ 吸虫病

○ 鸭前殖吸虫病

鸭前殖吸虫病是前殖科前殖属吸虫寄生于家鸭的输卵管、法氏囊、泄殖腔或直肠内所引起的疾病。由于虫体寄生导致鸭产软壳蛋、异形蛋或产蛋停止,严重者多继发输卵管炎、腹膜炎而导致死亡。鸭前殖吸虫病呈地方性流行,给农村养鸭业造成很大的经济损失。

1. 鸭前殖吸虫病的流行病学诊断

前殖吸虫的第一中间宿主为赤豆螺,蜻蜓充当第二中间宿主。本病呈地方性流行,其流行季节与蜻蜓或其稚虫出现的季节一致,主要是每年的 5～6 月份。稚虫聚集到水岸边,并爬上岸变为成虫时,极易被鸭捕食而受到感染。此外,在夏、秋雷雨季节,蜻蜓不能飞翔,也易被鸭吞食而受到感染。我国农村饲养鸭多为放牧式,这也给鸭增加了感染机会,从而造成本病普遍流行。

2. 鸭前殖吸虫病的临床诊断

感染初期一般症状不显著,只是母鸭产蛋不正常,产畸形蛋或产蛋减少。久之患鸭食欲减少,精神委顿,常伏于巢窝内,母鸭产蛋停止,常从肛门流出卵壳碎片或类似石灰质、蛋白样液体。腹部常膨大,泄殖腔常突出,肛门边缘高度潮红,被毛污秽或脱落。一般拖延1~2周死亡。

3. 鸭前殖吸虫病的实验室诊断

采用水洗沉淀法检查粪便中的虫卵可确诊。

4. 鸭前殖吸虫病的治疗

(1)丙硫咪唑,100 mg/kg,1 次口服。

(2)吡喹酮,60 mg/kg,1 次口服,每日 1 次,连用 2 d。

(3)六氯乙烷,每只鸭 0.2~0.5 g,混入饲料内喂服。

5. 鸭前殖吸虫病的预防

(1)在每年春末、夏初经常检查鸭群,发现病鸭及时驱虫治疗。

(2)防止鸭吞食蜻蜓或其幼虫,在蜻蜓出现季节,不在清晨或雨后到池塘、水田内放牧。

(3)对鸭粪进行堆肥或其他无害化处理,禁止直接施入水田或池塘内。有条件者可采用化学药物杀灭鸭放牧环境中的淡水螺。

○ 鸭环肠吸虫病

鸭环肠吸虫病(亦称气管吸虫病)是环肠科吸虫寄生于家鸭气管、支气管、肺及鼻腔所引起的一种以呼吸困难为特征的疾病。虫体寄生导致鸭营养不良、消瘦,甚至因虫体阻塞呼吸道发生窒息死亡,给养鸭业带来一定的经济损失。

1. 鸭环肠吸虫病的流行病学诊断

环肠科吸虫中以舟形嗜气管吸虫分布最广,致病力最强,对鸭危害最严重。家鸭系吞食含有舟形嗜气管吸虫囊蚴的螺蛳而受感染。

2.鸭环肠吸虫病的临床诊断

由于虫体附着在鸭气管、支气管上阻塞气管而发生呼吸困难，鸭病初轻度咳嗽和气喘，后渐加剧，并伸颈张口呼吸，走近鸭群就可听到"哈哈"声，严重者则窒息死亡。部分患鸭在躯体两侧伸向颈部皮下发生气肿，颈部皮下气肿形如"鹅颈"，气肿可扩散至胸、背、腹部乃至两腿间，最终窒息而亡。此外，由于成虫寄生在患鸭的呼吸器官以及童虫在鸭体内移行游走而误入肝脏等器官中，因机械损伤和虫体分泌物的毒素刺激及虫体阻塞呼吸道等原因，使家鸭尤其是幼鸭的健康和发育受到一定的影响。病鸭表现为精神不振，羽毛不整齐及消瘦，生长发育迟缓。

剖检变化：从咽喉至肺细支气管出现充血，管腔内积有较多的黏液，在气管及支气管管壁上可找到很多虫体。

3.鸭环肠吸虫病的确诊

剖检患鸭或病死鸭在其气管内找到虫体即可确诊。

4.鸭环肠吸虫病的治疗

(1)0.1%～0.2%碘液，每只1 mL，气管注射，同时连用0.2%土霉素水饮服2 d。

(2)吡喹酮按30 mg/kg，拌料喂服，连用2～3 d。

5.预防

(1)经常检查鸭群，发现病鸭应及时驱虫治疗。

(2)对鸭粪进行发酵处理后才能施入水田中，可采用化学药物杀灭放牧环境中的淡水螺。

○ 鸭棘口吸虫病

鸭棘口吸虫病为棘口科的多种吸虫寄生于家鸭的肠道内所引起的一类疾病。

1.鸭棘口吸虫病的流行病学诊断

棘口类(科)吸虫的生活发育过程中都需要淡水螺作为中间宿

主。棘口类吸虫病在我国家鸭中流行广泛,对雏鸭危害尤为严重。家鸭感染棘口类吸虫系吞食含有棘口类吸虫囊蚴的螺类、蝌蚪和鱼类。在中国各地虽只有一定种类的螺蛳充当棘口类吸虫的第一中间宿主,但棘口类吸虫尾蚴对第二中间宿主缺乏严格的选择性。家鸭终年均可受感染,但以 6～8 月为感染高峰季节。

2. 鸭棘口吸虫病的临床诊断

家鸭轻度感染则症状不明显,严重感染则可见家鸭食欲缺乏,甚至拒食,拉稀,粪中带血;成年鸭体重下降,母鸭产蛋减少,雏鸭生长停滞、贫血、消瘦;严重病例可因极度衰弱和全身中毒而死亡。解剖病变常见虫体吸附在小肠、盲肠或直肠壁上,吸着部的肠黏膜呈点状或块状出血,虫体寄生的肠段黏膜充血,肠腔内积聚多量红黄色的黏液。

3. 鸭棘口吸虫病的实验室诊断

对疑似病鸭,生前可采集粪便用水洗沉淀法检查虫卵。死后诊断,采用肠道局部解剖法,发现多量虫体和病变即可确诊。

4. 鸭棘口吸虫病的治疗

对病鸭可采用下列药物驱虫:

(1)丙硫咪唑,按每千克体重用药 10～25 mg,1 次喂服。

(2)吡喹酮,按每千克体重用药 10 mg,1 次喂服。

5. 鸭棘口吸虫病的预防

(1)家鸭获得感染系吞食含有囊蚴的中间宿主所致。防止感染需避免鸭吞食含有囊蚴的贝类、蝌蚪和鱼类。放养雏鸭的池塘,应先杀灭中间宿主。

(2)病鸭粪先进行堆肥发酵及无害化处理,才能施入水田中,以避免病原散播。

(3)对放牧鸭群可用丙硫咪唑按每千克体重 10 mg,每半个月进行 1 次预防性驱虫。

○ 鸭光口吸虫病

鸭光口吸虫病是光口科吸虫寄生在家鸭肠道内引起以溃疡性肠炎为特征的一类疾病。

1. 鸭光口吸虫病的流行病学诊断

光口科吸虫的生活发育史都需要淡水螺作为中间宿主。鸭光口吸虫病流行于中国多个省区,是一种对养鸭业危害较严重的吸虫病。家鸭因采食含有光口科吸虫囊蚴的淡水螺、水草及淡水虾类而遭受感染。家鸭整年均能受感染,但主要感染季节为夏、秋两季。

2. 鸭光口吸虫病的临床诊断

光口科吸虫中以光孔属和球孔属吸虫致病力最强,引起鸭严重溃疡性肠炎,致使雏鸭成批死亡,对养鸭业危害很大。成虫寄生于鸭小肠中、下段。每条吸虫吸着在黏膜上,使周围的肠绒毛脱落,黏膜出血,形成一深凹陷。该虫体不但破坏寄生部位的肠组织后,还具移行的特点,当它们移至健康肠壁时,虫体周围的肠组织又会遭受新的破坏。当有较多虫体寄生时,溃疡面连成一片,造成肠壁大面积损伤,溃疡可深至深层肌肉几乎达浆膜层。未溃烂的肠壁大面积的绒毛、黏膜急性充血。肠腔中出现许多黏液、血块和坏死组织。雏鸭表现为食欲减退,怕冷,精神不振,消瘦无力,拉不成形的黏液性粪便,几天后死亡。

3. 鸭光口吸虫病的实验室诊断

采用水洗沉淀法检查粪便中的虫卵,并根据临床症状结合剖检死亡鸭,在其肠道内找到虫体即可确诊。

4. 鸭光口吸虫病的治疗

(1)硫双二氯酚(别丁),按每千克体重 200 mg 1 次喂服。该药为首选药物。

(2)丙硫咪唑,按每千克体重 20 mg 喂服,1 d 1 次,连用 3 d。

(3)吡喹酮，按每千克体重 60 mg 喂服，1 d 1 次，连用 3 d。

5. 鸭光口吸虫病的预防措施

(1)在防止本病时，应查明具体流行区的病原虫种，雏鸭要避免与相应的媒介物或宿主接触，切断感染途径。

(2)对病鸭粪要先进行发酵处理后才能施入水田、池塘中，以防止病原散播。

○ 鸭嗜眼吸虫病

鸭嗜眼吸虫病是嗜眼科吸虫寄生于家鸭的眼结膜囊、瞬膜或小肠内引起的疾病。

1. 鸭嗜眼吸虫病的流行病学诊断

一年中 5～6 月份和 9～10 月份是螺体内含有成熟尾蚴最多的季节。这几个月也是鸭受感染最严重的时期。鸭通过吃到有此阳性螺分布的水域中的水生植物、小螺等杂物而受感染。

2. 鸭嗜眼吸虫病的临床诊断

嗜眼吸虫主要寄生于鸭眼结膜囊和瞬膜内，由于虫体的机械性刺激和分泌毒素的影响，使患鸭发生结膜-角膜炎。该病对幼鸭危害严重。幼鸭眼黏膜充血、流泪，角膜与瞬膜浑浊、充血，甚至化脓溃疡，眼睑肿大或紧闭，严重的失明而难以进食。患鸭普遍消瘦，流行严重时引起雏鸭大批因眼疾难以进食，很快消瘦，最后导致死亡。成年鸭感染后症状较轻，主要呈现结膜-角膜炎，消瘦等症状。

3. 鸭嗜眼吸虫病的确诊

主要根据临床症状并结合剖检患鸭或病死鸭，在其眼内找到虫体即可确诊。

4. 鸭嗜眼吸虫病的治疗

用 0～95％酒精滴眼可使嗜眼吸虫吸盘失去吸附能力或虫体被固定死亡，虫体能立即随着泪水而排出眼外。少数寄生在较深部位的虫体可再次酒精滴眼时驱出。具体治法：一人将鸭绑定好，另一人以左手固定鸭头，右手持 5～10 mL 金属注射器，并接上 12 号弯形钝头注射针插入瞬膜和眼球之间，随即向内眦方向推 3～4 滴(约 0.1 mL)酒精即可。在驱虫后可用氯霉素眼药水滴眼，有助于炎症消除。

　　5. 鸭嗜眼吸虫病的预防

　　在饲养有家鸭的河道沟渠中大力杀灭瘤拟黑螺等螺蛳，消灭传播媒介，杜绝病原散播。在流行区中用做家鸭饲料的浮萍、河蚬等应用开水浸泡杀灭其中的囊蚴后再供鸭食用。

○ 鸭后睾吸虫病

　　鸭后睾吸虫病是后睾科吸虫寄生于家鸭肝胆管和胆囊内所引起的疾病。

　　1. 鸭后睾吸虫病的流行病学诊断

　　后睾科吸虫生活发育过程中需要两个中间宿主，第一中间宿主为淡水螺，第二中间宿主为鱼类。虫卵随宿主粪便排出后散布于水中，螺蛳吞食虫卵后，毛蚴在其体内孵出；毛蚴进一步发育为胞蚴、雷蚴和尾蚴。尾蚴游于水中，遇到鱼则钻入其体内在肌肉中形成囊蚴。家鸭采食含有成熟囊蚴的鱼而受到感染。幼虫在鸭体经 15～30 d 发育成熟。我国各地家鸭体内均有不同程度的感染。

　　2. 鸭后睾吸虫病的临床及病理学诊断

　　吸虫主要寄生于鸭胆囊，对体属及后睾属则主要寄生于肝胆管内。虫体寄生分泌的毒素引起鸭贫血、消瘦和水肿。虫体除直接造成胆囊、胆管病变，引起炎症，使胆汁变性和阻塞胆管外，还引起肝脏发生病变，严重影响肝脏正常的生理功能，导致病鸭普遍消瘦，饲料报酬率降低，幼鸭生长发育受阻，成年鸭产蛋量降低。在流行区若管理不善，引起本病爆发，可导致鸭大量死亡。病理剖检变化：肝脏病变明显，肝体积增大，表面呈橙黄色，有花斑，被膜粗糙;肝实质非常脆弱,甚至腐败,切开时流出红色稀薄血水,切面可见出血性孔道;胆囊肿大;胆管肿大呈索状突出于肝表面;胆囊、胆管内壁粗糙;胆管壁增厚,管腔狭窄;胆汁浓稠变绿。患病鸭表现为精神沉郁,食欲下降,游走无力,不寻食,缩颈闭眼,离群呆立,羽毛蓬乱,消瘦,排白色或灰绿色水样粪。

3. 鸭后睾吸虫病的确诊

生前诊断主要靠粪便发现虫卵,但鉴别虫种较困难。死后剖检发现虫体并结合病变即可确诊。

4. 鸭后睾吸虫病的治疗

(1)丙硫咪唑,按 10 mg/kg 1 次喂服。

(2)吡喹酮,按 10 mg/kg 1 次喂服。

5. 鸭后睾吸虫病的防治

(1)禁用生鱼及下脚料喂鸭,杜绝感染源。

(2)可采用化学药物杀灭纹沼螺和赤豆螺,阻断或控制后睾吸虫幼虫期发育的第一个环节。

○ 鸭背孔吸虫病

鸭背孔吸虫病是背孔科吸虫寄生于家鸭的盲肠或小肠内引起的疾病。

1. 鸭背孔吸虫病的流行病学诊断

背孔类(科)吸虫在发育过程中只需要一个中间宿主。成虫在终末宿主体内产卵,卵随宿主粪便排到外界。在适宜条件下,虫卵在水中孵出毛蚴。毛蚴遇到螺蛳则钻入其体内,然后依次发育为胞蚴、雷蚴和尾蚴。尾蚴可从螺体逸出,在水草上形成囊蚴,也可以留在螺体内形成囊蚴。家鸭若吃到含有囊蚴的水草或螺蛳则被感染。囊壁被消化后,童虫则逸出附着在宿主肠黏膜上发育为成虫。一般在终末宿主(鸭)体内约经 3 周发育成熟。以 5~8 月份为感染高峰季节。

2. 鸭背孔吸虫病的临床及病理学诊断

大量虫体寄生可引起小肠或盲肠发炎、糜烂,消化和吸收功能减退。病鸭精神沉郁,离群呆立,闭目嗜睡。饮欲增加,食欲减退甚至废绝。脚软,行走摇晃,常易倒地,严重者不能站立。拉稀,粪便呈淡绿色至棕褐色,胶样或水样,严重者混有血液。病程多为2~6 d,最后贫血、衰竭而死。

3. 鸭背孔吸虫病的确诊

粪便直接涂片或用漂浮法查到两端具有卵丝的虫卵即可确诊。

4. 鸭背孔吸虫病的防治措施

背孔类吸虫一般较难驱除。避免家鸭吞食含有囊蚴的水草或淡水螺,是防治本病最有效的途径。对患鸭可试用槟榔,按每只鸭每千克体重 0.6 g,煎水,于每天傍晚用小皮管投服 1 次,连服 2 d。

○ 鸭杯叶吸虫病

鸭杯叶吸虫病是杯叶科吸虫寄生于家鸭小肠内引起的疾病。

1. 鸭杯叶吸虫病的流行病学诊断

杯叶科吸虫完成其生活发育史,需 2 个中间宿主:第一中间宿主为淡水螺;第二中间宿主为鱼类。虫卵随鸭粪排到外界后,毛蚴孵出并钻入螺体内发育为胞蚴和叉尾尾蚴。尾蚴遇鱼类即钻入鱼体内形成囊蚴。鸭吞食含囊蚴的鱼后,虫体在鸭体内经 3 d 左右发育成熟。家鸭吞食含有囊蚴的小型鱼类为其感染途径。

2. 鸭杯叶吸虫病的临床及病理学诊断

东方杯叶吸虫寄生于鸭小肠内,成虫腹面吸附于宿主肠壁上,腹面密集的尖刀形棘刮破肠壁,有效地吸收宿主营养物质。雏鸭严重感染,可引起急性腹泻死亡。本病临床表现:神情委顿,呆滞;走路摇摆,有时两翅稍下垂;眼半闭合;缩颈;喜饮水;腹泻;强迫下水,游动缓慢;采食过程中往往被健康鸭挤开,接着离开食槽;肛门周围附有污白、黄色稀粪。病理剖检变化:病死鸭多数消瘦;小肠呈青白色或墨绿色;肠黏膜下层有散在出血点和坏死灶;肠内容物为浅黄白色;恶臭;将内容物清洗后可见密集的如蚕卵状、虱卵状乳白色和浅褐色的圆形虫体。

3. 鸭杯叶吸虫病的确诊

根据临床症状并结合剖检病死鸭在其肠道找到虫体即可确诊。

4. 鸭杯叶吸虫病的治疗

(1)丙硫咪唑,按 60 mg/kg,1 d 1 次,连用 2 d。

(2)吡喹酮,按 200 mg/kg,1 次喂服。

5. 鸭杯叶吸虫病的预防

避免鸭吞食含有囊蚴的小型鱼类,用鱼下脚料喂鸭时应先将其煮熟后方可饲喂。

○ 鸭血吸虫病

鸭血吸虫病是裂体科吸虫寄生于家鸭的肝门静脉和肠系膜静脉内所引起的疾病。

1. 鸭血吸虫病的流行病学诊断

中间宿主主要为椎实螺类。虫卵随鸭粪排出体外,散布于水中。毛蚴从虫卵内孵出并在水中游泳,遇到中间宿主螺蛳则钻入其体内,先后发育为母胞蚴、子胞蚴和尾蚴,然后尾蚴从螺体逸出,若遇终末宿主鸭,则钻入其皮肤,经过移行至肝门静脉和肠系膜等血管内发育成熟。包氏毛毕吸虫在完成一个世代的发育中,需要经过成虫、虫卵、毛蚴、母胞蚴、子胞蚴和尾蚴 6 个发育阶段,总共需要 39 d 时间(最短),其中以毛蚴感染到尾蚴逸出最短需要 24 d,从尾蚴感染到虫体发育成熟并排卵最短需要 15 d。椎实螺是鸭喜食的动物性食物,所以,家鸭的感染几率相当大,这必然造成各地鸭普遍感染。

2. 鸭血吸虫病的临床及病理学诊断

鸭血吸虫成虫主要寄生于鸭肝门静脉和肠系膜静脉内,在鸭的肾、腹腔、肺及心脏的心管内亦有少量寄生。其虫卵堆集在微血管内,尤其是肠壁微血管,其一端伸向肠腔而穿过肠黏膜,引起肠黏膜发炎损伤,产生小结节,影响消化吸收,继而营养不良,发育受阻,重者死亡。病鸭除有拉稀和肠炎症状外,其生长发育明显缓慢,在群体中,往往个体瘦小,弯腰弓背,行走摇摆,处在一群鸭的后面。

3. 鸭血吸虫病的确诊

观察到新鲜病鸭粪中的虫卵或解剖病鸭发现在肝门静脉和肠系膜静脉中的成虫即可确诊。

4. 鸭血吸虫病的防治措施

(1)对患病鸭可采用吡喹酮,按 100 mg/kg 喂服,1 d 1 次,连用 3 d。

(2)加强鸭粪管理,做无害化处理后才能施入水田中,以防病原散播。

(3)可采用低毒价廉的化学药物杀灭椎实螺。

○ 鸭鸮形吸虫病

本病是形科吸虫寄生于家鸭肠道内引起的疾病。

1. 鸭鸮形吸虫病的流行病学诊断

鸮形科吸虫在发育过程中需要两个中间宿主:第一中间宿主为淡水螺;第二中间宿主为淡水螺或蛭类。虫卵在水中孵化出毛蚴,毛蚴侵入螺蛳体内发育为胞蚴和尾蚴,尾蚴留于原螺蛳体内形成囊蚴,或从原螺蛳体内逸出而进入另一螺蛳体内或蛭类体内发育为囊蚴或四叶幼虫。家鸭吞食半球多脉扁螺及尖口圆扁螺是感染优美异形吸虫及有角杯尾吸虫的主要途径。

2. 鸭鸮形吸虫病的临床诊断

鸮形科吸虫主要寄生于家鸭的小肠内,引起鸭肠道发炎,使其消化、吸收功能紊乱,影响鸭生长发育。

3. 鸭鸮形吸虫病的确诊

采用直接涂片法或水洗沉淀法在鸭粪中查见虫卵并结合解剖部分患鸭可确诊。

4. 鸭鸮形吸虫病的治疗

(1)丙硫咪唑,按 20 mg/kg,1 次喂服。

(2)吡喹酮,按 10 mg/kg,1 次喂服。

◎ 鸭异形吸虫病

本病是异形科吸虫寄生于家鸭肠道内所引起的疾病。

1. 鸭异形吸虫病的流行病学诊断

卵随宿主粪便排出。若虫卵被淡水螺吞食后在螺体内孵化出毛蚴;毛蚴进一步发育为胞蚴、雷蚴和尾蚴;尾蚴从螺体逸出并进入水中游泳,遇到鱼类则钻入鱼体皮肤及肌肉中形成囊蚴。家鸭吞食含囊蚴的鱼类而受感染。鸭感染后 24～48 h,幼虫在其体内即可发育成熟。成虫在终末宿主体内只能寄生 1 个月左右。

2. 鸭异形吸虫病的临床诊断

异形隐叶吸虫寄生于家鸭小肠内,由于体表小刺刺激肠黏膜发炎、出血,影响鸭消化吸收功能,使其消瘦、生长发育不良。

3. 鸭异形吸虫病的确诊

用直接涂片法或水洗沉淀法在鸭粪中查见虫卵并结合解剖部分患鸭可确诊。

4. 鸭异形吸虫病的治疗

(1)丙硫咪唑,按 20 mg/kg,1 次喂服。

(2)吡喹酮,按 10 mg/kg,1 次喂服。

❷ 绦虫病

○ 鸭膜壳科绦虫病

膜壳科绦虫是家鸭体内最常见并且危害最严重的一类绦虫。膜壳科绦虫主要寄生于家鸭的小肠内,引起鸭出现贫血、消瘦、下痢、产蛋减少或停止;对雏鸭生长发育影响尤为严重,重度感染时可引起雏鸭成批死亡。

1. 鸭膜壳科绦虫病的流行病学诊断

鸭膜壳科绦虫病流行于世界各地,几乎凡养有家鸭的地方,均有本病存在。尤其是放牧鸭群感染率高,感染强度大,危害极严重。

各种膜壳科绦虫的发育都需通过中间宿主淡水甲壳类、淡水螺或其他无脊椎动物,有的种类还以淡水螺作为转续宿主(或补充宿主),即拟囊尾蚴贮藏在其体内。

2. 鸭膜壳科绦虫病的临床及病理学诊断

膜壳科绦虫吸盘或吻突上的钩或棘对鸭肠壁引起机械损伤,虫体产生的毒素可致鸭体中毒。家鸭膜壳科绦虫感染所引起的临床症状,主要取决于绦虫的感染量、饲料营养水平和鸭的年龄。轻度感染一般不呈现临床症状,严重感染时可出现生长缓慢、体况下降、产蛋量下降、消瘦、贫血、拉稀等症状。饲喂动物性蛋白质水平较高的鸭对绦虫感染的抵抗力明显高于用低动物性蛋白质水平的饲料饲喂的鸭。各种年龄的鸭均可受绦虫的感染,但幼鸭受害最严重。家鸭对绦虫感染的抵抗力随年龄增长而提高。矛形剑带绦虫、冠双盔绦虫、巨头腔带绦虫及片形皱缘绦虫在我国一些地区对鸭危害较严重,常造成幼鸭成批死亡。

3. 鸭膜壳科绦虫病的确诊

可用水洗沉淀法检查虫卵或饱和盐水漂浮法检查虫卵。剖检检查到虫卵是确诊的最可靠的方法。

4. 鸭膜壳科绦虫病的治疗

(1)丙硫咪唑,按 20～30 mg/kg,内服。

(2)硫双二氯酚(别丁),按 120～125 mg/kg,内服。

(3)吡喹酮,按 10 mg/kg,内服。该药对驱除矛形剑带绦虫及普氏剑带绦虫效果极好,是驱鸭膜壳科绦虫的首选药物。

(4)氯硝柳胺,按 60～150 mg/kg,内服。

(5)槟榔、石榴皮合剂:槟榔与石榴皮各 100 g 加水至 1 000 mL,煮沸 1 h 至 800 mL。投药量:20 日龄鸭 1 mL,30 日龄鸭 1.5 mL,30 日龄以上鸭 2 mL,混入饲料分 2 d 喂服。

5. 鸭膜壳科绦虫病的预防

(1)防止鸭吞食各种类型的中间宿主,用化学药物杀灭(或控制)中间宿主。

(2)将成鸭与幼鸭分群饲养,推广幼鸭舍饲。保证水源不被污染或者在远离水源处饲养。

(3)利用河流、湖泊等安全水源放牧。对污染水池应停止 1 年以上,方可放牧。

(4)经常清除和处理粪便,防止中间宿主吃到绦虫卵或节片。

(5)对成年鸭每年进行 2 次预防性驱虫:第 1 次在春季放牧前,第 2 次在秋季收牧后。对幼鸭驱虫应在放牧 18 d 后进行,以避免感染性幼虫成熟排卵污染水源。

○ 鸭裂头蚴及细颈囊尾蚴病

鸭裂头蚴病是曼氏迭宫绦虫的中绦期幼虫寄生于鸭各组织、

器官内所引起的疾病。鸭细颈囊尾蚴病是泡状带绦虫的幼虫——细颈囊尾蚴寄生于鸭的内脏器官及胸、腹膜等处所致疾病。

1. 鸭裂头蚴及细颈囊尾蚴病的流行病学诊断

(1)曼氏迭宫绦虫。本虫需经 3 个宿主才能完成其生活史发育。成虫寄生于犬、猫、虎、豹、狐等食肉动物的小肠内。第一中间宿主为镖水蚤、剑水蚤等淡水桡足类。我国已证实为曼氏迭宫绦虫第一中间宿主的桡足类共有 11 种。第二中间宿主为蛙类、蛇、鸟类和哺乳动物,为本虫的转续宿主。虫卵经虫体子宫孔产出后随同宿主粪便排出,在水中经 3～5 周孵出钩球蚴。钩球蚴可借纤毛在水中游动,若被第一中间宿主剑水蚤吞食后,脱去纤毛,穿过肠壁进入血腔,经 3～11 d 发育为原尾蚴。一个剑水蚤的血腔内,原尾蚴可多达 20～50 个。含有原尾蚴的剑水蚤被蝌蚪吞食后,原尾蚴穿过肠壁进入体腔及移行至肌肉或其他组织发育为裂头蚴。随着蝌蚪发育到成蛙,裂头蚴常迁移到蛙体各部的肌肉间隙,尤以腿部肌肉最为常见。含有裂头蚴的蛙类如被蛇类、鸟禽类或哺乳动物等其他非正常宿主捕食时,裂头蚴能穿越肠壁而移行于腹腔、肌肉及皮下组织等处寄生,但不能发育为成虫,继续停留于裂头蚴阶段。犬、猫等终末宿主捕食了受感染的蛙类或转续宿主后,约经 3 周裂头蚴可在终末宿主体内发育为成虫。

(2)泡状带绦虫。随终末宿主的粪便所排出的成虫孕卵节片破裂后,撒出虫卵。鸭采食虫卵污染的饲料、青草、饮水等被感染。虫卵进入消化道后,胚膜被消化,放出六钩蚴。蚴虫借伸出的六钩钻入肠壁血管,随血流进入内脏器官表面,发育成细颈囊尾蚴。当终末宿主吞食细颈囊尾蚴后,就在其小肠内伸出头节,逐渐发育为成虫。

细颈囊尾蚴主要寄生于猪、黄牛、绵羊、山羊等多种家畜及野生动物的肝脏浆膜、网膜及肠系膜等处。凡养犬的地方,一般都有本虫的感染。

家鸭主要因捕食含有裂头蚴的蛙类——蝌蚪或成蛙而遭受感染。在我国各地蛙类体内,裂头蚴感染较严重,因此,家鸭极易受到感染。

2. 鸭裂头蚴及细颈囊尾蚴病的临床诊断

细颈囊尾蚴对家鸭的病理损害及临床症状尚缺乏研究。裂头蚴寄生于鸭体肌肉及皮下时病理损害较轻,但寄生于心脏部位时可造成极严重的病理损害。

3. 鸭裂头蚴及细颈囊尾蚴病的防治措施

目前尚缺乏有效的治疗药物。应避免家鸭吞食含有裂头蚴的转续宿主(蛙类)。加强犬粪管理,防止病原散播。

○ 鸭囊宫科绦虫病

囊宫科绦虫寄生于世界各地的鸟禽类和哺乳动物。在我国家鸭体内已发现变带属及异带属的一些种类。

1. 鸭囊宫科绦虫病的流行病学诊断

楔形变带绦虫的中间宿主为异唇属、环毛属和飞蚓属等属的蚯蚓。似囊尾蚴在中间宿主体内的发育需 14 d。鸭吞食含有本种绦虫似囊尾蚴的蚯蚓而遭受感染。纤毛异带绦虫的生活史现尚不明。

2. 鸭囊宫科绦虫病的临床诊断

由于虫体对肠壁及其黏膜机械刺激,以及虫体分泌毒素的作用,引起鸭消瘦、拉稀、四肢无力等症状。

3. 鸭囊宫科绦虫病的确诊

从鸭粪中查见虫卵、卵囊或孕卵节片并结合解剖部分病鸭在其肠道内找到虫体可确诊。

4. 鸭囊宫科绦虫病的治疗

(1)丙硫咪唑,按 20 mg/kg,拌料喂服。

(2)吡喹酮,按 10 mg/kg,1 次口服。

○ 鸭戴文科绦虫病

戴文科绦虫主要寄生于陆栖鸟禽类。其中赖利属及戴文属的一些种类亦可寄生于家鸭体内引起发病。

1. 鸭戴文科绦虫病的流行病学诊断

节片戴文绦虫的中间宿主为软体动物——蜗牛和蛞蝓。似囊尾蚴在软体动物体内的发育需 3 周。当已感染的蜗牛和蛞蝓被鸭吞食,似囊尾蚴经 20 d 左右发育为具有 4 个节片的成虫。棘沟赖利绦虫和四角赖利绦虫的中间宿主为蚂蚁,有轮赖利绦虫的中间宿主是蝇科的蝇和多种鞘翅目的昆虫如步行虫、金龟子和伪步行虫等甲虫。绦虫的孕卵节片成熟后就自动从链体脱落,并随宿主粪便排到外界,被中间宿主吞食后,节片和卵囊被消化,六钩蚴则逸出并钻入中间宿主的体腔内,经 2～3 周发育形成似囊尾蚴,温度低时可延长至 60 d 以上。鸭吃到带有似囊尾蚴的中间宿主则获得感染。似囊尾蚴用吸盘和顶突附着于宿主肠壁上,经 20 d 左右发育为成虫。

2. 鸭戴文科绦虫病的临床诊断

绦虫以头节的吸盘和顶突固着于肠黏膜上,可以机械性刺激肠黏膜或肠壁引起发炎、溃疡结节。绦虫分泌的毒素和代谢产物可引起宿主中毒。鸭表现为消瘦、下痢、生长发育受阻。

3. 鸭戴文科绦虫病的确诊

从粪便中查出孕卵节片、卵囊或虫卵,并结合剖检部分患鸭在肠道内找到虫体可确诊。

4. 鸭戴文科绦虫病的治疗

(1)丙硫咪唑,按 15～20 mg/kg,混于饲料内投服。

(2)吡喹酮,按 10～30 mg/kg,1 次口服。

❸ 线虫病

○ 鸭鸟蛇线虫病（鸭丝虫病）

鸭鸟蛇线虫病（亦称鸭丝虫病）是龙线科、鸟蛇亚科、鸟蛇属的线虫寄生在幼鸭的腭下、后肢等处皮下结缔组织，形成瘤样肿胀为特征的线虫病。

1. 鸭鸟蛇线虫病的流行病学诊断

（1）台湾鸟蛇线虫。成熟雌虫头部穿过宿主的皮肤，伸出体外，虫体头部破裂时将幼虫释放于水中。幼虫遇到中间宿主剑水蚤即被吞食，幼虫穿过剑水蚤肠壁在血腔中发育。幼虫感染剑水蚤后，在适当温度28～30℃下，经3～4 d行第一次蜕皮，变为第二期幼虫。第二期幼虫体稍粗大，尾部缩短，肠管内富含粗颗粒，尾端渐尖。幼虫感染剑水蚤后第7天，开始第二次蜕皮发育为第三期幼虫。第三期幼虫大小与第二期幼虫相同，但食道分为前、后两部，食道前部比后半部稍狭小，肠管缩短，肠管中含有黄绿色颗粒，尾端分叉。第三期幼虫在剑水蚤的血腔中停留，体常成卷曲。经人工感染试验，作为中间宿主的剑水蚤有4种：锯缘真剑水蚤、广布中剑水蚤、透明温剑水蚤和英勇剑水蚤。剑水蚤感染幼虫后第八天，将剑水蚤饲喂雏鸭，经18 d在雏鸭的肠系膜中检得雄虫。经20 d在雏鸭的下颌柔软组织中查到雌虫。雌虫在下颌柔软组织中可生存1个多月，初期继续发育长大，产生幼虫，后期虫体逐渐萎缩，最后死亡。

（2）四川鸟蛇线虫。雌虫成熟穿破皮肤，头端破裂自然逸出第一期幼虫。幼虫胎生到达水中，不断做强烈蛇行运动，引诱水蚤捕食。水蚤将幼虫囫囵吞入胃内，感染后20～30 min，幼虫即穿过其胃壁到血腔中寄生，在水蚤背面寄生最多，腹面较少，偶见于尾

部或触角内。幼虫定居后,仍不停活动。在气温 26~32℃,水温
27℃时,第 3 天幼虫开始第一次蜕皮,发育成第二期幼虫;蜕皮时
靠神经环处表皮破裂,虫体不断摆动,逐渐蜕去皮鞘。第二期幼虫
抵抗力弱,在水蚤体外的水中,几分钟至 0.5 h 便死去。第二期幼
虫比第一期幼虫粗短,头端钝圆,具有明显的头乳突,体表光滑,头
部内有 2 个头腺。食道较第一期幼虫长,肠管缩短,有 1 对椭圆
形、大而明显的尾觉器,生殖茎梭形,尾缩短而逐渐尖削。感染水
蚤后第 5 天开始第二次蜕皮,变成三期(感染期)幼虫,第 7 天全部
达第三期幼虫。第 12 天后感染期幼虫渐渐蜷起,不甚活动。在气
温 17~22℃时,从第一次蜕皮到第二次蜕皮需 4~6 d;气温 32℃
时,需 1~2 d。第三期幼虫较二期幼虫短细,头钝圆,具有 4 个头
乳突,头部内有 2 个头腺;食道变得更长,分肌质部和腺体部;肠管
更缩短;肛门两侧有发达的尾觉器 1 对;生殖茎梭形,位于食道肠
管交界处之后;尾变得更短,尾尖细小,腹面有两个小乳突,形成一
个三叉样尾叉。经人工感染试验,可作为中间宿主的剑水蚤有:广
布中剑水蚤、锯缘真剑水蚤、透明温剑水蚤、台湾温剑水蚤、绿色近
剑水蚤、如愿真剑水蚤、碏中剑水蚤和棕色大剑水蚤 8 种剑水蚤。
幼虫感染水蚤后第八天,以口服法将此阳性蚤人工感染幼鸭。感
染后 14 d,幼鸭开始出现症状,可见雌虫移行到寄生部位。第 18、
19 天,在鸭腹壁上发现雄虫。第 27 天,雌虫寄生鸭体颌下部位的
肿胀达最大程度,使该处皮肤紧张菲薄。第 29 天,雌虫头部穿破
鸭皮肤,开始排出幼虫。排幼虫过程约 3 d,以后雌虫逐渐萎缩而
死,病部瘤样肿胀慢慢消失。整个生活史过程,在气温 26~32℃
时,共需 36~40 d。

　　鸟蛇线虫病的发病时期和危害程度,随着饲养雏鸭的时间和
季节的气温高低而不同。台湾鸟蛇线虫病在台湾一年中发生于 4
月下旬和 9 月上旬至 10 月上旬。此病在福建从 5~9 月份均有发
生,但发病高峰期为 6~7 月份;在云南和江苏发病高峰在 6~8 月

份;在广西则多流行于 9～10 月份。台湾鸟蛇线虫病在各流行区中对家鸭危害均很严重,病死率在 3.32%～70.2%或 100%。

四川鸟蛇线虫病在四川一年两度流行,第 1 次是 3～5 月份,第 2 次为 7～10 月份。此病发病率高,平均 58.9%(8.15%～100%),发病后幼鸭生长迟缓,重则引起大批死亡,病死率 20.12%(4%～91.5%)。据推测,四川省约有 500 万只幼鸭受此病威胁,300 万只鸭患病,每年至少有 60 万只鸭因受感染而死亡。本病主要危害 1～2 月龄幼鸭,最早发病日龄为 18 d,一般超过 80 日龄以上者,不再出现临床症状,故本病严重损害生长发育期中的幼鸭。外来鸭种对此病敏感。在四川,江苏麻鸭及樱桃谷鸭患病率及病死率均高于本地四川麻鸭。从 714 只病鸭性比例分析,雄鸭占 313 只,雌鸭 401 只,雄雌比例为 1∶1.26,雌鸭患病高于雄鸭。

2. 鸭鸟蛇线虫病的临床及病理学诊断

鸟蛇属线虫以雌虫寄生于鸭的皮下结缔组织,形成瘤样肿胀为主要特征。局部寄生性赘瘤,以腭下为最多,其次为两后肢,在眼部、颈、颊、嗉部、翅基部和泄殖腔周围等处也有发现。腭下和后肢病灶对幼鸭健康损害最为严重。寄生性赘瘤特别大,由胡桃大至小型鸡蛋大,甚至个别大如小红橘状。最初病部柔软,其内蓄积大量血液,随雌虫成熟而逐渐变硬,悬垂腭下,严重影响吞咽及潜水觅食。由于压迫气管,引起呼吸困难及声音嘶哑而造成死亡。后肢症状亦极严重,瘤样肿胀由雀蛋大至鸽蛋大,个别可达胡桃大。轻度感染尚不足为患;中度感染后肢被虫破坏 1/2 面积,使幼鸭行走踉跄或跛行,以致放牧落后;重度感染则后肢全被虫体破坏,不能游泳或行动。由于病鸭无法放牧觅食,在饥饿和疲惫之下,急剧消瘦,死前体重下降特别厉害,故腭下和后肢两处的寄生性赘瘤相互为患,是构成病鸭死亡的主要原因。其他如眼、颈、额顶、颊、嗉部、胸、腹、泄殖腔周围和翅基部等处,也有局部的瘤样肿胀。眼部患病严重时,可使眼发生视觉障碍,或双目失明。

当局部肿胀形成和发展之际,出现全身症状,黏膜苍白,喙部表面颜色褪淡,被毛缺乏光泽,由于病部疼痛加剧,视觉障碍,行动及觅食困难等影响,终致鸭陷入恶病质而死亡,40 日龄病鸭,死时体重仅 150～200 g,而同群未患病的健康鸭,体重已达 0.75 kg,因此,本病对鸭危害极其严重。

3. 鸭鸟蛇线虫病的治疗

发现本病,早期治疗可取得良好效果。

(1)75％酒精溶液,病灶内注射 1～3 mL。

(2)2％左旋咪唑,颌下病灶按 0.3～0.5 mL 剂量,后肢病灶按 0.1～0.3 mL 剂量,病灶内注射。

(3)丙硫咪唑,按 100 mg/kg,1 次口服。

(4)左旋咪唑,按 100 mg/kg,1 次口服。

在炎热夏季,宜在晚上收牧后进行治疗。最好先选择少数病鸭试点,待安全后,再推广到大群治疗。当晚应在有遮雨的场所歇息,防止受滂沱大雨淋伤病鸭,避免大群死亡。

4. 鸭鸟蛇线虫病的预防

(1)用丙硫咪唑按 60 mg/(kg·d)×2 剂量,10 d 后再服 1 次。将药物混于饲料中投喂。丙硫咪唑对雏鸭 LD_{50} ＝658.9 mg/kg,其 95％可信限为 573.7～756.5 mg/kg,其半数致死量为治疗量的 9～10 倍,因此,用丙硫咪唑做预防药物是很安全的。

(2)左旋咪唑按 50 mg/(kg·d)×2,10 d 后再服 1 次。盐酸左旋咪唑在 1.48 g/kg 时鸭出现中毒症状,1.6 g/kg 为最小致死量。使用本药亦较安全。

(3)对雏鸭加强饲养管理,育雏营地必须建立在终年流水不断的清洁溪流上,不至于形成中间宿主剑水蚤滋生聚集的疫水环境,使雏鸭避免重复感染的机会。不要到有可疑病原存在的稻田、河沟等处放养雏鸭。

(4)在有中间宿主和病原体污染的场所,如稻田、水沟等处,可用敌百虫 0.1～1 $\mu L/L$ 体积分数杀灭水蚤。剑水蚤在 0.1 $\mu L/L$ 敌百虫水中 7 h 死亡,当体积分数为 1 $\mu L/L$ 时,经 2 h 死亡。

(5)坚持对病鸭施行早期治疗,既能阻止病程的发展,又能防止病原的散布,减少对环境的污染。

○ 鸭胃线虫病

家鸭胃线虫病是由四棱科、华首科、裂口科及膨结科线虫寄生于家鸭的腺胃和肌胃内所引起的疾病。

1. 鸭胃线虫病的流行病学诊断

裂刺四棱线虫中间宿主为端足类的水虱和钩虾,或昆虫类的蚱蜢、蟑螂等。虫卵被中间宿主吞食后,在其体内孵出幼虫,移行至体腔发育为感染性幼虫。当鸭吞食这些中间宿主后则获得感染。幼虫从被消化的中间宿主体内逸出,经 18 d 左右发育为成虫。

华首线虫虫卵通过宿主的粪便排出体外,孵化后被中间宿主吞食,在其体内发育为感染性幼虫。鸭吞食含感染性幼虫的中间宿主而感染各种华首科线虫。

鹅裂口线虫的虫卵在 26～28℃条件下,经 12～16 h 在卵壳内发育为第一期幼虫,再经 24～36 h 进行 2 次蜕皮,发育为第三期幼虫,随即孵出。第三期幼虫经口感染终宿主,4 d 后在腺胃蜕皮 1 次,形成第四期幼虫,并向肌胃移行。7 d 后在肌胃又蜕 1 次皮,发育为第五期幼虫,14 d 后在肌胃检得成虫。

2. 鸭胃线虫病的临床及病理学诊断

四棱线虫、螺旋分咽线虫、钩状棘结线虫、胃瘤线虫及三色棘首线虫寄生于鸭的腺胃,可致胃黏膜发炎、肥厚、出现瘤状物、溃疡、胃腺被破坏,消化机能降低。钩状旋唇线虫、厚尾束首线虫、裂口线虫及瓣口线虫寄生于鸭的肌胃角皮层下,在肌肉里引起软的小瘤及虫体毒素作用,致使肌胃机能减弱。

病鸭出现消瘦,沉郁,贫血,食欲减退或消失,缩头垂翅,下痢,严重感染时可引起成批死亡。

3. 鸭胃线虫病的确诊

粪便检查查见线虫卵,并结合剖检病、死鸭在鸭体内找到虫体可确诊。

4. 鸭胃线虫病的治疗

(1)丙硫咪唑,按 10～30 mg/kg,混于饲料中饲喂。

(2)左旋咪唑,按 10 mg/kg,混于饲料中饲喂。

○ 鸭毛细线虫病

本病是由毛首科毛细属、纤形属及优鞘属线虫寄生于鸭的嗉囊、食道及肠道所引起的疾病。

1. 鸭毛细线虫病的流行病学诊断

虫卵在外界发育很慢,但能长期保持其活力。生活史有直接型和间接型 2 种。鸭毛细线虫为直接发育型,终宿主吞食了感染性虫卵后,幼虫进入十二指肠黏膜发育约 1 个月,肠腔内可见到成虫。膨尾毛细线虫需要蚯蚓(如异唇属)作为中间宿主,卵在中间宿主体内孵化为幼虫,蜕 1 次皮便具有感染性。鸭吞食含感染性幼虫的蚯蚓而被感染。幼虫在小肠中钻入黏膜,经 22～24 d 发育为成虫。成虫的寿命约为 10 个月。

2. 鸭毛细线虫病的临床及病理学诊断

虫体在寄生部位造成机械性和化学性的刺激。轻症时,消化道只有轻微炎症和增厚;严重感染时,则增厚与炎症显著,并有黏液脓性分泌物和黏膜的溶解、脱落或坏死等病变;食道和嗉囊壁出血,黏膜中有大量虫体。黏膜上覆盖着气味难闻的纤维蛋白性坏死物质。

患鸭食欲缺乏,精神委靡,消瘦,有肠炎症状。常做吞咽动作。

严重时,可致死亡。

3. 鸭毛细线虫病的确诊

粪便检查发现虫卵和结合相应症状、病变可确诊。

4. 鸭毛细线虫病的治疗

(1)左旋咪唑,按 20～25 mg/kg 剂量,1 次口服,或用粉剂按 0.05％比例混入饲料内饲喂。

(2)甲苯咪唑,按 70～100 mg/kg,1 次口服。

(3)丙硫咪唑,按 10～30 mg/kg,1 次口服。

5. 鸭毛细线虫病的预防

(1)预防性与治疗性驱虫。

(2)鸭粪做发酵处理,同时消灭鸭场中的蚯蚓,搞好清洁卫生。

❹ 棘头虫、原虫及外寄生虫病

○ 鸭棘头虫病

鸭棘头虫病是由多形科和细颈科棘头虫寄生在鸭小肠内引起的疾病。

1. 鸭棘头虫病的流行病学诊断

棘头虫在发育过程中都需要中间宿主。大多形棘头虫以甲壳纲、端足目的湖沼钩虾为中间宿主;小多形棘头虫以蚤形钩虾、河虾和罗氏钩虾为中间宿主,鱼类可充当补充宿主;腊肠状棘头虫以岸蟹为中间宿主;鸭细颈棘头虫以等足类的栉水虱为中间宿主。

虫卵随粪便排出,被钩虾吞食经一昼夜孵化,棘头蚴固着于肠壁经 4～5 d 钻入体腔,再经 14～15 d,发育成为椭圆形的棘头体,被厚膜包裹,游离于体腔内。感染 25～27 d 可辨别雌雄;51～53 d 具有棘头虫特征性构造;再经 5～10 d,幼虫蜷缩,吻突缩入体腔,变成卵圆形的棘头囊。自中间宿主吞食虫卵起,经 54～60 d

左右,即发育为感染性幼虫。鸭吞食含感染性幼虫的钩虾后,经
27~30 d 幼虫发育为成虫。钩虾多分布于水边及水生植物较多
的地方,以腐败的水生植物为食。小鱼吞食含幼虫的钩虾后可成
为多形棘头虫的补充宿主。鸭摄食这种小鱼仍能受到感染。

部分感染性幼虫可在钩虾体内越冬。湖沼钩虾可生活 2 年,
蚤形钩虾可生活 3 年,在夏季其感染率可达 82%。因此,鸭感染
多形棘头虫的季节多为 7~8 月份。

2. 鸭棘头虫病的临床及病理学诊断

鸭棘头虫病流行于我国多个省区,在四川地区鸭感染率在
30%左右,感染强度为 13~210 条,对雏鸭的生长发育影响甚大。
大多形棘头虫与小多形棘头虫均寄生于小肠前段;鸭细颈棘头虫
多寄生于小肠中段。棘头虫以吻突钩牢固地附着在肠黏膜上,引
起卡他性炎症。有时吻突穿过肠壁浆膜层,在固着部位出现溢血
和溃疡。由于肠黏膜的损伤,容易造成其他病原菌的继发感染,引
起化脓性炎症。大量感染,并且饲养条件较差时,可引起死亡。幼
鸭死亡率高于成鸭。剖检时,可在肠道浆膜面上看到肉芽组织增
生的小结节,大量橘红色虫体固着于肠壁上并出现不同程度的创
伤。鸭棘头虫病的临床症状不易观察,特别是大群饲养时观察困
难。成年鸭的症状不明显,而幼年鸭,尤其感染严重者,主要表现
瘦弱和大量死亡。

3. 鸭棘头虫病的确诊

粪便检查,发现特殊形状的虫卵或解剖病死鸭,在小肠中发现
大量虫体可确诊。

4. 鸭棘头虫病的治疗

(1)国产硝硫氰醚,按 100~125 mg/kg,1 次投服。该药是治
疗本病的首选药。

(2)四氯化碳,按 0.5~2 mg/kg,用小胶管投服。

5. 鸭棘头虫病的预防

成年鸭为带虫传播者。幼鸭和成年鸭应分群放牧或饲养。在成年鸭放牧过的水田或水塘内,最好不要放牧幼鸭。要坚持对成年鸭和幼鸭进行预防性驱虫。加强鸭粪管理,防止病原扩散。

○ 鸭球虫病

鸭球虫病是由鸭球虫引起的鸭的一种寄生虫病。本病急性暴发时可引起很高的死亡率;耐过病鸭生长受阻,增重缓慢,对养鸭业危害甚大。

1. 鸭球虫病的流行病学诊断

鸭球虫属直接发育型,不需要中间宿主,需经过 3 个阶段。

(1)孢子生殖阶段,在外界完成,又称外生发育。

(2)裂殖生殖阶段,在小肠的上皮细胞内以复分裂法进行繁殖。毁灭泰泽球虫有 2 代裂殖生殖。

(3)配子生殖阶段,由上述阶段中的最后一代裂殖子分化形成大配子。大配子和小配子结合为合子。合子的外周形成壁,即为卵囊。这阶段在上皮细胞内进行。裂殖生殖与配子生殖 2 个阶段均在宿主体内进行,故又称内生发育。鸭由于吞食了土壤、饲料和饮水等外界环境中的孢子化卵囊而造成感染。

各种年龄的鸭均有易感性。雏鸭发病严重,死亡率高。康复鸭成为带虫者。

发病时间与气温和雨量密切相关。据殷佩云等(1983)调查,北京地区的流行季节在 4~11 月份,而 9~10 月份发病率最高。饲料、饮水、土壤、用具及饲养管理人员都可能会携带卵囊而造成传播。

2. 鸭球虫病的临床诊断

急性型在感染后第四天出现精神委顿、缩脖、不食、喜卧、渴欲增加等病状;排暗红色或深紫色血便,多于第四、第五天急性死亡,第六天以后病鸭逐渐地恢复食欲，死亡停止。发病率为 30％～90％，死亡率 20％～71％。耐过的病鸭，生长受阻，增重缓慢。慢性型一般不显症状，偶见有拉稀，成为散播鸭球虫病的病源。

3. 鸭球虫病的病理学诊断

毁灭泰泽球虫的危害性严重。急性型者呈严重的出血性卡他性小肠炎。剖检见小肠肿胀，出血；十二指肠有出血斑或出血；内容物为淡红色或鲜红色黏液。卵黄蒂前 3～24 cm、后 7～9 cm 范围内的病变尤为明显，严重肿胀，黏膜上密布针尖大的出血点，有的见有红白相间的小点，有的黏膜上覆盖着一层麸糠状或奶酪状黏液，或有淡红或深红色胶冻状血性黏液，但不形成肠心。

4. 鸭球虫病确诊

从病变部位刮取少量的黏膜，放在载玻片上，用生理盐水 1～2 滴调和均匀，加盖玻片用高倍镜检查。或取少量黏膜做成涂片，用瑞氏或姬氏液染色，在高倍镜下观察。如见有大量的裂殖体和裂殖子即可确诊。

5. 鸭球虫病的防治措施

(1)药物防治。磺胺六甲氧嘧啶(SMM)，按 0.1％ 比例混入饲料中，连喂 6 d。磺胺甲基异唑(SMM$_2$)，按 0.1％ 比例浓度混入饲料，连喂 6 d。磺胺甲基异唑加三甲氧苄氨嘧啶(SMZ＋TMP，以 5∶1 比例)，按 0.02％ 比例混入饲料，连喂 6d；或按 0.04％ 质量分数加入饲料中，给药 5 d，停 4 d，再给药 4 d，或连续给药 10 d；对病情严重的个别鸭子，可按 0.02 g/只投药，每天 1 次，连服 3 d。磺胺六甲氧嘧啶加三甲氧苄氨嘧啶(SMM＋TMP，以 5∶1 比例)，按 0.02％ 质量分数混入饲料中，连喂 4 d，均有良效。磺胺二甲基嘧啶(SM$_2$)，按 0.1％ 比例混饲，连喂 6 d。磺胺二甲基嘧啶加三甲氧苄氨嘧啶，按 0.02％ 比例添加于饲料中，连喂 6 d。磺胺五甲氧嘧啶(SMD)，按 0.1％ 比例加入饲料，连喂 4 d。广虫灵(elopidos 纯品)，以 0.05％ 比例混入饲料中连喂 6 d。

在球虫病流行季节,在地面饲养达到 12 日龄的雏鸭,可将上述磺胺药中任一种按比例混于饲料中,连喂 5 d,停 3 d,再喂 5 d,可预防暴发球虫病。

离子载体类抗生素(那拉菌素 70 mg/kg,拉沙霉素 90 mg/kg,麦杜拉霉素 5 mg/kg,盐霉素 50 mg/kg,莫能霉素 40 mg/kg)及磺胺氯吡嗪(以 0.1% 质量分数)经试验以拉沙霉素和麦杜拉霉素效果最佳,那拉菌素和磺胺氯吡嗪最差(林昆华,1990)。

杀球灵以 1 μL/L。混于饲料可有效地控制鸭球虫病的发生和死亡;若与磺胺药交替轮换使用,可避免磺胺药易产生耐药性和引起磺胺出血综合征的缺点(蒋金书等,1990)。

另外,常山酮(剂量 0.05%)、氨丙啉(0.012 5%)、球痢灵(0.012 5%)、力更生(含尼卡巴嗪 2.5%、剂量 0.05%)和氯苯胍(0.003 3%)等效果不尽理想。

(2)加强卫生管理。鸭舍应保持清洁干燥,定期清除粪便,饮水和饲料防止鸭粪污染,经常消毒用具,定期更换垫草,换垫新土。流行严重时,则应铲除表土,更换新土。

○ 鸭隐孢子虫病

鸭隐孢子虫病是由隐孢子虫科隐孢子虫属的贝氏隐孢子虫寄生于家鸭的呼吸系统、法氏囊和泄殖腔内所引起的一种原虫病。

1. 鸭隐孢子虫病的流行病学诊断

贝氏隐孢子虫的发育可分为裂体生殖、配子生殖和孢子生殖3 个阶段。孢子化的卵囊随受感染的宿主粪便排出,通过污染的环境包括食物和饮水,卵囊被鸭吞食。本病亦可经呼吸道感染。在鸭的胃肠道或呼吸道,子孢子从卵囊脱囊逸出,进入呼吸道和法氏囊上皮细胞的刷状缘或表面膜下,经无性裂体生殖,形成Ⅰ型裂殖体,其内含有 6 个或 8 个裂殖子。Ⅰ型裂殖体裂解后,各裂殖子再进行裂体生殖,产生Ⅱ型裂殖体,其内含有 4 个裂殖子。从Ⅱ型裂殖体裂解出来的裂殖子分别发育为大、小配子体。小配子体再分裂成 16 个没有鞭毛的小配子。大小配子结合形成合子。由合子形成薄壁型和厚壁型两种卵囊,在宿主体内行孢子生殖后,各含 4 个孢子和 1 团残体。薄壁型卵囊囊壁破裂释放出子孢子;在宿主体内行自身感染;厚壁型卵囊则随宿主的粪便排出体外,可直接感染新的宿主。

贝氏隐孢子虫呈世界性分布。贝氏隐孢子虫是一种多宿主寄生原虫。在我国发现于鸡、鸭、鹅、火鸡、鹌鹑、孔雀、鸽、麻雀、鹦鹉、金丝雀等鸟禽类体内。

贝氏隐孢子虫主要危害雏鸭,成年鸭则可带虫而不显症状。除薄壁型卵囊在宿主体内引起自身感染外,主要感染方式是发病的鸟禽类和隐性带虫者粪便中的卵囊污染了鸭的饲料、饮水等经消化道感染,此外亦可经呼吸道感染。发病无明显季节性,在卫生条件较差的地区容易流行。

2. 鸭隐孢子虫病的临床及病理学诊断

患病鸭表现为精神沉郁、食欲下降、张口呼吸、伸颈、胸腹起伏明显、气喘、咳嗽、声音嘶哑,可闻喉鸣音,严重者声音消失。双侧面部眶下窦肿大。剖检病理变化:泄殖腔、法氏囊及呼吸道黏膜上皮水肿,气囊增厚,混浊,呈云雾状外观。双侧眶下窦内含黄色液体。鸭贝氏隐孢子虫病感染是一种以呼吸道和法氏囊上皮细胞增生,炎性细胞浸润为特征,引起细胞增生性气管炎、支气管肺炎和法氏囊炎的寄生性原虫病。

3. 鸭隐孢子虫病的确诊

可采用卵囊检查及病理组织学,取气管、支气管、法氏囊做病理组织学切片,在黏膜表面发现大小不一的虫体可确诊。

4. 鸭隐孢子虫病的防治

目前尚无切实有效的药物。预防应加强饲养管理和环境卫生,成鸭与雏鸭分群饲养。饲养场地和用具等应经常用热水或

5％氨水或10％福尔马林消毒。粪便污物定期清除，进行堆积发酵处理。

○ 鸭组织滴虫病

鸭组织滴虫病又叫盲肠肝炎或黑头病，是火鸡和鸡的一种常见急性传染病，对其他禽类如野鸡、孔雀、珍珠鸡和鹌鹑等有时也能感染。在我国亦发现家鸭发生组织滴虫病。病原体是动鞭毛纲单鞭毛科的火鸡组织滴虫。本病主要特征是盲肠发炎、溃疡和肝表面具有特征性的坏死病灶。

1. 鸭组织滴虫病的流行病学诊断

本病通过消化道而感染。在急性暴发流行时，病鸭粪中含有大量病原，污染饲料、饮水和用具及土壤，健康鸭食后便可以感染。病鸡也是重要的传染源。火鸡组织滴虫对外界环境的抵抗力不强，不能长期存活，但当患有本病的病鸡同时有异刺线虫寄生时，此种原虫可侵入鸡异刺线虫体内，并转入其卵内随异刺线虫卵被排到外界环境，由于得到虫卵的保护，能生存较长时间，成为本病的感染源。此外，当蚯蚓吞食土壤中的异刺线虫卵时，火鸡组织滴虫可随虫卵生存于蚯蚓体内，当鸭吞食了这种蚯蚓后便被感染。因此，蚯蚓在传播本病方面也具有重要作用。

雏鸭对本病易感性最强，患病后死亡率也最高。成年鸭感染本病后症状不明显，成为散布病原的带虫者。

2. 鸭组织滴虫病的临床诊断

病鸭精神委顿，食欲缺乏以致废绝，羽毛粗乱无光泽，身体蜷缩，怕冷，嗜睡，拉黄白或黄绿色稀粪，甚至粪中带血。

3. 鸭组织滴虫病的病理学诊断

本病的病变主要局限在盲肠和肝脏。急性病例，可见盲肠肿大数倍；肠壁肥厚、坚实，如香肠样；肠壁上有较多的直径为2～3 mm的圆形溃疡灶；肠内容物干燥坚实，变成一段干酪样的凝固栓子,堵塞在肠腔内;把栓子横断切开,可见切面呈同心层状,中心是黑红色的凝固血块,外面包裹着灰白色或淡黄色的渗出物和坏死物质。

肝脏肿大并出现特征性的坏死灶。这种病灶在肝表面呈圆形或不规则形,中央稍凹陷,边缘微隆起。病灶颜色为淡黄色或淡绿色。病灶的大小和多少不定,自针尖大、豆大至指头大,散在或密布于整个肝脏表面。

4. 鸭组织滴虫病的确诊

从病变的盲肠肠芯和肠壁之间,刮取少量样品置载玻片上,加少量(37～40℃)生理盐水混匀,加盖片后,立即在 400 倍光学显微镜下检查。盲肠中的组织滴虫呈球形,大小为 3～16 nm,在适宜温度条件(37～40℃)呈现特有的急速的旋转运动,每次冲动只滚过一整周的一小部分。调节好光源仔细检查,可发现虫体有 1 根细长的鞭毛。

5. 鸭组织滴虫病的防治

鸭群中发生了本病,应立即将病鸭隔离治疗。鸭舍地面用 3％苛性钠溶液消毒。治疗可用下列药物:

(1)呋喃唑酮,按 400 mg/kg 比例混入饲料内,连续喂 7～10 d。

(2)甲硝哒唑(商品名:灭滴灵),按 250 mg/kg 混料饲喂,并结合人工灌服 1.25％悬浮液,1 mL/只,1 d 3 次,3 d 为 1 个疗程,连用 5 个疗程。

第 12 章　鸭的营养代谢
疾病的诊断与防治

❶ 鸭维生素 A 缺乏及中毒症

在鸭的日粮中,维生素 A 对于保持鸭的正常生长发育和黏膜的完整性以及良好的视觉都具有重要的作用。由于消化道、呼吸道、泌尿生殖道和眼睛的被复上皮都是由黏膜组成,所以,当发生维生素 A 缺乏症时,常在这些黏膜组织上发生变化,故而易被察觉出来。

相反,维生素 A 过多时,也可引起鸭子的中毒。这种情况见于过量地添加了维生素 A 制剂所致。

○ 鸭维生素 A 缺乏及中毒症的临床诊断

1. 维生素 A 缺乏

当产蛋母鸭饲喂低含量的维生素 A 的日粮,而其后代又再用缺维生素 A 的日粮喂养时,则此雏鸭于 1 周龄左右即可出现症状。其主要表现生长停滞;消瘦;羽毛蓬乱;流鼻液;流泪,眼睑羽毛粘连,干燥,形成一干眼圈;有些小鸭眼睑粘连或隆起,内含有干酪样渗出物质以致病鸭不可能看见东西,或因为此渗出物积聚压迫眼球,致使眼球凹陷、破坏而失明。如果严重缺乏维生素 A 时,鸭可能出现神经症状或运动失调,成年产蛋鸭可能出现产蛋率减少。缺乏维生素 A 的鸭群所产种蛋孵化率下降,弱雏率增高,且易感染其他疾病,造成死亡。

2. 维生素 A 中毒

鸭群不活泼,不愿鸣叫,厌食,有的甚至拒食,产蛋量下降,蛋偏小、色暗、壳薄,有的蛋表面不光滑;鸭羽毛光泽尚可但脱落严重;鸭下水后羽毛易被水浸润变湿;有的鸭排粪稀薄,混有蛋清样物;赶动鸭群,少数鸭双脚拘谨,活动不便,一般不死亡。

○ 鸭维生素 A 缺乏及中毒症的病理学诊断

1. 维生素 A 缺乏

眼睑粘连以及渗出物的蓄积,眼球凹陷。消化道黏膜,尤以咽部和食道出现白色坏死灶。肾小管出现尿酸盐沉积,输尿管内亦可能充满尿酸盐。呼吸道黏膜及其腺体萎缩与变性,原有的上皮由一层角质化的复层鳞状上皮所代替。

2. 维生素 A 中毒

肝脏稍肿、色微黄、质脆,其他脏器未见异常。

○ 鸭维生素 A 缺乏及中毒症的防治措施

1. 维生素 A 缺乏

当鸭群发生维生素 A 缺乏症时,则应饲喂上述正常需要量的2～4 倍维生素 A 制剂,大约饲喂 2 周即可获得疗效。亦可在饲料中加入鱼肝油,按每千克料中加 2～4 mL,连喂数日亦可奏效。

2. 维生素 A 中毒

往往是由于不适当地添加维生素 A 制剂造成的。实践中,如鸭因维生素 A 过量而中毒时,可暂停维生素 A 制剂,按每只鸭每天用维生素 C 片(含量 100 mg)和复合维生素 B 片各 3 片,分 3 次服用,连用 5 d。另外,在饮水中加葡萄糖使质量浓度为 5%～10%,供鸭饮水,连用 5 d,一般鸭可恢复食欲。待鸭产量恢复后,即可在饲料中添加鸭正常需要量的维生素 A 制剂。

❷ 鸭钙磷缺乏症

钙(Ca)、磷(P)是动物生长发育和维持骨骼正常硬度所必需的 2 种矿物质元素。由于生长时期的不同,动物摄入和排出钙磷也不相同。成年动物不断摄入和排出钙磷,二者处于动态平衡并保持体内钙磷含量恒定,而幼龄动物因生长需要,钙磷的摄入量大于排出量,二者处于正平衡。

钙磷缺乏症发生的主要原因是钙磷摄入不足和吸收障碍。

(1)幼龄动物在生长发育时,所需的钙磷量相对较多,如果饲粮中钙和磷的含量不足或缺乏,摄入减少,便可导致生长发育迟缓和出现程度不同的病理变化,已被许多实验研究所证实。

(2)由于钙磷必须以溶解状态的钙磷形式在小肠吸收,因此,任何妨碍钙磷溶解的因素均能影响钙磷的吸收。如饲料中植酸磷,猪禽最多只能利用 30%左右;草酸能与钙形成草酸钙,不溶于水而影响钙的吸收。另外,钙磷吸收也与肠内 pH 有关,酸性环境有利于钙磷吸收,否则相反。

(3)饲粮中钙与磷的比例不当或失调,亦是影响钙磷吸收的常见因素。如钙过多影响磷的吸收,磷过多影响钙的吸收。其中有一种吸收不足,则影响骨盐的形成而引起骨骼发育异常,多吸收的部分不能被机体利用而排出体外。

(4)饲粮中缺乏维生素 D,可直接影响钙和磷的吸收。维生素 D 及其活性代谢产物是调节小肠钙磷吸收的主要激素。当维生素

D缺乏时,给动物含钙磷很高的饲粮,钙磷的吸收仍然甚微。因此,在这种情况下,如果饲粮中钙磷含量不足或二者比例不当,很易引起骨骼代谢疾病。

(5)胃肠道疾病或长期的消化紊乱,其吸收机能障碍,使钙磷的吸收减少,导致缺乏。

○ 钙缺乏

1. 钙缺乏的临床诊断

缺钙雏鸭发病后,临床上主要表现精神沉郁,食欲减退,生长缓慢,颤抖,两腿发软,站立不稳,跛行,弓背,两脚向内并拢,嗜卧,严重者站立困难或卧地不起,无法站立,但很少发生死亡。

2. 钙缺乏的病理学诊断

病变限于骨组织。胸腔狭小,肋骨质软易弯,大多数病例于右侧或左侧第1～5肋骨骨干内表面出现绿豆大小、灰白色、半球状突起的佝偻病串珠。脊柱质地轻度变软,增粗弯曲,以胸腰段最为明显。肱骨、桡骨和尺骨轻度变软,其他未见明显变化。

○ 磷缺乏

1. 磷缺乏的病理学诊断

缺磷雏鸭发病突然且时间早,1周龄即显症状,2周龄全部发病。病初便出现明显跛行和站立困难,病程进展快,死亡率高(65%)。病鸭主要表现为两腿变软,向外弯曲呈"O"形,站立不稳,明显跛行,严重者站立困难,强行站立时两腿强直叉开呈"八"字形,或无法站立、行走和支撑身体,驱赶时跗关节着地呈游泳状向前移行;精神沉郁,食欲废绝,生长发育严重受阻;嘴壳柔软;翅腿部长骨质地变软,活体触及即弯曲;胫骨多呈半圆形。后期病鸭卧地不起,精神极度沉郁,逐渐消瘦、衰竭死亡。

2. 磷缺乏的病理学诊断

上颌骨极度柔软似橡皮,对折不断。打开胸腔肋骨自然外翻,质地柔软弯曲突入胸腔,用力难以使其恢复原状,胸腔扁平狭小。脊柱质地轻度变软、弯曲,严重者呈"S"状。肱骨、桡骨、尺骨、锁骨、股骨、胫骨、跖骨等长骨质软易弯曲。胫骨多见弯曲呈"弓"形或半圆形,骨干增粗同骨骺两端,中部可见骨折处球形膨大,质硬,色灰白,切面上骨髓腔明显缩小或消失。其他未见异常。

○ 钙磷缺乏的防治

本病的发生主要由于饲粮中钙磷含量不足(或缺乏)和比例失调,也与饲粮中维生素 D 的含量密切相关。因此,在鸭的饲养管理中,应给以全价配合饲粮,钙含量应为 0.6%～0.8%,有效磷含量为 0.30%～0.35%,钙磷比例约为 2∶1,并补充足够的维生素 D 和青绿饲料。在良好的饲养条件下,不仅能满足鸭的生长发育,且能有效地预防因钙磷缺乏或比例失调引起的佝偻病。

鸭发生钙磷缺乏症,首先明确发生原因,是钙缺乏,磷缺乏,还是比例失调,及时更换饲粮或补充钙磷和调整钙磷比例。治疗时可用鱼肝油口服,1～2 次/d,2～3 滴/次,连喂 2～3 d,可收到良好效果;鱼肝油以 0.5%～1% 的剂量拌料口服。

❸ 鸭硒缺乏症

硒是动物体内的必需微量元素。动物对缺硒的敏感性依动物种属、性别和年龄不同而异,且缺(低)硒对动物各组织、器官机能形态的影响及所引致的临床症状和病理损伤也各有其特点,其中既有多种动物所共有的临床表现和病理变化,也有作为禽类种属特点而独具的病理过程。迄今硒缺乏症已成为世界性多种动物共患病和营养性代谢疾病之一。

鸭硒缺乏症报道于 20 世纪 70 年代。雏鸭缺硒呈现以肌病或肌营养不良为主的临床和病理特征。发病最早见于 9 日龄,出现高死亡率。

国内外研究表明,饲粮中含硒在 0.05 mg/kg 以上,特别为 0.1～0.2 mg/kg 可有效预防雏鸭缺硒病的发生和满足生长发育的需要;含硒在 0.05 mg/kg 以下,雏鸭出现程度不同的症状和病理变化,发病最早见于 9 日龄,2～3 周达发病与死亡高峰。成年鸭硒缺乏或硒-维生素 E 缺乏尚未见报道。

○ 鸭硒缺乏症的原因

1. 饲粮缺硒或低硒

禽类饲粮中含硒量在 0.1～0.2 mg/kg 即可满足禽的生长发育和预防缺硒病的发生。国内外的试验研究和调查研究结果表明,饲粮低硒或缺硒是引起鸭缺硒病发生的直接原因。另外,土壤中含硫过高,它能与硒争夺吸收部位,影响植物对硒的吸收。在同一地区生长的不同植物,其含硒量亦有所不同。

2. 硒与其他元素的关系

体内多种元素均可拮抗、降低硒的生物学作用,同时硒也是这些元素的天然解毒剂,因为硒可与之结合后不能被吸收而排出体外。硒可拮抗、降低汞、镉、铊、砷等元素的毒性,还与硒-维生素 E、钼、铬、铜、硫等元素有拮抗作用。试验证明,高浓度的银、铁、镉、铜、钴、锌等元素可诱发鸭硒-维生素 E 缺乏症或者加重该病的病状。饲粮高锌也同样成功地诱发了雏鹅的缺硒病。故饲粮中这些元素含量过高或比例不平衡,可诱发或加重缺硒病。

○ 鸭硒缺乏症的临床诊断

患鸭最早于 9 日龄发病死亡,2～3 周龄达高峰,死亡率可高达 100%。其主要特征是发病快,病程短,伴有骨骼肌、心肌及平滑肌的肌病,出现严重的运动障碍、下痢、脱水和衰竭。

发病雏鸭精神不振;缩颈;对刺激反应迟钝;食欲减退或废绝;排泄绿色或白色水样、乳样稀便;生长发育受阻或迟缓;羽毛蓬松;贫血;脱水;肌肉松弛呈衰竭状态;迅速消瘦,体重减轻;皮肤干燥;体温低,触之有凉感;喜扎堆;鸭趾并拢弯曲,静坐时呈企鹅状。

患鸭有运动障碍。病初腿轻度弯曲,运步时跗关节屈曲,爪向内转曲,躯体前倾,甚至伏地不起;严重时站立困难,跗关节肿大,蹼尖向内,爪卷起,不能站立者以胸腹卧地。

○ 鸭硒缺乏症的病理学诊断

雏鸭硒缺乏症的病理变化主要是渗出性素质、肌组织、淋巴器官和胰腺变性坏死。

1. 渗出性素质(ED)

ED是雏鸡硒缺乏症的特征性临床表现和病理变化,表现为胸腹部皮下蓝绿色胶冻样水肿。缺硒雏鸭皮下水肿不明显,主要见心包积液,发生率高且显著。心包积液是ED的一种表现形式。

2. 肌组织

心肌、骨骼肌、肌胃和肠壁平滑肌均可见典型的变性坏死,严重程度依次为肌胃、肠肌、骨骼肌、心肌。肌肉普遍发白,特别是肌胃为雏鸭缺硒最敏感的器官组织。

(1)心肌。心扩张肿大,心壁塌陷,心肌和冠状脂肪苍白,心包膜粘连,多数病例心包积液。心肌的坏死、钙化常见于左心室壁。

(2)骨骼肌。骨骼肌的变性坏死是雏禽共同的较为显著的病变。肉眼观察,病鸭骨骼肌普遍色淡不均匀,灰白或苍白半透明,或红(出血)、白(黄)相间,有明显的白色条状坏死灶。肌肉损害往往是两侧对称性的,最常见于腿部肌肉,偶尔也见于胸部肌肉。

(3)肌胃。肌胃坏死是缺硒雏鸭剖检所见的最突出、最明显的眼观病变。肌胃呈不同程度坏死。浆膜下苍白,切面上胃壁平滑肌坏死,色白呈白垩状,直径范围几毫米至几厘米,或切面全部呈灰白色坏死,混浊,原有光泽完全消失。有些病例浆膜可见出血斑及黏膜溃疡形成。

(4)肠。病变主要见于十二指肠。肠壁平滑肌灰白色或色白呈白垩状,质硬无光泽。

3. 淋巴器官

(1)胸腺。剖检见体积显著缩小,变薄变窄,质地较硬实。部分病例胸腺出现针尖至粟粒大小的出血点。

(2)腔上囊。眼观病变不明显。

(3)脾脏。与腔上囊一样,无明显可见的肉眼变化。

(4)胰腺。尸检见部分胰腺体积缩小,变薄变窄,色苍白,质较硬,个别胰腺呈现弥漫性的点状出血。

○ 鸭硒缺乏症的防治

本病的发生系饲粮缺硒或低硒所致。我国许多省份和地区存在着缺硒地带,生产的饲粮一般含硒量较低,因此,饲粮中应添加需要量的硒。研究结果证实,每千克鸭饲料添加 0.1 mg 的硒即可满足鸭的生长发育和有效地预防缺硒病的发生,如同时添加维生素 E(100 IU/kg)则效果更好。

鸭发病后,应立即更换饲粮或根据病情的严重程度在缺硒饲料中添加 0.1～0.2 mg/kg 的硒,加强饲养管理,可获得良好的治疗效果。

❹ 鸭锌缺乏症

锌广泛存在于动物组织中,是体内 DNA 酶和 RNA 酶等 300 多种酶的组成成分和激活因子,参与核酸、蛋白质合成和能量代谢,对生长发育、免疫功能、生殖能力、创伤愈合等方面有着重要影响。饲粮锌含量不足、缺乏或过量可引起动物缺乏症与中毒症,严重时造成较大的经济损失,影响畜牧业的发展。

○ 鸭锌缺乏症的原因

一是动物锌缺乏症多发生于土壤缺锌地区,呈地方性流行。我国新疆、内蒙古、山东、山西、辽宁、黑龙江、四川、华中等地均有缺锌地带。土壤缺锌势必导致饲粮(草)锌含量不足或缺乏。这是引起动物缺锌症的首要原因。用缺(低)锌饲粮人工诱发雏鸭缺锌症的成功就是例证。缺锌土壤生长的饲粮或饲草,如不注意添加锌或添加不适宜,动物采食这种饲料便会发生锌缺乏症。

二是影响锌吸收利用的因素,也是动物锌缺乏症的重要原因。其一,饲料钙水平过高,对锌的影响最显著,降低锌的吸收及生物学功能,加重缺锌症的征候。其二,饲粮铜含量过高可抑制锌的吸收。此外,铁、铅、铬、磷等许多元素和脂肪酸与锌争夺代谢渠道,互为拮抗,影响锌的生物有效利用率。其三,饲料中植酸的存在,不利于锌的吸收与利用。因为锌能被植酸结合成不溶性且不易吸收的复合物,降低动物利用锌的有效性,可导致锌缺乏症。

三是动物在某些病理状态下,锌的有效利用受到很大影响。如肠道内菌群的变化以及细菌性或病毒性肠病原体的出现均影响动物对锌的吸收利用。

○ 鸭锌缺乏症的临床诊断

缺锌病鸭除表现精神沉郁,相互挤成一团,生长发育严重受阻,体重增长显著低于正常鸭等一般症状外,还见羽毛、头部与腿足部的变化。

(1)羽毛。羽毛粗乱,稀疏,伴有不同程度的脱羽,严重者背羽脱光。

(2)头部。眼睑红肿或狭窄呈裂缝状,周围羽毛湿润;多数病

例鼻孔内充满有干燥碎屑及鼻窦内充有黄色干酪样脓液;口流涎,
嘴壳有时变形,嘴周皮肤发炎、红肿、龟裂与结痂。

(3)腿足部。腿粗短,关节肿大,不愿行走或站立不稳;足部皮
肤出现红色斑点、龟裂,并见有表皮碎屑附于表面;足垫增厚、裂缝
和结痂。

○ 鸭锌缺乏症的病理学诊断

1. 蹼部皮肤

表皮角质层增厚,基底层和棘细胞层之间极性紊乱,棘细胞肿
大,胞浆肿胀苍白,表皮和真皮内可见假嗜伊红白细胞浸润。有些
病例基底层细胞过度增生突入真皮层内。病变后期,坏死的白细
胞、表皮细胞和角质碎片覆盖在表皮层上,其中可见细菌。真皮内
有淋巴细胞、假嗜伊红白细胞、纤维细胞和巨噬细胞浸润。

2. 舌上皮

基底层和棘细胞层的细胞间隙增大,棘细胞呈泡状,核明显,
分裂现象少见,并有假嗜伊红白细胞出现于基底层和棘细胞层。
有些退行性的棘细胞坏死时,其胞浆深染伊红,核浓缩。某些棘细
胞坏死崩解成团粒,被浸润的白细胞吞噬消化后留下圆形腔隙,内
有白细胞和尚未被吞噬的坏死粒块。

○ 鸭锌缺乏症的防治

针对发生原因,在鸭不同生长时期,均应给予全价配合饲粮,
饲粮含 50～70 mg/kg 的锌即可满足鸭生长发育和预防锌缺乏。
此外,矿物质及其他微量元素按营养标准适宜添加,防止盲目性,
否则饲粮中这些元素添加过量会程度不同的影响或降低锌的生物
有效利用率,诱发锌缺乏。

鸭发生缺锌症后,在观察和准确诊断的基础上,立即更换饲粮
或饲粮中添加锌(硫酸锌、碳酸锌是锌的有效来源),加强饲养管

理,可达到治疗目的。

❺ 鸭锰缺乏症

锰(Mn)是动物必需的微量元素之一。动物缺锰时会发生生长受阻、骨骼畸形、繁殖性能紊乱、新生动物运动失调和糖、脂类代谢缺损等病症。

○ 鸭锰缺乏症的临床诊断

发病雏鸭发育异常,生长缓慢,羽毛稀疏无光泽,并表现出典型的滑腱症,即胫跗关节异常肿大,胫骨远端和跗骨近端向外弯转,最后腓肠肌腱脱出,因而病鸭腿弯曲或扭曲,胫骨和跗骨变短、变粗。当双腿同时患病时,病鸭蹲于跗关节上,不能站立,最后无法采食或饮水而死亡。

○ 鸭锰缺乏症的病理学诊断

剖检变化除见典型的滑腱症外,发病死亡雏鸭营养不良;皮下组织树枝状充血,血液呈淡红色,凝固不良;心包液呈粉红色,冠状沟有点状出血、心肌紫红色,松软、左心室壁较薄,有片状出血;肝呈紫黑色,色泽不均,灰白色和紫红色相间,质地脆,切面多汁;肺呈粉红色,局部气肿;肾脏紫红色,骨盆腔变窄呈菱形。

○ 鸭锰缺乏症的防治

鸭锰缺乏症发生后一旦出现滑腱症,病鸭残废,治疗毫无意义,故做好预防工作从而防止本病发生有着重要意义。根据国内的研究成果,雏鸭饲粮中添加 $100\sim160$ mg/kg 的锰可有效预防锰缺乏症。此外,加强饲养管理,饲粮中各种营养物质满足且比例平衡,对锰缺乏症的预防也有重要意义。

第 13 章　鸭常见杂症的诊断与防治

❶ 鸭淀粉样变病

鸭淀粉样变病国内外报道较多。本病最常见于北京鸭,其他品种鸭发病较少。国内广东郊区发病鸭为本地松香黄鸭和麻鸭,且母鸭发病显著高于公鸭。

鸭淀粉样变病是由多种因素引起的一种慢性疾病。其主要特征为腹部膨大(腹水)、下垂,故名"水裆病";肝脏肿大,称"大肝病";随年龄增长发病率增高,即多发生于年龄较大的鸭群,特别是成年鸭。本病已成为成年鸭死亡损失的常见原因,引起了人们的高度重视。

○ 鸭淀粉样变病的发生原因

本病的发生原因多而复杂,一般认为与年龄、遗传特点、动物的适应性和行为、饲养管理及恶劣的环境、有害因素、细菌及其毒素的慢性感染等因素有关,其中年龄、遗传、细菌及其毒素的慢性感染等因素报道较为系统。年龄因素国内外均有报道,业已证实鸭淀粉样变病的发病率随着年龄的增长而升高。

细菌及其毒素引起动物淀粉样变病的报道较多,有人先后用致病性大肠杆菌和鼠伤寒沙门氏杆菌的菌体粗提物及其内毒素经静脉反复处理广东本地鸭成功地复制出鸭淀粉样变病,发病率为30%～63.33%。

○ 鸭淀粉样变病的临床诊断

本病主要发生于年龄较大的鸭群,特别是40周龄以上的成年鸭,发病率也高;鸭龄较小的鸭也可发生,但发病率较低。

本病的初期症状不易察觉,仅见病鸭沉郁喜卧,不愿活动或行动迟缓,食欲减少或正常。病鸭不愿下水,如强迫下水则很快上岸卧地。典型症状表现为腹部因腹水而膨大、下垂,故名"水裆病"。腹部触诊有波动感,腹腔积有多量液体,有时可触摸到肿大质硬的肝脏。腿脚水肿,严重者跛行,甚至出现呼吸困难。

○ 鸭淀粉样变病的病理学诊断

鸭淀粉样变病的肉眼变化主要见于肝、脾、肠道和腹腔,其他脏器变化不明显。

1. 肝脏

肿大,质地坚实,包膜一般光滑,色呈黄绿、橘黄、橘红或灰黄;切面致密,其色彩与表面相似。伴有纤维素性肝周炎的病例,还见包膜粗糙,有多少不等的灰白色纤维素被覆。严重者肝表面呈灰白色,与周围组织器官发生程度不同的粘连,切面见包膜增厚。胆囊一般无明显变化。淀粉样变病的肝脏重量增加,显著者可达125～300 g,为正常鸭肝重的4～5倍。

2. 脾脏

显著肿大,体积可为正常鸭脾脏的5倍或10～15倍,质地变实,被膜下或切面可见灰黄色点状病灶。严重者脾脏被膜破裂,腹腔充满血液。

3. 肠道

肠管管壁增厚,质地较硬,橘黄或橘红色,尤以前半部小肠明显。

4. 腹腔

腹腔积液是本病的临床表现和肉眼变化特征之一。打开腹腔积有大量淡黄色液体,可高达 2 300 mL。

○ 鸭淀粉样变病的防治

鸭淀粉样变病的病因多而复杂,预防工作十分困难。生产中通过改善饲养管理,适当调整饲养密度,搞好兽医卫生防疫工作,特别是预防沙门氏菌和大肠杆菌等慢性感染性疾病,有助于降低发病率。鸭发生淀粉样变病,目前尚无有效的治疗方法和药物,只能将病鸭淘汰。

❷ 鸭光过敏症

本病是由于鸭吃的食物中有光过敏性物质,在阳光的照射下而发生的一种疾病。病的特征是在身体直接受阳光照射的没毛部位的上喙、蹼上出现水泡。

本病的发生往往是由于饲料中含有光过敏物质的草子,鸭食用后在阳光的直射下导致光过敏症。本病发生后由于鸭采食困难,引起患鸭死亡。不死的病鸭由于失明,减食,影响生长增重,特别是病后留下斑痕,造成上喙变形、短缩,形成大批残次鸭,造成很大经济损失。

○ 鸭光过敏症的临床诊断

本病的临床症状特点在于上喙背侧和蹼背侧的水疱以及上喙水疱破溃后遗留下的斑痕或变形。

病鸭表现为精神不振,食欲减退;初期体温正常,后期稍高;眼有分泌物,甚至粘连;上喙失去原来的黄色,局部先发红,形成红斑,1～2 d发展成黄色乃至蚕豆大的水疱,有的水疱连成片,水疱液淡黄色透明,并混有纤维素样物;此时,在鸭蹼上同样出现水疱;鸭蹼水疱破裂结痂后2～4 d,上喙的水疱破裂并形成棕黄色的结痂;经过10 d左右,喙和蹼上的结痂开始脱落,变成棕黄红色或暗红色,鸭嘴变形,缩短,但填鸭和种鸭有的变色而不变形。严重的嘴从远端向上扭转、短缩,有的缩短达2 cm左右;舌尖部外露,发生坏死,这样吃料减少,影响增重。

○ 鸭光过敏症的病理学诊断

本病病变主要见于上喙与蹼上的弥漫性炎症,水疱以及水疱破溃后结痂、变色或变形。皮下血管断端血液呈紫红色,凝固不良如酱油样。膝关节部肌膜有紫红色条纹状出血斑以及胶样浸润。消化系统见舌尖部坏死,十二指肠卡他性炎症。肝脏有的病例见有大中不等的坏死点。发病鸭外周血液的白细胞、嗜酸性粒细胞、淋巴细胞、异嗜性粒细胞与正常鸭有显著差异。

○ 鸭光过敏症的防治措施

发病后无有效的治疗办法,必要时进行对症疗法。如有结膜炎者则可用磺胺或抗生素眼药水冲洗,以减轻眼的症状。对上喙和蹼的病变可用甲紫和碘甘油涂擦患部,可促进恢复。预防措施鉴于本病很少发生,且发病具有一定的条件,即大软骨草草子在饲料中占有一定的数量,加上饲喂后必须在阳光照射下才能大批发病。因此,在选购饲料时注意是否混有该草籽。一旦发病立即停喂该可疑饲料,同时避免阳光暴晒,一般经 2～3 d 即可停止发病。

❸ 鸭啄癖

鸭啄癖是鸭群中一只或多只鸭表现的不良行为,常造成损伤、死亡或经济上的损失。

○ 鸭啄癖的临床诊断

1. 啄羽癖

啄羽癖多发生在中鸭或后备鸭转成鸭开始生长新羽毛或换小毛时。啄羽主要是啄食背后部羽毛,见被啄鸭背后部羽毛稀疏残缺,尔后生出的新羽,则毛根粗硬,不利于屠宰加工,影响品质。此外,因啄羽而导致羽毛的损失,加之啄羽时互相追啄,影响鸭的正常生长发育,均造成经济损失。

2. 啄肛癖

啄肛癖多发生在产蛋母鸭,尤以产蛋后期的母鸭,因鸭腹部韧带和肛门括约肌松弛,产蛋后不能及时收缩回去而留露在外,造成互相啄肛。有的产蛋鸭产蛋时因蛋形过大、肛门破裂出血,而导致追啄。还有的公鸭,因体形过大、笨拙而不能与母鸭交配时,追啄母鸭,啄破肛门括约肌。严重的有的公鸭尚可将喙伸入母鸭泄殖腔,啄破黏膜,有时将直肠或子宫啄出,造成死亡。

○ 鸭啄癖的防治措施

要根据本病发生的原因,采取相应的措施。供给丰富的蛋白质、矿物质和维生素。疏散饲养密度,避免过分拥挤,改善通风与光线强度。

（1）啄羽癖的防治。啄羽癖有可能是饲料中缺乏硫化钙而引起的，则在饲料中加入硫化钙（天然石膏粉末），一般每天每只给1～4 g，啄羽癖很快消失。如果饲养条件差，密度不易降低，可采用初生雏断喙，即用专制的鸭电烙断喙器，将雏鸭喙尖烧烙，即可避免啄羽。

（2）啄肛癖的防治。发现啄肛癖的鸭，要进行隔离饲养、淘汰或治疗。一般可在鸭群中，见喙部有血迹污染者即可能是啄癖鸭。

对被啄鸭肛门或泄殖腔轻度出血者，可及时将鸭隔离，用0.1％的高锰酸钾水洗患部，其后再涂以磺胺软膏或擦紫药水。如果直肠或子宫已脱出，发生水肿或坏死，则宜淘汰。

❹ 鸭阴茎脱垂症

鸭阴茎垂脱，俗称"掉鞭"，是鸭群常见疾病。鸭阴茎常因外伤垂脱后不能回缩到泄殖腔，发生炎症或溃疡，致使不能继续留做种用，而被淘汰。

鸭群中公母鸭在陆地或鸭舍交配时，偶有其他公鸭靠近并啄正在交配中的公鸭的阴茎，致使阴茎受伤、疼痛、出血而不能回缩、发炎、水肿，乃至溃疡。另外，亦可能由于游泳运动的水塘污浊，公鸭在交配时，由于阴茎露出后而被蚂蟥、鱼类咬伤，或因交配时阴茎受损伤而被细菌感染发炎。此外，大型肉鸭由于体重大，公鸭交配滚落于地，尚未及时收回的阴茎污染粪尿、残余饲料、泥沙等，造成阴茎回收困难而致此病。

○ 鸭阴茎脱垂症的临床诊断

发病公鸭阴茎垂脱不能收回。发病公鸭精神委顿，不愿行动与采食。脱垂的公鸭阴茎长 8～10 cm，呈潮红或紫红色，发炎肿胀，且被脏物污染，表面沾有许多沙粒。少数脱出的阴茎拖至地面,其他鸭子用嘴衔、咬、拖扯,造成损伤出血,甚至出现个别公鸭因阴茎脱垂于地面遭数只种鸭攻击致死。少数病鸭匍匐地面,体温升高43℃以上,不吃不喝,2～3 d后死亡。

○ 鸭阴茎脱垂症的防治措施

(1)种鸭群公母鸭要有合理的比例,一般公母比例以1∶(6～8)为宜。公鸭过多不仅浪费饲料,而且会发生啄咬阴茎的恶癖,特别是康贝尔鸭更易发生。

(2)当阴茎受伤不能回缩时,应及时将鸭隔离用0.1%高锰酸钾水冲洗干净,涂以磺胺软膏,协助将其受伤的阴茎收纳回去。如果业已发炎肿胀、溃疡或坏死则不易治愈。

(3)对阴茎已发炎、体温升高的病重公鸭,在逐只清洁鸭全身后,用温肥皂水清洗脱垂阴茎,再用1%高锰酸钾水消毒清洗后,涂擦少许医用凡士林,同时用磺胺类药物拌入饲料中饲喂或注射广谱抗生素,单独鸭笼饲养,并每天用37℃温高锰酸钾水清洗1次,并人工辅助病鸭回收阴茎。

❺ 鸭皮下气肿

鸭皮下气肿,俗称气嗉或气脖子,是由于大量空气窜入颈部皮下所引起的颈部臌气。本病多发生于雏鸭和中鸭时期,偶尔亦可见于填鸭。这种病态是由于管理不当,粗暴捉拿,使颈部气囊或锁骨下气囊破裂,或因其他尖锐异物刺破气囊而使气体溢于皮下,形成皮下气肿。此外,亦可能因肱骨、乌喙骨和胸骨等有气腔的骨骼发生骨折时,使气体窜入皮下。

○ 鸭皮下气肿的临床诊断

颈部气囊破裂,可见颈部羽毛逆立,轻者气肿局限颈的基部,重的可延伸到颈的上部,并且在口腔的舌系带下部出现鼓气泡。若腹部气囊破裂或由颈部蔓延到胸腹部皮下,则胸腹围增大,触诊时壁紧张,叩诊呈鼓音。如不及时治疗,气肿继续增大,病鸭表现精神沉郁,呆立,呼吸困难。

○ 鸭皮下气肿的防治措施

注意饲喂时避免鸭群拥挤摔伤,捉拿时防止粗暴,摔碰,以免损伤气囊。发生皮下气肿后,可用注射针头刺破膨胀的皮肤,使气体放出,但不久又可膨胀,故必须多次放气方能奏效。最好用烧红的铁条,在膨胀部烙个破口,将气放出。因烧烙的新口暂时不易愈合,所以溢出气体可随时排出,缓解症状,逐渐痊愈。

❻ 鸭群发湿羽症

鸭下水后湿羽,主要是因为羽毛干燥,不脂润等所致,而导致鸭羽生长不良是由于饲料中各种营养素搭配不宜造成的。本病影响生产性能,应该引起重视。

○ 鸭群发湿羽症的临床诊断

羽毛粗乱无光,脱落稀疏;胸、腹、腰、翅等羽毛湿乱黏结。背腰部羽毛湿乱脱落显著,并且部分表现充血发炎,个别出现溃疡。眼睛周围羽毛出现脱色素,形成"眼镜眼"。骨粗短,腿、胫骨出现弯曲,有的关节严重肿大。少数鸭脚部皮肤增生角质化。整个鸭群伴有拉稀。

○ 鸭群发湿羽症的病理学诊断

脱羽严重的鸭,背腰部皮肤发炎,增厚,表层有脱落现象;胸骨不正;肿大的关节腔内有较多积液,颜色灰白;半月板边缘不整齐;

有的关节韧带和腱松弛;肝大、萎缩兼有,并有大小不一的斑点;腺胃可见灰白色渗出物;有的十二指肠表现严重的充血、出血;结肠与盲肠壁增厚,肠腔内充满糊状物,黏膜口覆盖有豆腐渣样物质;个别脾脏微见萎缩。

○ 鸭群发湿羽症的防治措施

预防本病的发生,关键在于饲养管理。饲料配合应该合理、全价。一旦发病,要着手检查饲料配方,分析饲料原料各种营养素的有效含量,以便对症用药。

第 14 章　鸭可用生物制品及使用方法

❶ 鸭巴氏杆菌 Ａ 苗

○ 适用范围

鸭霍乱是由多杀性巴氏杆菌引起的鸭的一种急性或慢性传染病。本疫苗是利用从患鸭巴氏杆菌病的病例中分离到的特定血清型致病性多杀性巴氏杆菌，按照鸭群中各血清型分布的比例研制而成的专门用于预防鸭巴氏杆菌病（鸭霍乱）的生物制剂。本品为淡褐色悬液，静置时底部有沉淀物，用时摇匀。

○ 用法

使用本苗时，应注意振荡均匀。本苗的免疫剂量，每只鸭皮下注射 2 mL。根据实验室结果和实践经验，这 2 mL 如能分成 2 次注射（隔周分别 1 次），即每只鸭隔周分别皮下注射 1 mL 则效果更好。免疫程序可采用 5～7 周龄左右免疫 1 次，产蛋前 2～4 周免疫 1 次，必要时可于产蛋后 4～5 个月再免疫 1 次。

○ 保存

本苗在 10～25℃或常温下阴暗处保存，有效期 2 年。

○ 注意事项

（1）按兽医常规消毒注射操作。

（2）本苗非常安全，注射后无不良反应。

（3）抓鸭时，切忌动作粗暴而造成鸭体损伤或死亡或影响生产性能。

（4）如果鸭群正在发生其他疾病，不能使用本苗。

（5）如果鸭群正在发生巴氏杆菌病时，禁止使用本苗，必须治疗康复后或治疗的同时用本苗。

❷ 种鸭大肠杆菌疫苗

○ 适用范围

本苗是由新发现的鸭大肠杆菌性生殖器官病分离的特定致病性血清型大肠杆菌和由鸭大肠杆菌性败血症分离得的特定致病性血清型大肠杆菌研制而成,是一种灭能疫苗,静置保存时上清液清澈透明,底部有白色沉淀物。本苗用于后备种鸭及种鸭的免疫。鸭免疫后 10～14 d 产生免疫力,免疫期 4～6 个月。免疫注射后种鸭无不良反应。免疫期间,种蛋的受精率高,种母鸭的产蛋率及蛋的孵化率均将比感染本病的鸭提高 10%～40%或 40%以上,雏鸭成活率明显提高。

○ 用法

使用本苗时,应注意振荡均匀。本苗的免疫剂量为每只鸭皮下注射 1 mL。免疫程序可采用 5 周龄左右免疫注射 1 次、产蛋前 2～4 周免疫 1 次,必要时可于产蛋后 4～5 个月再免疫 1 次。

○ 保存

本苗在 10～25℃或常温下阴暗处保存,有效期 12 个月。

○ 注意事项

(1)按兽医常规消毒注射操作。

(2)本苗非常安全,注射后无任何反应,不影响产蛋等生产性能。

(3)抓鸭时,切忌动作粗暴而造成鸭体损伤或死亡或影响生产性能。

(4)如果鸭群正在发生其他疾病,不能使用本苗。

❸ 鸭瘟鸭病毒性肝炎二联弱毒疫苗

○ 适用范围

鸭瘟鸭病毒性肝炎是严重危害养鸭业的 2 个重要传染病。本二联疫苗可以打一针同时预防鸭瘟和鸭病毒性肝炎,适用于 1 月龄以上鸭。第一次注射疫苗后,鸭瘟免疫期 9 个月,鸭病毒性肝炎免疫期 5 个月。第二次注射疫苗后,鸭瘟和鸭病毒性肝炎的免疫期均将达到 9 个月。

○ 用法

使用时按瓶签注明的剂量 50、100、250 羽份装,则分别用稀释液 50 mL、100 mL、250 mL 稀释均匀,1 月龄鸭胸部腿部皮下注射 1 mL,鸭产蛋前进行第二次免疫。疾病流行严重地区可于 55～60 周龄时再加强免疫 1 次。本疫苗配有专门稀释液,如没有该稀释液则可以用无菌生理盐水或无菌蒸馏水、冷开水等代替。

○ 保存

本苗在 -15℃以下,有效期 1.5 年;0℃冻结状态下保存,有效期 1 年;4～10℃保存,有效期 6 个月;10～15℃保存,有效期 10 d。

○ 注意事项

(1)疫苗稀释后,放冷暗处,当天用完;隔夜无效。
(2)如果鸭群正在发生其他疾病,不能使用本苗。

❹ 鸭传染性浆膜炎-雏鸭大肠杆菌病多价蜂胶复合佐剂二联灭活苗

○ 适用范围

鸭传染性浆膜炎和雏鸭大肠杆菌败血症是危害小鸭的严重的传染病,而且常常混合感染存在。本疫苗是从患传染性浆膜炎小鸭分离到的特定血清型致病性鸭疫巴氏杆菌和患雏鸭败血型大肠杆菌病分离到的特定血清型致病性大肠杆菌研制而成的一种多价蜂胶复合佐剂二联灭活苗,供预防小鸭传染性浆膜炎(鸭疫巴氏杆菌病)和雏鸭大肠杆菌败血症专用。本品为淡绿色的混悬液,静置保存时底部有沉淀物。本苗产生免疫力时间快,免疫注射后 5～8 d 可产生免疫力。雏鸭注射本苗可显著提高雏鸭存活率。

○ 用法

使用本苗时,注意振荡均匀。7～8 日龄雏鸭,每只皮下注射 0.5 mL;本病流行严重地区,可于 17～18 日龄再注射 1 次。20 日龄或 1 月龄以上鸭,皮下注射 1 mL。

○ 保存

本苗在 10～25℃或常温下阴暗处保存,有效期 1.5 年。

○ 注意事项

(1)按兽医常规消毒操作。

(2)本苗非常安全,注射后无不良反应。

(3)抓鸭时,切忌动作粗暴而造成鸭体损伤或死亡或把疫苗注射到胸腹腔中。

（4）如果鸭群正在发生其他疾病，不能使用本苗。

（5）如果鸭群正在发生小鸭传染性浆膜炎（鸭疫巴氏杆菌病）时，禁止使用该苗，必须治疗康复后或治疗的同时用苗。

❺ 鸭腺病毒蜂胶复合佐剂灭活苗

○ 适用范围

鸭腺病毒是危害种鸭和产蛋鸭的一种严重传染病。发病时可以使产蛋率降低 50% 以上，导致严重的经济损失。本疫苗专门用于预防鸭腺病毒病。本品为淡绿色的混悬液，静置保存时底部有沉淀物。本苗产生免疫力时间快，免疫注射后 5～8 d 可产生免疫力。

○ 用法

用时注意振荡均匀。免疫程序：种鸭在产蛋前 2～4 周龄，皮下注射 0.5 mL。

○ 保存

本苗在 10～25℃或常温下阴暗处保存，有效期 1.5 年。

❻ 鸭传染性浆膜炎-雏鸭大肠杆菌病多价油乳剂二联灭活苗

○ 适用范围

本疫苗是从患小鸭传染性浆膜炎分离到的目前我国养鸭生产中流行最为普遍的特定血清型致病性鸭疫巴氏杆菌和患雏鸭败血

型大肠杆菌病分离到的目前我国养鸭生产中流行最为普遍的特定血清型致病性大肠杆菌研制而成的一种多价油乳剂二联灭活苗，供预防小鸭传染性浆膜炎（鸭里默氏杆菌病）和雏鸭大肠杆菌败血症专用。本品为乳白色的混悬液。本苗产生免疫力持续时间长，雏鸭注射本苗可显著提高雏鸭存活率。

○ 用法

使用本苗时，注意振荡均匀。7～10 日龄雏鸭，每只皮下注射 0.25 mL。本病流行严重地区，可于 17～18 日龄再注射 1 次。

○ 保存

本苗在 10～25℃或常温下阴暗处保存，有效期 1.5 年。

❼ 鸭病毒性肿头出血症油剂灭活苗

○ 适用范围

鸭病毒性肿头出血症是严重危害养鸭业的重要传染病。鸭病毒性肿头出血症油剂灭活苗是将鸭病毒性肿头出血症病毒繁殖后，经浓缩、精制并配以油佐剂研制而成。本品为乳白色混悬液。本苗产生免疫力持续时间长。

○ 用法

1 月龄以下雏鸭预防时皮下注射 0.25 mL，1 月龄以上雏鸭预防时皮下注射 0.5 mL。

○ 保存

4～8℃或常温下保存，有效期 1 年。

❽ 鸭病毒性肿头出血症高免抗体

○ 适用范围

鸭病毒性肿头出血症是严重危害养鸭业的重要传染病。鸭病毒性肿头出血症高免抗体是用鸭病毒性肿头出血症病毒制备的抗原高度免疫动物后研制而成,供紧急预防和治疗鸭病毒性肿头出血症专用。本品为蛋黄色液体,放置稍长即有沉淀出现。本品适用于 1～10 日龄雏鸭。

○ 用法

用于 1～10 日龄雏鸭紧急预防时,肌肉注射 1.5 mL;用于治疗时,肌肉注射 3～4 mL。

○ 保存

在 0℃以下结冰保存,有效期 1～1.5 年;4～8℃保存,有效期 1 个月。

❾ 鸭瘟-鸭病毒性肿头出血症二联弱毒苗

○ 适用范围

鸭瘟、鸭病毒性肿头出血症是严重危害养鸭业的重要传染病。本二联疫苗可以打一针同时预防鸭瘟和鸭病毒性肿头出血症,适用于各年龄阶段鸭,免疫期 5 个月。

○ 用法

使用时按瓶签注明的剂量用稀释液稀释均匀,1～10日龄鸭于胸部腿部皮下注射1个免疫剂量。种鸭产蛋前进行第2次免疫。疾病流行严重地区可于55～60周龄时再加强免疫1次。随该疫苗配有专门稀释液,如没有该稀释液则可以用无菌生理盐水或无菌蒸馏水等代替。

○ 保存

本苗在-15℃以下保存,有效期1.5年。0℃冻结状态下保存,有效期1年。4～10℃保存,有效期6个月。10～15℃保存,有效期10 d。

○ 注意事项

(1)疫苗稀释后,放冷暗处,当天用完;隔夜无效。
(2)如果鸭群正在发生其他疾病,不能使用本苗。

❿ 鸭瘟活疫苗

○ 适用范围

本品系用鸭瘟鸡胚化弱毒株接种鸡胚或鸡胚成纤维细胞,收获病毒,加适宜稳定剂,经冷冻真空干燥制成。呈淡红色(组织苗)或淡黄色(细胞苗)海绵状疏松团块,易与瓶壁脱离,加稀释液后迅速溶解。用于预防鸭瘟,接种后3～4日产生免疫力,2月龄以上鸭的免疫期为9个月,对初生鸭也可接种,免疫期为1个月。

○ **用法**

肌肉注射：(1)雏鸭：按瓶签注明羽份用生理盐水稀释成每0.25 mL 含 1 羽份，每只肌肉注射 0.25 mL。

(2)成鸭：按瓶签注明羽份用生理盐水稀释成每 1.0 mL 含 1羽份，每只肌肉注射 1 mL。

○ **保存**

−15℃以下保存，有效期 24 个月。

○ **注意事项**

(1)凡有传染病的鸭群不可注射本疫苗。

(2)疫苗稀释后应放冷暗处，必须在 4 h 内用完。

(3)使用过的器具和空疫苗瓶等应消毒处理。

(4)接种时应执行常规无菌操作。

⓫ 鸭传染性浆膜炎灭活疫苗

○ **适用范围**

本品系用免疫原性良好的鸭疫里默氏杆菌，接种于适宜培养基培养，将培养物经甲醛溶液灭活后，加油佐剂乳化而成，为白色乳状液。用于预防鸭疫里默氏杆菌引起的鸭传染性浆膜炎。免疫期为 3 个月。

○ **用法**

颈部皮下注射。1～7 日龄鸭，每只 0.25 mL；8～30 日龄鸭，每只 0.50 mL。

○ 保存

2～8℃保存,有效期 12 个月。

○ 注意事项

(1)仅用于接种健康鸭。

(2)疫苗使用前应认真检查,如出现破乳、变色、瓶有裂纹等均不可使用。

(3)疫苗应在标明的有效期内使用。使用前必须摇匀,疫苗一旦开启应及时用完。

(4)切忌冻结和高温。

⑫ 鸭病毒性肝炎弱毒活疫苗(CH60 株)

○ 适用范围

本品系用鸭病毒性肝炎病毒鸡胚化弱毒株(CH60 株)接种 SPF 鸡胚,收获感染鸡胚尿囊液、胎儿及绒毛尿囊膜混合研磨,加适宜稳定剂,经冷冻真空干燥制成。用于预防鸭病毒性肝炎。免疫注射 1 周龄以内雏鸭,3～5 d 产生部分免疫力,7 d 产生良好免疫力,免疫期为 1 个月以上;免疫注射产蛋前成年种鸭可为其子代雏鸭提供鸭病毒性肝炎母源抗体保护,注射后 14 d 其子代雏鸭可获得良好被动免疫力保护,免疫期为 6 个月。

○ 用法

皮下注射。1～7 日龄鸭,1 羽份/只;产蛋种鸭开产前 2 周,1羽份/只。

○ 保存

在 0℃ 以下,有效期为 18 个月;4～10℃ 保存,有效期为 12 个月。

○ 注意事项

(1)疫苗使用前应仔细检查,瓶是否有真空,疫苗有无霉变。

(2)被接种的鸭应健康无病。体质瘦弱、患有其他疾病者不应使用。

(3)注射针头等用具,用前需经消毒,注射部位应涂擦 5% 碘酒消毒。

(4)疫苗稀释后应放冷暗处,必须在 4 h 内用完。

⑬ 禽多杀性巴氏杆菌病活疫苗(G190E40 株)

○ 适用范围

本品系用禽多杀性巴氏杆菌 G190E40 弱毒株,接种于适宜培养基培养,将培养物加适宜稳定剂,经冷冻真空干燥制成。用于预防 3 月龄以上的鸡、鸭、鹅多杀性巴氏杆菌病。免疫期为 105 d。

○ 用法

用 20% 铝胶生理盐水稀释为 0.5 mL 含 1 羽份,每羽注射 0.5 mL。每羽份含活菌数,鸡 2 000 万个、鸭 6 000 万个、鹅 1 亿个。

○ 不良反应

接种本疫苗后敏感禽有一定反应,可影响产蛋下降 2 周左右。

○ 保存

2～8℃保存,有效期 12 个月。

○ 注意事项

(1)本品使用前后一周内不能使用抗菌药物及添加剂,一经使用必须重新免疫。

(2)纯种鸡鸭群进行大面积免疫接种时,应先进行小区试验,证明安全再进行免疫注射。

(3)疫苗加水稀释后,应放阴凉处,必须在 4 h 内用完。

(4)运输时需冷藏保存,避免阳光照射和高温。

(5)本品适用于 3 月龄以上健康家禽。病禽、体弱者不宜接种本疫苗。

(6)接种时,应执行常规无菌操作。

(7)使用过的疫苗瓶、器具和用过剩余的疫苗等应消毒处理。

⑭ 重组禽流感病毒灭活疫苗(H5N1 亚型,Re-5 株)

○ 适用范围

疫苗中含灭活的重组禽流感病毒 H5N1 亚型 Re-5 株,灭活前鸡胚液血凝(HA)效价≥8log2。用于预防 H5 亚型禽流感病毒引起的鸡、鸭、鹅的禽流感。接种后 14 d 产生免疫力,鸡免疫期为 6 个月;鸭、鹅加强接种 1 次,免疫期为 4 个月。

○ 用法

颈部皮下或胸部肌肉注射。2～5 周龄鸡,每只 0.3 mL;5 周龄以上鸡,每只 0.5 mL;2～5 周龄鸭和鹅,每只 0.5 mL,5 周龄以上鸭,每只 1.0 mL;5 周龄以上鹅,每只 1.5 mL。

○ 保存

在 2～8℃避光保存,有效期为 12 个月。

○ 注意事项

(1)禽流感感染禽或健康状况异常的禽切忌使用本品。

(2)严禁冻结。

(3)如出现破损、异物或破乳分层等异常现象,切勿使用。

(4)使用前应将疫苗恢复至常温并充分摇匀。

(5)接种时应及时更换针头,最好 1 只禽 1 个针头。

(6)疫苗启封后,限当日用完。

(7)屠宰前 28 日内禁止使用。

⓯ 鸭病毒性肝炎精制蛋黄抗体

○ 适用范围

含抗血清Ⅰ型鸭病毒性肝炎抗体,呈淡黄色液体。用于血清Ⅰ型鸭病毒性肝炎治疗和紧急预防鸭病毒性肝炎。

○ 用法

皮下或肌肉注射均可。紧急预防用量 1 日龄雏鸭,每只 0.5 mL;2～5 日龄雏鸭,每只 0.5～0.8 mL。治疗用量感染发病的雏鸭,每只 1.0～1.5 mL。

○ 保存

2～8℃保存 12 个月。

○ 注意事项

(1)本品注射后的被动免疫保护期为 5～7 d。

(2)本品口服无效。

(3)本品可连续应用 2～3 次。

(4)应用后对鸭病毒性肝炎弱毒疫苗接种有干扰作用,7 d 内不宜接种鸭病毒性肝炎弱毒疫苗。

(5)本品可与抗生素混合 1 次注射。

(6)本品久置后瓶底有微量白色沉淀,对疗效无影响。

附一　种鸭基础免疫程序

第一阶段

1～7 日龄:颈背侧皮下注射鸭病毒性肝炎弱毒疫苗(有母源抗体的雏鸭,最佳免疫日龄为 1 日龄)。

1～7 日龄:颈背侧皮下注射鸭传染性浆膜炎灭活疫苗(根据情况,可与鸭病毒性肝炎弱毒苗同时间但分不同部位注射,也可错开 3～5 d 分别注射)。

2 周龄:注射禽流感灭活疫苗。

3 周龄:颈背侧皮下注射鸭病毒性肿头出血症灭活疫苗。

4 周龄:注射鸭瘟活疫苗。

5 周龄:注射鸭巴氏杆菌 A 苗 2 mL(分开隔周各注射 1 mL 效果更好)。

6 周龄:颈背侧皮下注射种鸭大肠杆菌灭活疫苗。

第二阶段(若非大型肉鸭的种鸭,本阶段的首次免疫时间安排在种鸭开产前 1～2 周进行)

21 周龄:颈背侧皮下注射鸭病毒性肝炎弱毒疫苗。

21 周龄:注射鸭瘟活疫苗(根据情况,可与鸭病毒性肝炎弱毒苗同时间但分不同部位注射,也可错开 3～5 d 分别注射)。

22 周龄:注射禽流感灭活疫苗。

23 周龄:注射鸭巴氏杆菌 A 苗 2 mL(分开隔周各注射 1 mL 效果更好)。

24 周龄:颈背侧皮下注射种鸭大肠杆菌灭活疫苗。

25 周龄:颈背侧皮下注射鸭病毒性肿头出血症灭活疫苗。

26 周龄:注射鸭腺病毒蜂胶复合佐剂灭活苗。

27 周龄:颈背侧皮下注射鸭传染性浆膜炎灭活疫苗。

第三阶段(若非大型肉鸭的种鸭,本阶段的首次免疫时间安排在第二阶段种鸭免疫后 20 周进行)

47 周龄:颈背侧皮下注射鸭病毒性肝炎弱毒疫苗。

48 周龄:颈背侧皮下注射鸭传染性浆膜炎灭活疫苗。

49 周龄:注射禽流感灭活疫苗。

50 周龄:颈背侧皮下注射种鸭大肠杆菌灭活疫苗。

51 周龄:颈背侧皮下注射鸭病毒性肿头出血症灭活疫苗。

52 周龄:注射鸭巴氏杆菌 A 苗 2 mL(分开隔周各注射 1 mL 效果更好)。

附二 商品肉鸭基础免疫程序

一、鸭传染性浆膜炎灭活疫苗

1. 如果上一代种鸭按照正规程序进行了免疫,则下一代雏鸭1日龄进行免疫即可,流行严重地区4周龄进行加强免疫。

2. 如果上一代种鸭按照正规程序进行了免疫,则下一代雏鸭1日龄进行免疫,流行严重地区4周龄进行加强免疫。

二、鸭病毒性肝炎弱毒疫苗

1. 如果上一代种鸭没有进行过免疫,则商品肉鸭可1～7日龄进行免疫。

2. 如果上一代种鸭进行过免疫,则商品肉鸭可不进行免疫,但有该流行较为严重地区需1日龄进行免疫。

三、鸭瘟活疫苗

无该病流行地区可不免疫。有该流行地区或季节可于2周龄左右免疫,流行较为严重地区或季节于首免2周龄后加强免疫。

四、禽流感灭活疫苗

无该病流行地区可不免疫。有该流行地区或季节可于2周龄左右免疫,流行较为严重地区或季节于首免2周龄后加强免疫。

五、鸭巴氏杆菌A苗

无该病流行地区可不免疫。有该流行地区或季节可于2周龄左右免疫,流行较为严重地区或季节于首免2周龄后加强免疫。

六、鸭病毒性肿头出血症灭活疫苗

无该病流行地区可不免疫。有该流行地区或季节可于2周龄左右免疫,流行较为严重地区或季节于首免2周龄后加强免疫。

参 考 文 献

[1] 陈育新,曾凡同.中国水禽.北京:农业出版社,1990.

[2] 邱祥聘,杨山.家禽学.成都:四川科学技术出版社,1993.

[3] 曾凡同,张子元,王继文,等.养鸭全书.成都:四川科学技术出版社,1993.

[4] 唐南杏.禽蛋孵化新技术.上海:上海科学技术出版社,1989.

[5] 邱祥聘,杨山,曾凡同,等译.家禽生产.重庆:科学技术文献出版社重庆分社,1987.

[6] 王光瑛,李昂,王长康,等.养鸭生产新技术.北京:中国农业出版社,1992.

[7] 杨学梅,吴伟雄.优质肉鸭和高产蛋鸭的高效饲养.北京:农村读物出版社,1994.

[8] 陈明益,洪秀筠.北京鸭生产实用技术.北京:北京科学技术出版社,1995.

[9] 汪志铮.蛋鸭圈养技术.北京:中国商业出版社,1991.

[10] 郭玉璞,蒋金书.鸭病.北京:北京农业大学出版社,1988.

[11] 程安春,汪铭书.最新鸭病诊断和防治.成都:四川大学出版社,1995.

[12] 程安春,汪铭书,汪开毓,等.现代禽病诊断和防治全书.成都:四川大学出版社,1997.